中文版

AutoCAD 2020

实用教程（微课视频版）

骆驼在线课堂◎编著

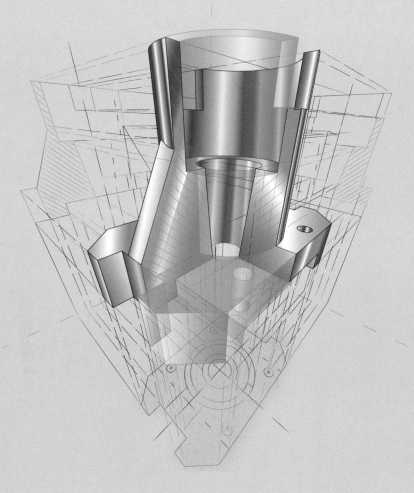

中国水利水电出版社
www.waterpub.com.cn
·北京·

内 容 提 要

《中文版 AutoCAD 2020 实用教程（微课视频版）》以目前最新版本 AutoCAD 2020 软件为操作平台，以"基础知识+实例操作"的形式系统全面地讲解了 AutoCAD 2020 的基础知识与实际应用。全书内容包括：AutoCAD 2020 的基本操作，绘图前的设置与坐标输入，点、线图元的创建与编辑，多段线、多线的创建与应用，二维图形的绘制、编辑与应用，图层、块、边界、面域、夹点编辑与图案填充，资源的管理、共享与信息查询，标注图形尺寸，文字注释、引线注释、公差与参数化绘图，轴测图与三维基础，三维模型的操作与编辑，图形的打印与输出等；最后通过两个职场实战案例详细分析了使用 AutoCAD 2020 软件绘制建筑工程图和机械零件图的完整过程。

《中文版 AutoCAD 2020 实用教程（微课视频版）》也是一本实例视频教程，全书配备了 336 集 29.9 小时的视频讲解，涵盖了全书绝大部分的基础知识和实例操作；另外，本书包含实例 238 个，其中 25 个综合案例，实例引导操作，学习效率更高。本书赠送素材源文件，读者可以边学边操作，提高实际应用能力。

本书内容丰富，结构严谨，专业性强，讲解细致入微，对关键知识点都进行了精心讲解和分析，对案例图纸都从满足专业工程设计要求的角度出发进行绘制，使读者既能掌握软件操作知识，又能了解相关行业设计图的绘制原则和要求。本书不仅可以作为计算机辅助设计初学者的自学教程，而且可以作为高等院校和各类三维设计培训班的教材，从事建筑、室内外装潢设计和机械设计等相关工作的人员也可选择学习。

图书在版编目（CIP）数据

中文版 AutoCAD 2020 实用教程：微课视频版 / 骆驼在线课堂
编著. --北京：中国水利水电出版社，2020.7
　　ISBN 978-7-5170-8083-1

　Ⅰ. ①中⋯　Ⅱ. ①骆⋯　Ⅲ. ①AutoCAD 软件—教材
Ⅳ. ①TP391.72

　中国版本图书馆 CIP 数据核字（2019）第 222725 号

书　　　名	中文版 AutoCAD 2020 实用教程（微课视频版） ZHONGWENBAN AutoCAD 2020 SHIYONG JIAOCHENG
作　　　者	骆驼在线课堂　编著
出 版 发 行	中国水利水电出版社 （北京市海淀区玉渊潭南路 1 号 D 座　100038） 网址：www.waterpub.com.cn E-mail: zhiboshangshu@163.com 电话：（010）62572966-2205/2266/2201（营销中心）
经　　　售	北京科水图书销售中心（零售） 电话：（010）88383994、63202643、68545874 全国各地新华书店和相关出版物销售网点
排　　　版	北京智博尚书文化传媒有限公司
印　　　刷	涿州市新华印刷有限公司
规　　　格	190mm×235mm　16 开本　28 印张　634 千字　2 插页
版　　　次	2020 年 7 月第 1 版　2020 年 7 月第 1 次印刷
印　　　数	0001—5000 册
定　　　价	79.80 元

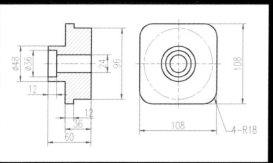

▲ 壳体零件主视图和左视图

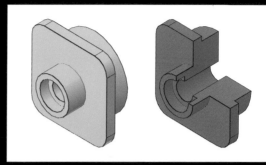

▲ 壳体零件三维模型和三维剖视图

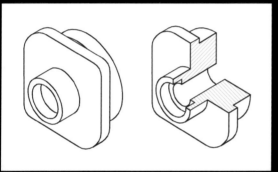

▲ 壳体零件轴测图和轴测剖视图

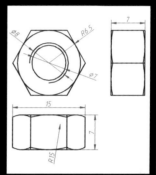

▲ 螺母三视图

▲ 螺母三维实体模型

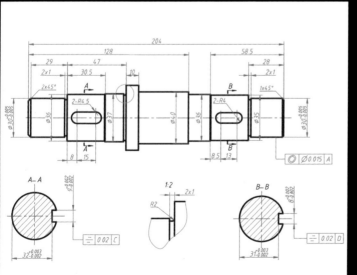

▲ 传动轴零件图

▲ 传动轴三维消隐图

▲ 传动轴三维实体模型

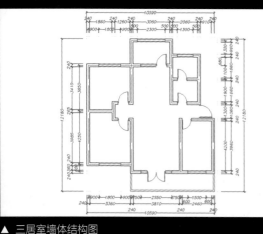

▲ 三居室墙体结构图

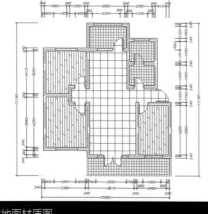

▲ 三居室地面材质图

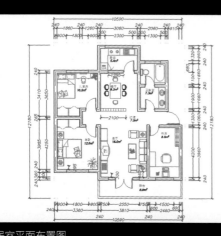

▲ 三居室平面布置图

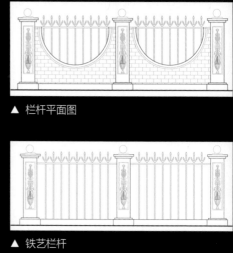

▲ 栏杆平面图

▲ 铁艺栏杆

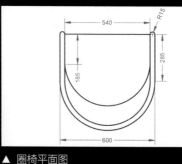

▲ 圈椅平面图

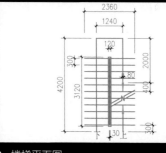

▲ 楼梯平面图

▲ 电视机平面图

前　　言

　　AutoCAD 是目前应用最广泛的辅助绘图软件，其强大的绘图功能一直以来深受广大设计人员的喜爱。为使广大读者能快速掌握最新版 AutoCAD 2020 软件的操作技能，并将其应用到实际工作中，我们编写了本书。

　　本书内容丰富，实用性较强，内容几乎涵盖了 AutoCAD 2020 在图形绘制方面的所有操作技能。在章节安排上，充分考虑到初学者的学习特点和接受能力，采用从易到难、循序渐进，同时穿插大量精彩实例操作的写作技巧进行讲解，深入浅出地教会读者如何使用 AutoCAD 2020 软件进行实际工作，自始至终都渗透着"案例导学"的思维模式。

本书特色

　　1. 视频讲解，手把手教学

　　本书配备了 336 集视频讲解，涵盖了全书绝大部分的基础知识和实例操作，读者可以扫描二维码观看视频，也可以从计算机端下载视频观看教学，如同老师在身边手把手教学，学习轻松高效。

　　2. 实例丰富，强化动手能力

　　实用才是硬道理，全书包含实例 238 个，其中 23 个综合案例演示操作，2 个大型商业案例模拟真实场景进行实战演练，模仿操作，效率更高。

　　3. 内容丰富，注重学习规律

　　本书涵盖了 AutoCAD 2020 常用工具、命令的功能介绍，采用"基础知识+实例"的形式进行讲解，符合轻松易学的认知规律，对关键知识点设置"知识拓展""疑问解答""小贴士"等特色段落，以便拓展知识面，扫除技术盲点，巩固所学。

　　4. 赠送资源

　　本书赠送素材源文件，读者可以边学边操作，提高实战应用技能。

　　5. QQ 在线交流答疑

　　本书提供 QQ 群交流答疑，读者之间可以互相交流学习。

本书内容

　　本书共分 17 章，具体内容如下。

　　第 1 章：初识 AutoCAD 2020。本章主要讲解 AutoCAD 2020 的应用范围、界面简介及基本操作等知识。

　　第 2 章：AutoCAD 2020 的基本操作。本章主要讲解 AutoCAD 2020 的基本操作知识，具体包括新建、打开、存储图形对象，以及图形对象的基本选择、绘图命令的启动等。

第 3 章：绘图设置与坐标输入。本章主要讲解绘图前的相关设置及坐标输入方法等知识。

第 4 章：点、线图元的创建与编辑。本章主要讲解点、线图元的绘制，以及基本操作与编辑等知识。

第 5 章：多段线、多线的创建与应用。本章主要讲解多段线、多线的创建、编辑及基本应用等知识。

第 6 章：二维图形的绘制与应用。本章主要讲解二维基本图形的绘制及基本操作等知识。

第 7 章：二维图形的编辑与应用。本章主要讲解二维图形的编辑、修改及实际应用等知识。

第 8 章：图层。本章主要讲解图层的新建、设置、操作，以及图层在绘图中的应用技巧。

第 9 章：块、属性与特性。本章主要讲解块的创建、编辑、应用，以及图形特性的编辑等知识。

第 10 章：边界、面域、夹点编辑与填充。本章主要讲解创建边界、面域及图案填充的相关知识。

第 11 章：资源的管理、共享与信息查询。本章主要讲解图形资源的管理、共享及图形信息查询等知识。

第 12 章：标注图形尺寸。本章主要讲解图形尺寸的标注、编辑等知识。

第 13 章：文字注释、引线注释、公差与参数化绘图。本章主要讲解图形文字注释、引线标注及公差标注和参数化绘图等知识。

第 14 章：轴测图与三维基础。本章主要讲解轴测图的绘制及三维建模基础等知识。

第 15 章：三维模型的操作与编辑。本章主要讲解三维模型的创建、编辑、修改，以及创建三维模型的相关知识。

第 16 章：图形的打印与输出。本章主要讲解图形的打印和输出等知识。

第 17 章：职场实战。本章通过绘制建筑工程图和机械工程图两个大型工程图，详细讲解了使用 AutoCAD 2020 绘制大型工程图的流程、方法和具体操作步骤。

本书赠送资源、获取及交流方式

1. 赠送资源

（1）本书素材资源包

为了便于读者更好地学习、使用本书，本书赠送所有实例的素材文件、结果文件、图块文件和样本文件，以便读者在使用本书时随时调用和学习操作。

（2）视频文件

读者可手机扫码学习，也可下载本书实例的视频文件包，在计算机端学习。

2. 资源获取及交流方式

（1）关注微信公众号"设计指北"，输入"CAD0831"，并发送到公众号后台，即可获取本书资源的下载链接，然后将此链接复制到计算机浏览器的地址栏中，根据提示下载即可。

（2）加入本书学习 QQ 群：1045665079（注意加群时的提示，并根据提示加群），可在线交流学习。

本书作者

本书由骆驼在线课堂全体工作人员共同创作完成，主编史宇宏，编委王虎国、李强、陈玉蓉、张伟、姜华华、史嘉仪、石金兵、郝晓丽、翟成刚、陈玉芳、石旭云、陈福波。在此感谢所有给予我们关心和支持的同行们，由于编者水平有限，书中难免有不妥之处，恳请广大读者批评指正。

编　者

目　录

第 1 章　初识 AutoCAD 2020

　　AutoCAD 是由 Autodesk 开发的一款辅助图形设计软件，到目前为止已升级到 2020 版本。本章先对新版 AutoCAD 2020 做一个全面的认识，为后续学习 AutoCAD 2020 奠定基础。

　　本章主要内容如下：
- ↘ AutoCAD 2020 的用途
- ↘ AutoCAD 2020 工作空间简介
- ↘ "草图与注释"工作空间详解
- ↘ 操作环境的个性化设置

1.1　AutoCAD 2020 的用途

　　AutoCAD 是一款辅助绘图与图形设计软件，它的问世打破了传统手工绘图烦琐、缓慢、工作量大、误差多等弊端，使绘图变得更高效、简单，绘制的图形更精准，深受各行业图形设计人员的青睐。本节首先来了解 AutoCAD 2020 在建筑、机械和室内装饰这三大领域的具体用途，对于 AutoCAD 2020 在其他行业的应用，在此不做介绍。

1.1.1　绘制建筑工程图

　　在建筑工程中，建筑工程图是建筑工程施工的基础，无论多么复杂或多么简单的建筑工程，都要以建筑工程图为依据和标准进行施工。一般情况下，建筑工程图包括"平面图""立面图"和"剖面图"，简称三视图。三视图表示建筑物的内部布置、外部形状、内部装修、构造、施工要求等，是建筑工程的重要图纸。除此之外，对于复杂的建筑形体，还需要画出详图。

　　↘ 建筑平面图

　　建筑平面图也叫"俯视图"，它是建筑工程图的基本样图，是假想用一个水平的剖切面沿建筑物门窗洞位置将房屋剖切后，对剖切面以下部分所做的水平投影图。平面图反映了房屋的平面形状、大小和布置，墙、柱的位置、尺寸及材料，门窗的类型和位置等。图 1-1 所示是使用 AutoCAD 2020 绘制的某住宅楼建筑平面图。

　　↘ 建筑立面图

　　建筑立面图是在与建筑物立面相平行的投影面上所做的正投影图，建筑立面图大致包括"南立面图""北立面图""东立面图"和"西立面图"，这 4 种立面图也称为"正立面图""背立面图"
"左立面图"和"右立面图"。图 1-2 所示是使用 AutoCAD 2020 绘制的某住宅楼建筑南（正）
立面图。

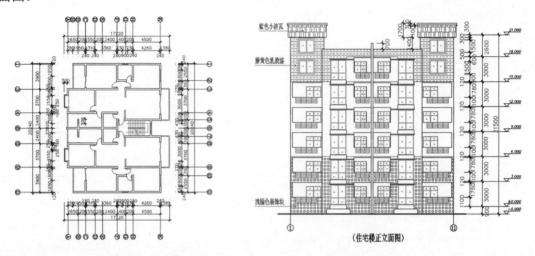

图 1-1　使用 AutoCAD 绘制的某住宅楼建筑平面图　图 1-2　使用 AutoCAD 绘制的某住宅楼建筑南（正）立面图

➲　建筑剖面图

　　建筑剖面图是假想用一个剖切面将形体剖开，移去剖切面与观察者之间的那部分形体，将剩
余部分与剖切面平行的投影面做投影，得到投影图称为剖面图。剖面图用来表示房屋内部的结构
或构造形式、分层情况和各部位的联系、材料及其高度等，是与平、立面图相互配合的不可缺少
的重要图纸之一。图 1-3 所示是使用 AutoCAD 2020 绘制的某住宅楼建筑剖面图。

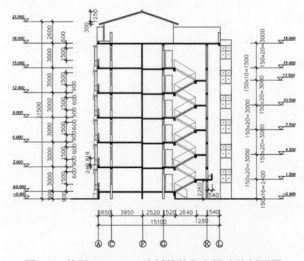

图 1-3　使用 AutoCAD 绘制的某住宅楼建筑剖面图

✐ **小贴士**:

> 此外，建筑设计图还包括节点大样图，结构图，水、电、气安装图和总体规划图等，在此不再一一介绍，对此感兴趣的读者可以参阅其他相关书籍的介绍。

1.1.2　绘制机械零件图

我们知道，任何一个机器，小到一个儿童玩具，大到飞机、舰船等，都是由一个个机械零件组成的，机械零件是组成机械的基本单元。为了能准确表达零件的内、外部结构特征，同时方便零件的加工制造，首先需要绘制机械零件图。机械工程上一般多采用三面正投影图来准确表达机械零件的形状，三面正投影图又称为三视图，即"主视图""俯视图"和"左视图"，除了这 3 个视图之外，有时还会绘制零件"剖视图""轴测图""三维视图"及"装配图"等其他视图。

❯ 机械零件主视图

主视图是指从机械零件的前面向后面投射所得的视图，简单地说，就是从机械零件前面所看到的视图，"主视图"能反映物体前面的形状。图 1-4 所示是使用 AutoCAD 2020 绘制的盖板机械零件主视图。

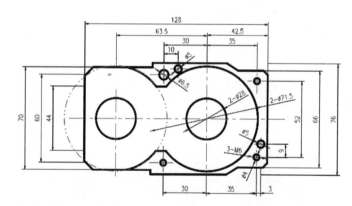

图 1-4　使用 AutoCAD 绘制的盖板机械零件主视图

❯ 机械零件俯视图

机械零件俯视图也叫顶视图，机械零件俯视图是机械零件由上往下投射所得的视图，简单地说，就是从机械零件顶部向下所看到的视图，机械零件俯视图能反映机械零件顶部的形状。图 1-5 所示是使用 AutoCAD 2020 绘制的盖板机械零件俯视图。

❯ 机械零件左视图

机械零件左视图一般是指由机械零件左边向右作正投影得到的视图，简单地说，就是从机械零件左边向右所看到的视图，机械零件左视图能反映机械零件左边的形状。图 1-6 所示是使用 AutoCAD 2020 绘制的盖板机械零件左视图。

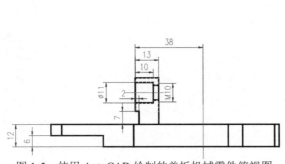

图 1-5　使用 AutoCAD 绘制的盖板机械零件俯视图

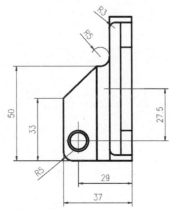

图 1-6　使用 AutoCAD 绘制的盖板机械
零件左视图

➹ 机械零件剖视图

机械零件剖视图的绘制原理与建筑剖面图的绘图原理相同，是假想用一个剖切面将机械零件剖开，移去剖切面与观察者之间的那部分形体，将剩余部分与剖切面平行的投影面作投影。机械零件剖视图分为"全剖视图""半剖视图"和"局部剖视图"。图 1-5 所示就是盖板机械零件的局部剖视图。

➹ 机械零件三维模型

为了更直观地从不同角度表现机械零件的形状、材质及工作原理等，在机械工程中还需要绘制机械零件三维模型，然后为模型赋予材质，制作工作原理动画并进行渲染，以方便对机械零件的工作原理及材质进行更深层次的论证。图 1-7 所示是使用 AutoCAD 2020 绘制的盖板机械零件三维模型。

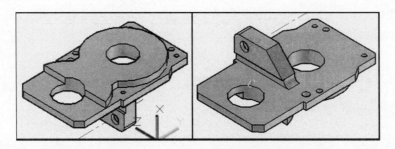

图 1-7　使用 AutoCAD 绘制的盖板机械零件三维模型

➹ 机械零件轴测图

与三维模型不同，轴测图是一种在二维空间快速表达机械零件三维形体的最简单的方法，通过轴测图可以快速获得零件的外形特征信息。图 1-8 所示是使用 AutoCAD 2020 绘制的盖板机械零件轴测图。

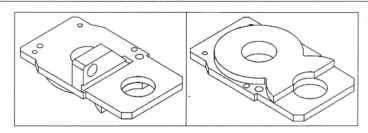

图 1-8 使用 AutoCAD 绘制的盖板机械零件轴测图

📋 **小贴士：**

> 除此之外，在机械制图中，还包括机械零件装配图、局部放大图、局部剖视图等，在此不再一一讲解，对此感兴趣的读者可以参阅其他相关书籍。

1.1.3 绘制室内装饰设计图

室内装饰设计其实是综合的室内环境设计，它包括视、声、光、热等多方面，既有物理环境，也有心理环境，以及文化内涵等内容。通过对室内环境进行设计，能满足人们物质和精神生活需要，使室内环境更具有使用价值，满足相应的功能需求，同时也能反映历史文化、建筑风格、人文环境等精神因素。室内装饰设计图包括平面布置图、室内立面图和平顶图等图纸，另外，还需包括构造节点详细的细部大样图以及设备管线图等。

➥ 平面布置图

平面布置图也叫室内布置图，该图纸只需要表明各房间的家具布置情况，包括各房间的家具样式、摆放位置、地板材质等。平面布置图常用比例为 1：50 和 1：100。图 1-9 所示是使用 AutoCAD 2020 绘制的某住宅室内装饰平面布置图。

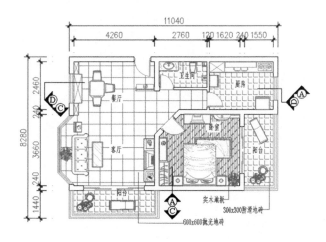

图 1-9 使用 AutoCAD 绘制的某住宅室内装饰平面布置图

❥ 室内立面图

室内立面图是用来表示室内家具、墙面装饰物、灯具、门、窗等的体形和外貌，可按照各墙面分为 A 向立面图、B 向立面图、C 向立面图等。室内立面图常用比例为 1：20 和 1：50。图 1-10 所示是使用 AutoCAD 2020 绘制的某住宅室内装修卧室 A 向立面图。

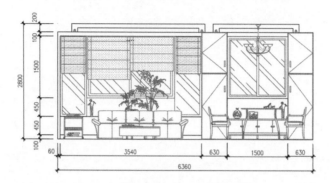

图 1-10　使用 AutoCAD 绘制的某住宅室内装修卧室 A 立面图

❥ 平顶图

平顶图也叫"装修吊顶图"或"仰视图"，主要用来表明室内顶面造型和照明布置等，如吊顶形状、装修材料、灯具样式、数量、位置等。平顶图或仰视图常用比例为 1：50 和 1：100。图 1-11 所示是使用 AutoCAD 2020 绘制的某住宅室内装饰吊顶图。

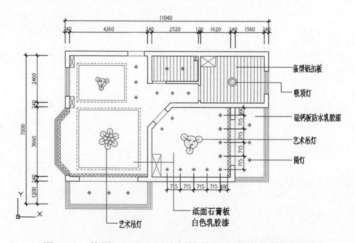

图 1-11　使用 AutoCAD 绘制的某住宅室内装修吊顶图

📋 小贴士：

除此之外，在室内装饰装潢设计图中，还包括节点大样图，水、电、气布置图等，在此不再一一讲解，对此感兴趣的读者可以参阅其他相关书籍。

AutoCAD 除了以上所介绍的在建筑工程、机械制造和室内装饰装潢中的用途之外，在水电工程、土木施工、精密零件加工、模具加工、设备安装、服装制版等多个行业都有无可替代的用途。

1.2 AutoCAD 2020 工作空间简介

本节先来了解 AutoCAD 2020 软件的工作空间。与其他版本不同，AutoCAD 2020 软件的工作空间主要分为"草图与注释"工作空间、"三维基础"工作空间及"三维建模"工作空间。这 3 个工作空间有一个共同的特点，就是将所有与绘图相关的工具都集合在绘图区的上方，这不仅比原来版本节省了更多的绘图区域，也更加方便用户快速选择并激活这些工具，其次，这 3 个工作空间都各有各的特点和作用，下面对其进行简单介绍。

1.2.1 "草图与注释"工作空间

"草图与注释"工作空间是系统默认的工作空间，当成功安装 AutoCAD 2020 并启动程序后，首先进入"开始"界面，在该界面中，用户可以打开一个 CAD 文件或最近使用的文档，也可以新建一个文件开始绘图，如图 1-12 所示。

图 1-12 AutoCAD 2020 "开始"界面

例如，单击"开始绘制"按钮，即可进入"草图与注释"的工作空间，同时系统还会自动打开一个名为"Drawing 1. dwg"的默认绘图文件，如图 1-13 所示。

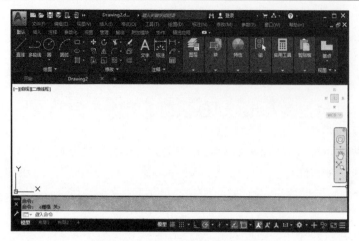

图 1-13   "草图与注释"工作空间

在该工作空间绘图区的上方位置，显示的主要是二维绘图与编辑相关的工具，因此，该工作空间适合绘制与编辑二维图形，用户只需激活相关绘图按钮，即可在下方的绘图区绘制二维图形，如图 1-14 所示。

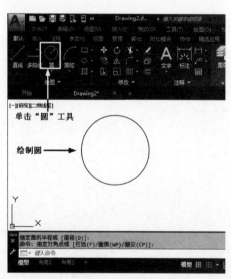

图 1-14   绘制圆

1.2.2   "三维基础"工作空间

在"草图与注释"工作空间单击标题栏的"草图与注释"工作空间列表，选择"三维基础"选项，如图 1-15 所示。

此时即可切换到"三维基础"工作空间，如图 1-16 所示。

图 1-15　选择"三维基础"选项

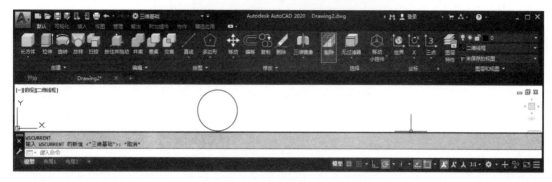

图 1-16　"三维基础"工作空间

小贴士：

单击"草图与注释"工作空间右下角状态栏上的"切换工作空间"按钮 ⚙，在弹出的列表中选择"三维基础"选项，也可以将工作空间切换到"三维基础"工作空间，如图 1-17 所示。

图 1-17　切换工作空间

在该工作空间绘图区的上方显示了用于创建、编辑、修改三维模型及绘制二维图形的相关工具，因此，该工作空间适合创建、编辑与修改三维模型，进行三维建模。当然，用户也可以在该工作空间绘制与编辑二维图形，如图 1-18 所示。

小贴士：

在"三维基础"工作空间创建了三维模型后，单击绘图区左上角的"视口控件"按钮，选择"西南等轴测"选项或其他三维视图选项，将视图切换到三维视图，这样才能体现三维模型的特征，如图 1-19 所示。

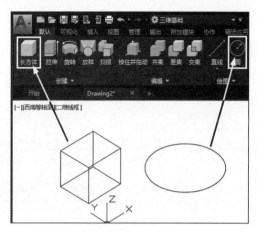

图 1-18　创建三维模型与绘制二维图形　　　　　　图 1-19　设置视口

1.2.3　"三维建模"工作空间

与切换"三维基础"工作空间的方法相同，在"草图与注释"工作空间或"三维基础"工作空间标题栏的工作空间列表中选择"三维建模"选项，即可切换到"三维建模"工作空间，如图 1-20 所示。

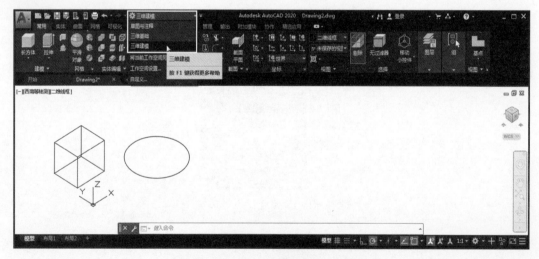

图 1-20　切换到"三维建模"工作空间

在该工作空间绘图区的上方不仅显示了创建、编辑、修改三维实体模型的工具按钮，同时还包含了创建三维曲面模型的相关工具及创建二维图形的相关工具，如图 1-21 所示。

在该工作空间，只需激活相关工具按钮，即可创建三维实体模型、三维曲面模型及二维图形，同时也可以很方便地对这些模型进行编辑、修改，如图 1-22 所示。

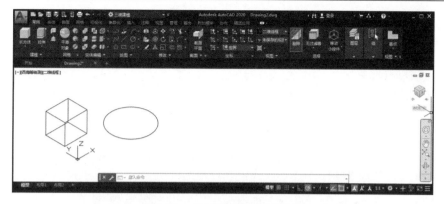

图 1-21　"三维建模"工作空间

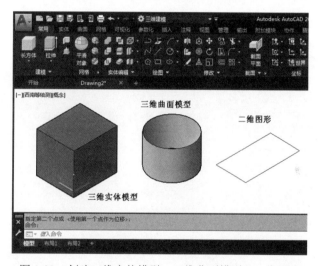

图 1-22　创建三维实体模型、三维曲面模型及二维图形

以上主要介绍了 AutoCAD 2020 的 3 种工作空间，用户可以根据具体绘图要求或自己的绘图习惯，选择一个合适的工作空间进行绘图。

1.3　"草图与注释"工作空间详解

相对于"三维基础"工作空间与"三维建模"工作空间来说，在实际工作中，使用最多的还是"草图与注释"工作空间。本节主要对"草图与注释"工作空间进行详细讲解，其他两个工作空间的操作与此相同，不再对其进行介绍。

1.3.1　程序菜单

"程序菜单"是 AutoCAD 自 2010 版本新增的一个程序菜单，位于界面左上角位置，通过该菜单不仅可以快速浏览最近使用的文档，同时还可以访问一些常用工具、搜索常用命令等，下面通过一个简单操作，学习启动程序菜单的方法。

实例——启动程序菜单

（1）单击软件界面左上角的 AutoCAD 2020 软件图标 ▲ 按钮，打开程序菜单。

（2）菜单左侧是各种常用工具按钮，单击各按钮即可完成相应的操作，例如，新建文件、保存文件、打开文件、输入、发布、关闭当前文件等。

（3）在菜单右侧是最近使用过的文档列表，选择相关文档即可将其打开，如图 1-23 所示。

（4）单击右下方的"退出 Autodesk AutoCAD 2020"按钮，即可退出 AutoCAD 2020。

（5）单击"选项"按钮，打开"选项"对话框，从中可以对 AutoCAD 2020 进行相关设置，如图 1-24 所示。

图 1-23 打开程序菜单　　　　　　　　　图 1-24 "选项"对话框

1.3.2 标题栏与菜单栏

1. 标题栏

标题栏位于界面的顶部，包括"快速访问工具栏""工作空间切换列表""软件版本号与文件名称""快速查询信息中心"及"窗口控制按钮"等，如图 1-25 所示。

图 1-25 标题栏

- 快速访问工具栏：用于快速访问某些命令，添加常用命令按钮到工具栏上或删除命令。
- 工作空间切换列表：快速切换工作空间。
- 软件版本号与文件名称：显示当前正在运行的程序名和当前被激活的图形文件名称。
- 快速查询信息中心：快速获取所需的信息、搜索所需的资源等。
- 窗口控制按钮：控制 AutoCAD 窗口的大小和关闭程序。

2. 菜单栏

与其他版本不同，系统默认情况下，AutoCAD 2020 的菜单栏处于隐藏状态，单击"工作空间切换列表"右侧的▼按钮，在打开的列表中选择"显示菜单栏"选项，此时在标题栏下方将显示菜单栏，如图 1-26 所示。

图 1-26 菜单栏

在菜单栏中放置了一些与绘图、图形编辑等相关的菜单，其操作方法非常简单，在主菜单项上单击左键，即可展开主菜单，然后将光标移至所需命令选项上单击左键，即可激活菜单命令，各菜单的主要功能如下。

- "文件"菜单：对图形文件进行设置、保存、清理、打印及发布等。
- "编辑"菜单：对图形进行一些常规编辑，包括复制、粘贴、链接等。
- "视图"菜单：调整和管理视图，以方便视图内图形的显示，便于查看和修改图形。
- "插入"菜单：向当前文件中引用外部资源，如块、参照、图像、布局等。
- "格式"菜单：设置与绘图环境有关的参数和样式等，如单位、颜色、线型及文字、尺寸样式等。
- "工具"菜单：设置了一些辅助工具和常规的资源组织管理工具。
- "绘图"菜单：二维和三维图元的绘制菜单，几乎所有的绘图和建模工具都组织在此菜单内。
- "标注"菜单：为图形标注尺寸的菜单，它包含了所有与尺寸标注相关的工具。
- "修改"菜单：对图形进行修整、编辑、细化和完善。
- "参数"菜单：为图形添加几何约束和标注约束等。
- "窗口"菜单：控制 AutoCAD 多文档的排列方式及 AutoCAD 界面元素的锁定状态。
- "帮助"菜单：为用户提供一些帮助性的信息。

1.3.3 浮动工具栏与工具选项卡

1. 浮动工具栏

系统默认情况下，AutoCAD 2020 的浮动工具栏处于隐藏状态，在菜单栏的"工具"/"工具栏"/"AutoCAD"子菜单下是各工具菜单，执行相关命令即可打开相关浮动工具栏，例如，执行"修改"及"绘图"两个命令，此时会在界面左右两边显示"绘图"和"修改"两个浮动工具栏，激活相关按钮即可绘图，如图 1-27 所示。

图 1-27　显示"绘图"和"修改"工具栏

这其实就是新版本的界面布局，如果老用户还不习惯新版本的这种界面布局，可以显示所有的工具栏，采用以前版本的界面布局进行绘图。

之所以将该工具栏称为"浮动工具栏"，是因为这些工具栏是可以浮动的，将光标移动到浮动工具栏上端，按住鼠标可以将其拖到界面的任何地方，单击工具栏右上角的 █ 按钮即可将工具栏关闭，如图 1-28 所示。

图 1-28　拖动工具栏

2. 工具选项卡

工具选项卡位于标题栏的下方，是 AutoCAD 2020 最大的功能提升，它的出现，既提供了更大的绘图空间，同时也使操作更方便、简单。

工具选项卡其实是老版本中工具栏与菜单栏的集合，几乎涵盖了老版本中所有的工具及菜单命令，具体包括"默认""插入""注释""参数化""视图""管理""输出""附加模块""协作"，以及"精选应用"10 个选项卡。进入各选项卡，即可显示与绘图相关的工具按钮，例如，在"默认"选项卡下显示二维绘图、编辑、修改及其他几乎所有操作工具，激活相关工具，即可进行与绘图有关的相关操作，如图 1-29 所示。

图 1-29　"默认"选项卡

1.3.4　绘图区与光标

严格来讲，绘图区包括"绘图区"和"十字光标"两部分。位于工作界面正中央、被工具选项栏和命令行所包围的整个区域就是绘图区，绘图区内的十字符号就是十字光标，它是用户执行相关命令进行绘图的主要工具，会随用户的鼠标移动而移动。

在没有执行任何命令时，十字光标由"十字"符号和"矩形"符号叠加而成，但在执行了绘图命令时，就只有一个十字符号，将其称为"拾取点光标"，它是点的坐标拾取器，用于拾取坐标点进行绘图，在进入修改模式后，光标就会显示矩形符号，这就是"选择光标"，如图 1-30 所示。

图 1-30　十字光标

下面通过绘制一条直线的简单实例，来看看十字光标的相关变化。

实例——绘制一条直线

（1）输入"L"，按 Enter 键激活"直线"命令，此时光标只有一个十字符号。

（2）在绘图区单击，拾取直线起点，移动光标到合适的位置再次单击，确定直线端点坐标，然后按 Enter 键结束操作，如图 1-31 所示。

（3）输入"M"，按 Enter 键激活"移动"命令，此时光标显示矩形符号，单击直线将其选择，按 Enter 键确认，光标显示十字符号，如图 1-32 所示。

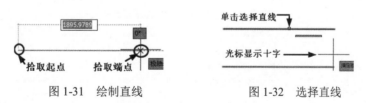

图 1-31　绘制直线　　　　　　图 1-32　选择直线

（4）捕捉直线的端点，移动光标到合适的位置并单击，对直线进行移动。

由此我们发现，十字光标并不是一成不变的，而是随着操作内容的不同发生相应的变化。

1.3.5　命令行

命令行位于绘图区的下方，是 AutoCAD 2020 最核心的部分，也是用户绘图的主要途径。命令行分为上、下两部分，下半部分是命令输入窗口，让用户输入命令，上半部分是命令记录窗口，记录用户输入的命令，如图 1-33 所示。

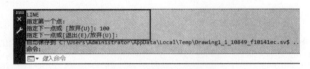

图 1-33　命令行

在绘图时，用户只需向命令行发出相关命令，然后根据命令行的提示进行操作，即可完成图形的绘制。此时，命令行会记录用户输入的每一个命令及操作过程，下面通过绘制长度为 100 的直线实例，来学习命令行的操作方法。

实例——绘制长度为 100 的直线

（1）在命令输入行输入 "L"，按 Enter 键，激活 "直线" 命令。

（2）根据命令行的提示，在绘图区单击拾取直线的第一个点。

（3）继续根据命令行的提示输入另一个点的坐标 "100"。

（4）继续根据命令行的提示，按两次 Enter 键确认并结束操作，此时在命令记录行将显示该操作的所有过程，如图 1-34 所示。

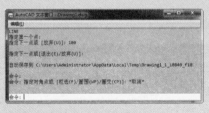

图 1-34　命令行提示

命令行的这一功能最大的好处就是，用户可以查看绘图的全过程，尤其是出现错误的操作时，可以根据命令行的记录，及时查找错误。

小贴士：

由于 "命令记录窗口" 的显示有限，如果需要直观快速地查看更多的历史信息，用户可以按 F2 功能键，系统会以 "文本窗口" 的形式显示记录信息，如图 1-35 所示。再次按 F2 功能键，即可关闭文本窗口。

图 1-35　文本窗口

疑问解答

疑问： 在命令行中输入了错误的命令或参数时会出现什么情况？此时该怎么办？

解答： 在命令行中输入错误命令或参数是在所难免的，一般情况下，如果输入错误命令，会导致命令无法执行或者终止执行。而如果输入错误参数，就会导致绘制的图形与原设计目标不符。

　　例如，在绘制长度为 100 个绘图单位的直线的过程中，当拾取直线的第一个点后，命令行出现"指定下一点或 [放弃(U)]："提示时，如果输入"U"并按 Enter 键，会导致命令无法继续执行而结束该操作，不能完成直线的绘制。

　　如果在程序要求指定直线下绘制一个点时，用户输入了错误的参数，例如，输入了"@150,0"并按 Enter 键确认，则将绘制长度为 150 个绘图单位的直线，这与用户的绘图目标不符。如果遇到这样的情况，用户可以按 Ctrl+Z 组合键撤销该操作，然后重新输入正确的参数即可。

1.3.6　状态栏

　　状态栏位于命令行下方，操作界面的底部，由绘图空间切换按钮与辅助功能按钮两部分组成，如图 1-36 所示。

图 1-36　状态栏

　　绘图空间包括"模型空间"和"布局空间"两种，一般情况下，模型空间用于绘图，而布局空间用于打印输出。依次单击 模型 / 布局1 / 布局2 ，可以在不同的绘图空间进行切换。如果想新建一个布局，可以单击右侧的"新建布局"按钮 + 新建一个布局。有关布局空间的使用，将在后面章节进行讲解，在此不再赘述。

　　而辅助功能按钮是用户精确绘图不可多得的好帮手，绘图时的相关设置都需要通过这些按钮来实现。例如，设置捕捉模式、捕捉角度、极轴追踪角度等。下面通过绘制倾斜角度为 30°、长度为 100 个绘图单位的一条直线的具体实例，来学习辅助功能按钮的使用方法。

实例——绘制倾斜度为 30°、长度为 100 的直线

　　（1）单击状态栏上的"按指定角度限制光标"按钮 将其激活，然后单击鼠标右键，在弹出的列表中选择"30，60，90，120"选项，这样就可以将光标限制在 30°、60°、90° 或 120° 的倾斜角度上，如图 1-37 所示。

　　（2）在命令输入行输入"L"，按 Enter 键，激活"直线"命令。

　　（3）在绘图区单击拾取直线的第一个点，然后沿 30° 方向引导光标，引出 30° 的方向矢量，如图 1-38 所示。

　　（4）输入 100，按两次 Enter 键结束操作，绘制结果如图 1-39 所示。

　　图 1-37　设置角度

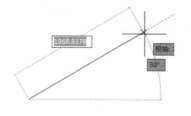
　　图 1-38　引出 30° 方向矢量

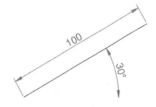
　　图 1-39　绘制的直线

由以上操作可以看出，辅助功能按钮对精确绘图有多重要，每一个辅助功能按钮都有不同的用途，这些按钮的具体使用方法将在后面的章节进行详细讲解。

1.4　操作环境的个性化设置

尽管系统默认下的操作环境已经能满足大多数用户的绘图需求，但对于追求个性的用户来说想要精确、高效地进行绘图，一个自己熟悉、操作方便、具有个性化的操作环境非常重要，AutoCAD 2020 允许用户根据自己的喜好设置个性化的操作环境。本节我们将针对"绘图区背景颜色""十字光标"及"保存"这 3 方面设置操作环境，其他设置与此类似，在此不再赘述，读者可以根据自己的喜好进行设置。

1.4.1　绘图区背景颜色设置

系统默认情况下，AutoCAD 2020 绘图区背景颜色为黑色，也许有些用户不太喜欢这样的绘图颜色，这时可以根据个人喜好设置一个自己满意的绘图区背景颜色，下面我们将绘图区背景颜色设置为白色。

实例——设置绘图区背景颜色为白色

（1）在程序菜单下单击 选项 按钮，打开"选项"对话框，进入"显示"选项卡。单击 颜色(C)... 按钮，打开"图形窗口颜色"对话框，如图 1-40 所示。

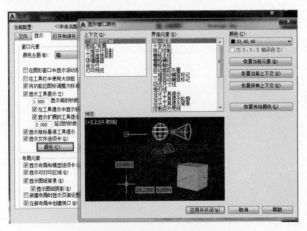

图 1-40　打开"图形窗口颜色"对话框

（2）在"颜色"列表中选择"白"颜色，单击 应用并关闭(A) 按钮，此时会发现绘图区颜色变成了白色，如图 1-41 所示。

（3）使用相同的方法，用户可以设置界面及其他系统颜色。

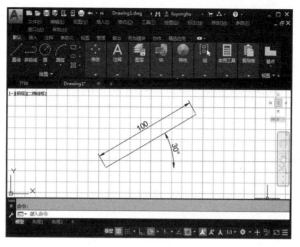

图 1-41 设置绘图区颜色

📋 小贴士：

如果想恢复到系统默认的颜色，可以单击 [恢复传统颜色(L)] 按钮，然后单击 [应用(A)] 按钮和 [确定] 按钮即可。

1.4.2 十字光标设置

十字光标是用户绘图的主要工具，十字光标的大小在有些情况下会影响用户的精确操作。系统默认情况下，十字光标的大小为 100，即布满整个绘图区域，如图 1-42 所示。

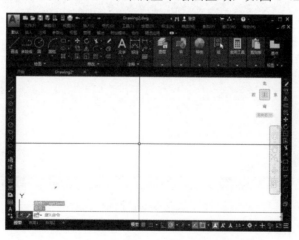

图 1-42 默认下的十字光标

这样的十字光标线有时会让用户误以为是图线，容易出现操作失误的情况。下面我们通过具体实例学习设置十字光标大小的相关方法。

实例——设置十字光标的大小为5

（1）继续上一节的操作，单击"选项"对话框中的"显示"选项卡，在右侧的"十字光标大小"文本框中输入数值5，如图 1-43 所示。

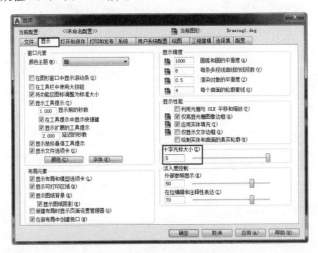

图 1-43　设置十字光标大小

（2）单击 应用(A) 按钮，再单击 确定 按钮返回绘图区，此时发现十字光标变小了，如图 1-44 所示。

图 1-44　设置后的十字光标大小

1.4.3　保存设置

保存设置包括文件另存为、文件安全措施、最近使用的文件数等，它不仅可以确保用户正在编辑的文件能够定时自动保存，同时还可以帮助用户快速打开最近编辑过的文件，对用户绘图帮助很大。

单击"选项"对话框的"打开和保存"选项卡，即可显示保存设置的相关选项，如图 1-45 所示。

图 1-45　"打开和保存"选项卡

1. 文件保存格式设置

AutoCAD 软件的低版本不能打开高版本绘制的图形，这样一来，就会使应用低版本的用户无法应用高版本绘制的图形。不过，AutoCAD 又允许用户将文件保存为当前版本或者更低的版本，这样就解决了低版本不能应用高版本文件的问题。下面通过设置，将当前用 AutoCAD 2020 所绘制的图形存储为 AutoCAD 2013 版本，这样使用 AutoCAD 2020 所绘制的图形在 AutoCAD 2013 及以上版本中都能应用。

实例——将文件存储为 AutoCAD 2013 版本

（1）在"打开和保存"选项卡下单击"另存为"下拉列表按钮，选择"AutoCAD 2013/LT2013 图形（*.dwg）"格式，如图 1-46 所示。

（2）单击 应用(A) 按钮确认完成设置。

2. 文件安全措施设置

相信所有从事计算机辅助设计工作的人员都有过这样的经历，那就是在我们正集中精力工作时，计算机突然间毫无征兆地出现故障，结果前面所做的所有工作都丢失了。要想避免这样的情况发生，可以在"文件安全措施"选项组中设置文件自动保存及保存间隔时间，这样一来，在今后的工作中，即使计算机再次毫无征兆突然出现故障，前面的工作成果也会被自动保存下来，下面就来学习文件安全措施的设置方法。

实例——设置文件安全措施

（1）继续上一节的操作，在"打开和保存"选项卡内的"文件安全措施"选项组下勾选"自动保存"选项。

（2）在"保存间隔分钟数"文本框中设置保存间隔的时间，例如，设置为 10 分钟，那么系统将每隔 10 分钟自动保存文件，如图 1-47 所示。

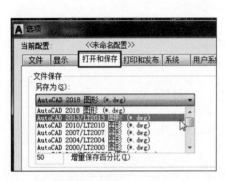

图 1-46　设置文件保存格式

图 1-47　设置文字自动保存

（3）设置完成后单击 应用(A) 按钮确认完成设置。

小贴士：

如果想得到更安全的保障，可以勾选"每次保存时均创建备份副本"选项，以创建备份保存，设置完成后单击 应用(A) 按钮即可。

3. 设置最近使用的文件数

经常绘图的人都有这样的感受，那就是每次要打开以前保存的设计图时，总是要逐级查找，非常麻烦。AutoCAD 2020 可以将最近使用过的相关文件进行组织并放置在程序菜单下，其默认数量为 9 个，这样一来用户就可以通过程序菜单，方便地打开最近使用过的至少 9 个文件。如果觉得这些不够，还可以将最近使用过的至少 50 个文件通过设置放置在应用程序菜单中，这样我们就可以很方便地找到至少 50 个最近使用过的文件。下面我们就来学习设置最近使用的文件数的方法。

实例——设置最近使用的文件数

（1）继续上一节的操作，在"文件打开"选项组中的文本框中输入"最近使用的文件数"为 9，然后在"应用程序菜单"选项输入框中输入"最近使用的文件数"为 50，如图 1-48 所示。

（2）设置完成后单击 应用(A) 按钮确认完成设置。

（3）打开应用程序菜单，发现最近使用过的文件数目增加了，如图 1-49 所示。

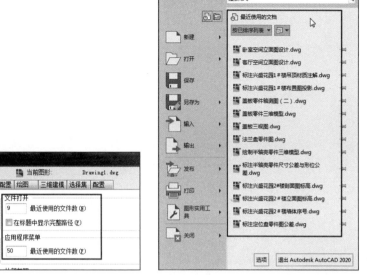

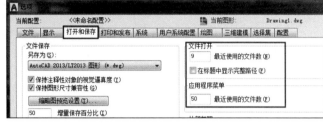

图1-48　设置最近使用的文件数　　　　　图1-49　应用程序菜单下最近使用的文件数

以上主要介绍了常用的一些打开和保存文件的相关设置方法，除此之外的其他设置不太常用，而且设置方法也比较简单，在此不再赘述，读者可以自己尝试。

第 2 章　AutoCAD 2020 的基本操作

本章导读

掌握基本操作是学习 AutoCAD 2020 的第一步，其基本操作包括新建、存储、打开图形文件、平移、缩放视图、选择、移动对象，以及启动绘图命令等，本章就来学习相关知识。

本章主要内容如下：

- ↪ 新建、存储与打开
- ↪ 实时缩放与平移
- ↪ 选择与移动
- ↪ 启动绘图命令

2.1　新建、存储与打开

本节学习如何在 AutoCAD 2020 中新建、存储和打开图形文件。

2.1.1　新建绘图文件

新建绘图文件相当于手工绘图时准备一张绘图纸，在 AutoCAD 2020 中新建一个绘图文件其实很简单。启动 AutoCAD 2020 程序后，首先进入的是"开始"界面，如图 2-1 所示。

图 2-1　"开始"界面

　　单击该界面中的"开始绘图"按钮，系统将自动新建一个无样板模式的名为"Drawing"的空白绘图文件，并进入 AutoCAD 2020 的操作界面，如图 2-2 所示。

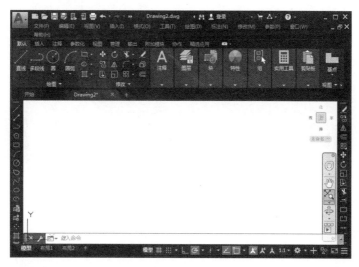

图 2-2　AutoCAD 2020 操作界面

 疑问解答

　　疑问 1：什么是"无样板"模式的绘图文件？

　　解答 1：在使用 AutoCAD 绘图时需要设置图线的线型、颜色、绘图单位、标注样式、打印样式等相关样式。一般情况下，新建的绘图文件都带有系统自定义的相关样式，我们将这种绘图文件叫作"绘图样板文件"，而"无样板"则是指新建的绘图文件系统并没有设置相关的样式。

　　"无样板"绘图文件一般可作为练习时使用，但在真正绘图时，需要新建一个样板文件，该样板文件可以是系统自定义的或者用户自定义的样板文件。下面我们新建一个样板文件。

　　实例——启动程序菜单

　　（1）单击快速访问工具栏上的"新建"按钮 ，打开"选择样板"对话框，该对话框中放置了系统预设的样板文件及用户自定义的样板文件。

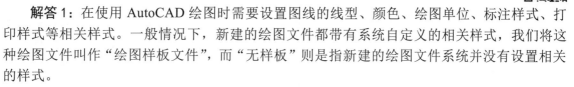 小贴士：

单击菜单中的"文件" / "新建"命令，或在命令行输入"New"后按 Enter 键，或者按 Ctrl+N 组合键都可以打开"选择样板"对话框。

　　（2）选择系统预设的"acad-Named Plot Styles"样板文件，如图 2-3 所示。
　　（3）单击 打开(O) 按钮，即可新建一个样板文件。

图 2-3　选择样板文件

疑问解答

疑问 2：“样板”对话框中有两种类型的样板文件，分别是“acad-Named Plot Styles”和“acadiso”，这两种类型的样板文件有什么区别？

解答 2："acad-Named Plot Styles"和"acadiso"都是公制单位的样板文件，这两种样板文件的区别就在于，前者使用的打印样式为"命名打印样式"，后者使用的打印样式为"颜色相关打印样式"。其实这两种打印样式对绘图没有任何影响，用户选择哪一个都可以。

另外，在选择样板文件时，用户还可以以"无样板"方式新建空白文件，具体操作是在"选择样板"对话框中选择一个图纸类型后，单击 打开(Q) 按钮右侧的下三角按钮，在打开的按钮菜单中选择"无样板打开-公制"选项，即可快速新建一个公制单位的绘图文件，如图 2-4 所示。

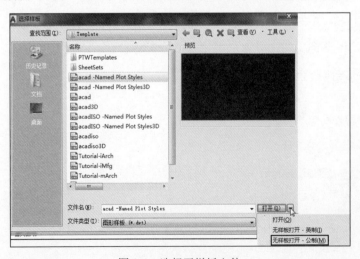

图 2-4　选择无样板文件

疑问3："公制"与"英制"两种模式有什么区别？

解答3："公制"是采用我国对设计图的相关制式要求，"英制"是采用美国对设计图的相关制式要求。一般情况下，我们都是采用我国对设计图的相关制式要求来绘图，因此，用户在新建绘图文件时，选择"公制"模式即可。

2.1.2　保存图形文件

图形绘制完成后一定要将文件保存，在保存文件时有两种方式可以选择：一种是使用"保存"命令将图形保存在原目录下，如果对已有的图形进行了编辑修改，使用"保存"命令后，保存结果就是对原设计作品的更新结果；另一种是使用"另存为"命令将图形重新保存在其他目录下，这种保存方式一般多用于对原有图形进行编辑修改后的保存，其结果将对原有作品进行备份，具体使用哪种保存方式，用户可以自己决定。

在 AutoCAD 2020 中保存文件的方法与在其他应用程序中保存文件的方法相同，下面通过简单实例，学习保存 AutoCAD 图形文件的方法。

实例——保存图形文件

（1）单击快速访问工具栏中的"保存"按钮■，打开"图形另存为"对话框。

（2）选择存盘路径并命名，在"文件类型"中选择存盘格式，然后单击 保存(S) 按钮即可，如图 2-5 所示。

图 2-5　"图形另存为"对话框

🗐 **小贴士：**

单击菜单中的"文件" / "保存"或"另存为"命令，或在命令行输入"Save"后按 Enter 键，或者按 Ctrl+S 组合键都可以打开"图形另存为"对话框。需要注意的是，在保存图形文件时，AutoCAD 2020 提供了多种存储版本和格式，选择存储版本和格式非常重要。首先需要明白 AutoCAD 专业文件格式为".dwg"，如果要将设计图与其他软件进行交互使用，例如，要在 3ds Max 软件中使用，应该选择 ".dws" 或者 ".dxf" 格式进行保存；如果保存的是一个样板文件，就应该选择 ".dwt" 格式进行保存。有关样板文件，在后面章节将进行更详细的讲解。另外，AutoCAD 2020 默认存储版本为 "AutoCAD 2018 图形〔*.dwg〕"，使用此种版本将文件保存后，只能被 AutoCAD 2018 及其以后的版本打开，如果需要在 AutoCAD 早期版本中打开文件，可以选择更低的文件格式进行保存，如图 2-6 所示。

图 2-6　选择存储类型与格式

2.1.3　打开图形文件

打开图形文件的操作更简单，有多种方式可以打开图形文件。下面我们通过简单的实例操作，学习打开图形文件的方法。

实例——打开图形文件

（1）启动 AutoCAD 2020，进入"开始"界面，单击该界面中的"打开文件"选项，打开"选择文件"对话框，如图 2-7 所示。

图 2-7　"选择文件"对话框

（2）选择文件存储路径，找到要打开的文件，然后单击 打开⑩ 按钮即可将其在 AutoCAD

2020 中打开，如图 2-8 所示。

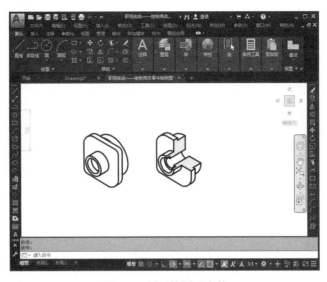

图 2-8　打开的图形文件

✎ 小贴士：

单击标准工具栏或快速访问工具栏中的"打开"按钮，选择菜单中的"文件" / "打开"命令，在命令行中输入"Open"后按 Enter 键，或按 Ctrl+O 组合键都可以打开"选择文件"对话框，然后选择要打开的文件并将其打开。

2.2　实时缩放与平移

在 AutoCAD 2020 绘图过程中，当绘制较大幅的图形时，往往由于视图显示的原因，并不能观察到图形的全部，这给绘图者带来了很大的困惑，此时用户就需要对视图进行缩放和平移，本节我们就来学习实时缩放和平移视图的相关知识。

2.2.1　实时缩放

实时缩放是指能快速对视图进行缩放调整，执行"工具" / "工具栏" / "AutoCAD" / "缩放"命令打开"缩放"工具栏，该工具栏提供了多种缩放工具，可以对视图进行快速缩放调整，如图 2-9 所示。

图 2-9　"缩放"工具栏

下面通过具体实例讲解该工具栏中各工具按钮的使用方法。

实例——实时缩放

（1）激活"窗口缩放"按钮，在对象上按住鼠标左键并拖曳鼠标创建矩形框，释放鼠标，框内的图形将被放大，如图2-10所示。

（2）激活"比例缩放"按钮，在命令行输入缩放比例进行缩放。

小贴士：

在输入比例参数时，有以下3种情况。

①直接在命令行输入数字，表示相对于图形界限的倍数。图形界限是绘图时的图纸大小，例如，对于大小为A1的图纸，如果输入2，表示将视图放大到A1的2倍。需要说明的是，如果当前视图已经超过了图形界限，则会缩小视图。

②在输入的数字后加字母X，表示相对于当前视图的缩放倍数。当前视图就是图形当前显示的效果，例如，输入2X，表示将视图按照当前视图大小放大2倍。

③在输入的数字后加字母XP，表示系统将根据图纸空间单位确定缩放比例。

通常情况下，相对于视图的缩放倍数比较直观，较为常用。

（3）在命令行输入"2"，按Enter键确认，将当前视图放大2倍。

（4）激活"中心缩放"按钮。单击确定中心点，然后输入缩放值，按Enter键确定新视图的高度，缩放视图。如果在输入的数值后加一个X，则系统将其看作视图的缩放倍数。

（5）激活"缩放对象"按钮。单击鼠标左键并由左向右拖出浅蓝色选择框将图形包围，释放鼠标，图形被选择，如图2-11所示。

（6）按Enter键，图形被放大并全屏显示。

小贴士：

如果单击鼠标左键并由右向左拖曳，拖出浅绿色选择框，选取图形局部，释放鼠标，对象被选择，然后按Enter键将图形放大，如图2-12所示。

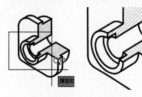

图2-10　窗口缩放　　　图2-11　选取图形对象　　　图2-12　选取对象

（7）单击"放大"或"缩小"按钮一次，可将图形放大为原来的2倍或缩小为原来的二分之一。

（8）单击"全部缩放"按钮，可将图形按照图形界限或图形范围的尺寸，在绘图区域全部显示。

（9）单击"范围缩放"按钮，可将所有图形在绘图区显示出来。

📝 **小贴士：**

> 菜单栏中"视图"/"缩放"菜单下的各子菜单命令与"缩放"工具栏中的各缩放按钮功能相同，执行这些命令也可以对图形进行缩放。另外，滚动鼠标的中键也可以对视图进行缩放调整。

2.2.2　平移视图

视图被放大后，要想查看图形的局部，就需要对视图进行平移，在菜单栏中的"视图"/"平移"菜单下有一组菜单命令，执行相关命令可以对视图进行平移，如图 2-13 所示。

图 2-13　平移视图的菜单

- ➥ 实时：执行该命令，光标显示 ✋ 按钮，按住并拖曳鼠标即可平移视图。
- ➥ 点：单击指定基点和目标点以平移视图。
- ➥ 左、右、上和下：分别用于在 X 轴和 Y 轴方向上移动视图。

📝 **小贴士：**

> 按住鼠标中键，或按下键盘上的空格键，光标会显示为 ✋ 按钮，按住鼠标并拖曳即可平移视图。

2.3　选择与移动

在 AutoCAD 2020 中，一切操作都是从选择开始的，本节我们继续学习选择图形对象的方法。

2.3.1　点选

点选是一种最简单、最常用的选择图形对象的方法，下面通过一个简单的实例，学习点选图形对象的相关技巧。

实例——通过点选选择对象

（1）打开"素材"/"壁灯立面图.dwg"素材文件。

（2）在无任何命令发出的情况下，移动鼠标到灯罩上方的水平线上并单击，图线以虚线显示，表示该图线被选中，如图 2-14 所示。

（3）继续移动鼠标到灯罩旁边的斜线上并单击，将其选择。

（4）使用相同的方法，继续选择其他图线，如图 2-15 所示。

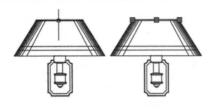

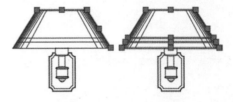

图 2-14　选择图线　　　　　　　　　　　图 2-15　点选其他图线

通过以上操作可以看出，使用点选一次只能选择一个对象，但可以通过多次选择的方法选取更多对象。

2.3.2　窗口选择

通过窗口选择可以一次选择多个对象，只是这种选择方式需要将对象全部包围在选择框之内。下面通过一个具体的实例，学习通过窗口选择对象的方法。

实例——窗口选择

（1）继续上一节的操作，按 Esc 键取消图形的选择。

（2）在无任何命令发出的情况下，单击并由左向右拖曳鼠标，拖出浅蓝色选择框，将灯罩上半部分对象包围。

（3）释放鼠标，此时发现被选择框包围的 3 条水平线被选择，而未被选择框包围的斜线并没有被选择，如图 2-16 所示。

通过以上操作可以看出，使用窗口选择方式选择对象时，只有被选择框全部包围的对象才能被选择，而未被选择框包围的对象并不能被选择。

📋 **小贴士：**

使用窗口选择方式选择对象时，如果按住鼠标左键并由左向右拖曳出自由选择框，可以将被选择框包围的对象全部选中，而未被选择框包围的对象则不能被选中，如图 2-17 所示。

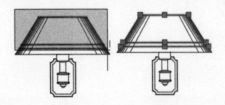
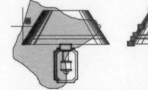

图 2-16　窗口选择对象　　　　　　　图 2-17　通过窗口选择方式自由选择对象

2.3.3　窗交选择

与窗口选择对象不同，窗交选择对象时，只要选择框与对象相交，即可将对象全部选中。下面继续通过具体的实例，学习窗交选择对象的方法。

实例——窗交选择

（1）继续上一节的操作，按 Esc 键取消图形的选择。

（2）在无任何命令发出的情况下，单击并由右向左拖曳鼠标，拖出浅绿色选择框，使其与灯罩图线相交。

（3）释放鼠标，此时发现被选择框包围及与选择框相交的图线全被选中，如图 2-18 所示。

通过以上操作可以看出，使用窗交选择方式选择对象时，只要被选择框包围及与选择框相交的对象都能被选中。

📋 **小贴士：**

使用窗交选择方式选择对象时，如果按住鼠标左键并由右向左拖曳出自由选择框，可以将与选择框相交的对象及被选择框包围的对象全部选中，如图 2-19 所示。

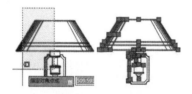 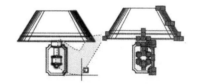

　　图 2-18　窗交选择　　　　　　图 2-19　通过窗交方式自由选择对象

2.3.4　移动对象

移动对象时需要有两个点：一个是基点，另一个是目标点。下面通过具体的实例学习移动对象的相关方法。

实例——将矩形从直线左端点移动到右端点

（1）打开"素材"/"移动示例.dwg"素材文件，直线长度为 100 个绘图单位，直线左端是一个 20×20 的矩形，如图 2-20 所示。

下面将矩形移动到直线的右端。

（2）输入"M"，按 Enter 键激活"移动"命令，单击矩形将其选择，然后按 Enter 键确认。

（3）捕捉矩形的左下端点作为基点，捕捉直线的右端点作为目标点，矩形被移动到直线的右端点，如图 2-21 所示。

 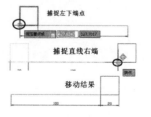

　　　图 2-20　素材文件　　　　　　　图 2-21　移动矩形

📋 小贴士：

移动对象时，除了通过捕捉点进行移动之外，还可以通过输入点坐标的方式进行移动。例如，已知直线长度为 100 个绘图单位，矩形边长为 20，那么就可以计算矩形左端点到直线右端点的距离为 20+100=120。因此，当捕捉矩形左下端点为基点后，水平引导光标，引出 180° 的方向矢量，输入目标点的坐标为 "120" 按 Enter 键，即可将其移动到直线右端点位置。有关坐标的具体输入，将在后面章节进行详细讲解。

练一练

打开 "素材" / "移动示例 01. dwg" 素材文件，如图 2-22（a）所示，根据图示尺寸，将左侧的大圆移动到小圆上，使两个圆成为同心圆，如图 2-22（b）所示。

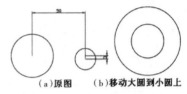

（a）原图　（b）移动大圆到小圆上

图 2-22　移动示例

操作提示 1：

（1）输入 "M"，按 Enter 键激活 "移动" 命令，单击左侧大圆将其选择，然后按 Enter 键确认。

（2）捕捉大圆的圆心作为基点，捕捉小圆的圆心作为目标点。

操作提示 2：

（1）输入 "M"，按 Enter 键激活 "移动" 命令，单击左侧大圆将其选择，然后按 Enter 键确认。

（2）捕捉大圆的圆心作为基点，输入目标点的坐标为 "@50，－3"，按 Enter 键确认。

2.4　启动绘图命令

AutoCAD 2020 的一切绘图操作都是从启动绘图命令开始的，本节我们来学习启动 AutoCAD 2020 绘图命令的相关方法。

2.4.1　通过菜单栏启动绘图命令

与其他应用软件一样，AutoCAD 2020 的菜单栏是启动绘图命令的主要方式。系统默认情况下，菜单栏处于隐藏状态，单击 "工作空间切换列表" 右侧的 ▼ 按钮，在打开的列表中选择 "显示菜单栏" 选项，此时在标题栏下方将显示菜单栏，如图 2-23 所示。

图 2-23　打开菜单栏

菜单栏中不仅放置了一些与绘图有关的命令，同时也包括图形编辑的各种菜单。其操作方法非常简单，在主菜单上单击鼠标左键，即可展开此主菜单，然后将鼠标移到所需命令上，单击鼠标左键，即可激活菜单命令。下面通过绘制矩形的简单实例，学习通过菜单栏启动绘图命令的方法。

实例——通过菜单栏启动绘图命令

（1）单击按钮"绘图"/"矩形"启动"矩形"命令。

（2）在绘图区单击确定矩形的一个角点，移动光标到合适的位置，再次单击，确定矩形的另一个角点，即可绘制一个矩形，如图 2-24 所示。

练一练

通过菜单栏启动"圆"命令，绘制半径为 20 的圆，如图 2-25 所示。

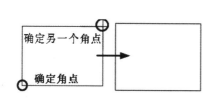

图 2-24　使用菜单绘图

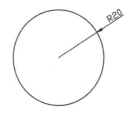

图 2-25　绘制的圆

操作提示：

（1）执行"绘图"/"圆心、半径"命令。

（2）在绘图区单击确定圆心，输入"20"，按 Enter 键确认。

2.4.2　通过右键菜单启动绘图命令

右键菜单是 AutoCAD 2020 中一个人性化的功能。所谓右键菜单，是指单击右键弹出的快捷菜单，用户只需选择右键菜单中的相关命令或选项，即可快速激活相应的绘图功能。

根据操作过程的不同，右键菜单归纳起来共有以下 3 种。

1. 默认模式菜单

此种菜单是在没有命令执行的前提下或没有对象被选择的情况下，单击右键显示的菜单，菜单内容主要包括重复操作（即重复上一次的操作）、视图缩放调整、图形隔离、图形剪切、复制、粘贴等常用命令。例如，在没有选择图形时单击右键，其右键菜单如图 2-26 所示。

在上一次的练习中我们绘制了圆，下面通过"默认模式菜单"，再次启动"圆"命令，绘制半径为 10 的圆。

图 2-26　默认模式下的右键菜单

实例——通过"默认模式菜单"启动"圆"命令

（1）继续上一节的操作，右键单击打开右键菜单，选择"重复 CIRCLE"命令。

（2）在绘图区单击确定圆心，输入"10"，按 Enter 键确认，如图 2-27 所示。

练一练

通过"默认模式菜单"启动"复制""粘贴"命令，对半径为 10 的圆进行复制和粘贴，如图 2-28 所示。

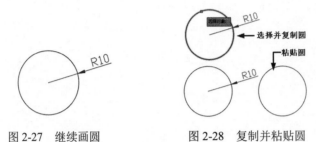

图 2-27　继续画圆　　　图 2-28　复制并粘贴圆

操作提示：

（1）在没有任何命令执行的情况下，右击并执行"剪贴板"/"复制"命令，单击半径为 10 的圆，按 Enter 键确认。

（2）继续在没有任何命令执行的情况下右击，并执行"剪贴板"/"粘贴"命令，在该圆右侧合适的位置单击并进行粘贴。

2. 编辑模式菜单

编辑模式菜单是在有一个或多个对象被选择的情况下单击右键出现的快捷菜单，例如，在没有任何命令执行的情况下单击圆使其夹点显示，右键单击弹出右键菜单，如图 2-29 所示。

下面通过"编辑模式菜单"启动"移动"命令，将半径为 10 的圆移动到半径为 20 的圆的圆心位置，使两个圆成为同心圆。

实例——通过"编辑模式菜单"启动"移动"命令

（1）执行"移动"命令，选择半径为 10 的圆，按 Enter 键确认。

（2）捕捉半径为 10 的圆的圆心作为基点，捕捉半径为 20 的圆的圆心作为目标点，将半径为 10 的圆移动到半径为 20 的圆的圆心处，如图 2-30 所示。

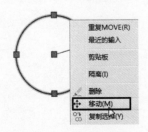
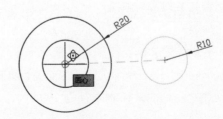

图 2-29　编辑模式菜单　　　图 2-30　移动圆

🗒️ **小贴士：**

所谓"夹点"显示是指，在没有任何命令发出的情况下选择对象，对象会显示图形的特征点，不同的图形对象，其特征点不同。例如，圆的特征点就是圆心和位于圆上的 4 个象限点，有关"夹点"及图像特征点的相关知识，在后面章节将进行详细讲解，在此不再赘述。

练一练

通过"编辑模式菜单"启动"缩放"命令，将半径为 10 的圆放大两倍，如图 2-31 所示。

操作提示：

（1）在没有任何命令执行的情况下单击半径为 10 的圆，使其夹点显示。

（2）右键单击并执行"缩放"命令，捕捉圆心作为基点，输入"2"，按 Enter 键确认。

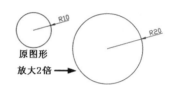

图 2-31　放大圆

3. 模式菜单

模式菜单是在一个命令执行的过程中，单击右键而弹出的快捷菜单，这类菜单主要包括取消或确认正在执行的命令及该命令的其他选项等。例如，输入"CI"按 Enter 键激活"圆"命令，此时单击右键弹出右键菜单，在该菜单中可以选择画圆的方式，如图 2-32 所示。

下面通过"模式菜单"选择"两点"画圆的方式绘制一个圆的实例，学习"模式菜单"的启动方式。

实例——通过"模式菜单"启动"两点"画圆命令

（1）继续上一节的操作，输入"CI"，按 Enter 键启动"圆"命令，右键单击打开右键菜单，选择"两点"选项。

（2）捕捉半径为 20 的圆的左象限点作为第 1 点，继续捕捉圆心作为第 2 点，绘制一个圆，如图 2-33 所示。

图 2-32　模式菜单

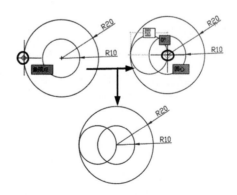

图 2-33　通过"模式菜单"启动绘图命令

练一练

通过"模式菜单"启动"缩放"与"复制"命令，将半径为 10 的圆放大 2 倍并复制，如图 2-34 所示。

操作提示：

（1）输入"SC"，按 Enter 键激活"缩放"命令，选择半径为 10 的圆，按 Enter 键确认。

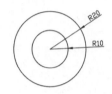

图 2-34　缩放复制圆

（2）捕捉圆心作为基点，然后右键单击，执行"复制"命令，输入 2，按 Enter 键确认。

2.4.3　通过工具栏启动绘图命令

在 AutoCAD 早期版本中，工具栏是启动绘图命令的主要手段，但随着版本的不断升级，工具栏已经不常用了，但它同样是启动绘图命令的一种方式。

系统默认情况下，工具栏处于隐藏状态，用户可以首先将菜单栏显示出来，然后单击"工具"/"工具栏"/"AutoCAD"菜单下的各子菜单，即可调出所需工具栏。本节将通过工具栏启动画圆命令，绘制半径为 20 的圆的实例，学习通过工具栏启动绘图命令的方法。

实例——通过工具栏启动画圆命令

（1）执行"工具"/"工具栏"/AutoCAD/"绘图"命令，打开"绘图"工具栏，如图 2-35 所示。

图 2-35　"绘图"工具栏

（2）单击该工具栏上的"圆"按钮◎激活画圆命令，在绘图区单击拾取圆心，然后输入 20，按 Enter 键确认，绘制半径为 20 的圆，如图 2-36 所示。

（3）使用相同的方法，激活其他绘图命令进行绘图。

练一练

打开"修改"工具栏，激活"复制"命令，将半径为 20 的圆以右象限点作为目标点进行复制，如图 2-37 所示。

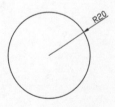

图 2-36　绘制圆

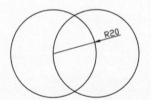

图 2-37　复制圆

操作提示：

（1）执行"工具"/"工具栏"/"AutoCAD"/"修改"命令打开"修改"工具栏，激活 "复制"按钮，单击半径为 20 的圆，按 Enter 键确认。

（2）捕捉圆心作为基点，捕捉圆的右象限点作为目标点进行复制，按 Enter 键结束操作。

2.4.4　通过工具选项卡启动绘图命令

工具选项卡是 AutoCAD 新版本中新增加的一个模块，它的增加既提供了更大的绘图空间，同时也使绘图操作更方便、简单，用户可以通过工具选项卡很方便地激活相关的绘图命令进行绘图，下面通过绘制半径为 20 的圆的简单实例，学习通过工具选项卡启动绘图命令的方法。

实例——通过工具选项卡启动画圆命令

（1）在"草图与注释"工作空间进入"默认"选项卡，单击"圆心、半径"按钮，在绘图区单击，确定圆心。

（2）输入 20，按 Enter 键确认，如图 2-38 所示。

练一练

通过工具选项卡激活"复制"命令，以半径为 20 的圆的左象限点为基点，以右象限点作为目标点进行复制，如图 2-39 所示。

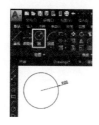

图 2-38　绘制圆

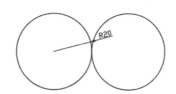

图 2-39　复制圆

操作提示：

（1）在"默认"选项卡激活"复制"按钮，选择半径为 20 的圆并按 Enter 键确认。

（2）捕捉圆的左象限点，继续捕捉圆的右象限点，按 Enter 键结束操作。

2.4.5　通过命令表达式启动绘图命令

命令表达式指的就是 AutoCAD 的英文命令，用户需要在命令行的输入窗口中输入 CAD 命令的英文表达式，按 Enter 键确认，即可启动绘图命令。例如，在命令行输入 "PLINE"，按 Enter 键，即可激活"多段线"命令画多段线，如图 2-40 所示。

图 2-40　输入命令表达式进行画图

　　这种激活绘图命令的方式需要用户牢记各绘图命令的命令表达式，对于英文水平不够好的用户来说难度很大，另外，随着软件版本的不断升级，其功能将变得更人性化，这种画图方式在实际工作中很少使用，在此不再对其进行详细讲解。

2.4.6　通过快捷键与功能键激活绘图命令

　　快捷键与功能键是 AutoCAD 最具人性化的功能，它们不仅可以简化用户的操作，而且使绘图变得有乐趣，是用户最喜爱的一种画图方式。

　　AutoCAD 2020 为大多数的绘图命令都设定了功能键，将光标移动到工具选项卡或工具栏中的工具按钮上，在光标下方会显示该工具的工具名称及具体操作方法的动态演示，如图 2-41 所示。

　　快捷键与功能键其实就是这些工具英文名称的缩写，一般是英文名称的前 1~3 个英文字母，例如，"直线"的英文名称为"LINE"，其快捷键就是"L"，在命令行输入"L"，按 Enter 键确认，即可激活"直线"命令，用户只要牢记这些功能键名称，在绘图时加以利用，就会大大提高绘图效率。

　　表 2-1 所示是 AutoCAD 2020 常用的一些功能键和命令快捷键。

图 2-41　显示工具名称与操作方法

表 2-1　常用功能键

键　名	功　　能	键　名	功　　能
F1	AutoCAD 帮助	Ctrl+N	新建文件
F2	文本窗口打开	Ctrl+O	打开文件
F3	对象捕捉开关	Ctrl+S	保存文件
F4	三维对象捕捉开关	Ctrl+P	打印文件
F5	等轴测平面转换	Ctrl+Z	撤销上一步操作
F6	动态 UCS	Ctrl+Y	重复撤销的操作
F7	栅格开关	Ctrl+X	剪切
F8	正交开关	Ctrl+C	复制
F9	捕捉开关	Ctrl+V	粘贴
F10	极轴开关	Ctrl+K	超级链接
F11	对象跟踪开关	Ctrl+0	全屏
F12	动态输入	Ctrl+1	特性管理器
Delete	删除	Ctrl+2	设计中心
Ctrl+A	全选	Ctrl+3	特性
Ctrl+4	图纸集管理器	Ctrl+5	信息选项板

（续表）

键　名	功　能	键　名	功　能
Ctrl+6	数据库连接	Ctrl+7	标记集管理器
Ctrl+8	快速计算器	Ctrl+9	命令行
Ctrl+W	选择循环	Ctrl+Shift+P	快捷特性
Ctrl+Shift+I	推断约束	Ctrl+Shift+C	带基点复制
Ctrl+Shift+V	粘贴为块	Ctrl+Shift+S	另存为

练一练

　　根据前面所讲知识，输入快捷键，激活"圆""矩形""直线"以及"多段线"命令，绘制这些图形，如图 2-42 所示。

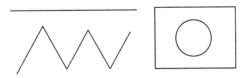

图 2-42　输入快捷键绘制图形

操作提示：

（1）输入"L"激活直线命令，根据命令行提示绘制直线。

（2）输入"PL"激活"多段线"命令，根据命令行提示绘制多段线。

（3）输入"CI"绘制"圆"命令，根据命令行提示绘制圆。

（4）输入"REC"绘制"矩形"命令，根据命令行提示绘制矩形。

第 3 章　绘图设置与坐标输入

本章导读

在使用 AutoCAD 2020 绘图之前，首先需要进行相关的设置，同时需要掌握输入坐标的方法，本章就来学习这些知识。

本章主要内容如下：
- ➥ 设置绘图区域与绘图单位
- ➥ 设置捕捉模式
- ➥ 启用追踪功能
- ➥ 坐标与坐标输入

3.1　设置绘图区域与绘图单位

绘图区域就是用户绘图的范围，相当于手工绘图时准备的绘图纸。而绘图单位则是精确绘图的关键，本节就来学习绘图区域与绘图单位的设置方法。

3.1.1　设置绘图区域

在 AutoCAD 2020 中，绘图区域被称为"绘图界限"，系统默认的绘图界限是以坐标系原点为左下角点的 420×290 的矩形区域，按 F7 键打开栅格功能，绘图界限会以栅格点显示，如图 3-1 所示。

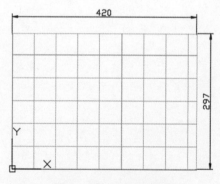

图 3-1　默认的绘图界限

系统允许用户自己定义绘图界限，下面就来设置一个 220×120 的绘图界限。

实例——设置绘图界限

（1）打开菜单栏，按 F12 键启用"动态输入"功能，然后执行"格式"/"图形界限"命令，输入"0,0"，按 Enter 键确定绘图界限的左下角点为坐标系原点。

（2）输入"220,120"，按 Enter 键，指定绘图界限的右上角点，此时绘图界限如图 3-2 所示。

小贴士：

在命令行输入"LIMITS"后按 Enter 键，可以激活"图形界限"命令，然后设置图形界限。

疑问解答

疑问 1：绘图界限会影响绘图吗？

解答 1：默认设置下，设置绘图界限后，既可以在绘图界限内绘图，也可以在绘图界限外绘图，如图 3-3 所示，矩形和圆图形的一部分在绘图界限内，另一部分在绘图界限外。

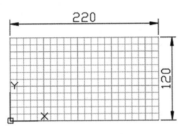
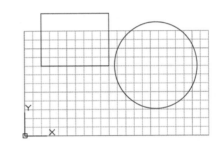

图 3-2　设置绘图界限　　　　　图 3-3　绘图界限的应用效果

但是当启用了绘图界限的自动检测功能后，用户只能在绘图界限内画图，在命令行输入"LIMITS"，然后按 Enter 键激活"绘图界面"命令，此时命令行显示如图 3-4 所示。

图 3-4　命令行显示效果

输入"ON"后按 Enter 键，启用图形界限的自动检测功能，此时就不能在图形界限外画图了，再次输入"LIMITS"按 Enter 键激活"绘图界面"命令；输入"OFF"按 Enter 键，关闭图形界限的自动检测功能，则可以在图形界限内和图形界限外同时画图，大家不妨自己试试。

需要注意的是，如果设定了绘图界限，但绘制的图形超出绘图界限，在打印该图形时，选定的打印范围则是"图形界限"，而超出绘图界限的图形不能被打印，但是使用"窗口"或"布局"打印则不受影响。因此，设置了绘图界限后，建议开启图形界限检测功能，尽量在绘图界限内绘图。

3.1.2　设置绘图单位与精度

绘图单位是精确绘图的关键，在绘图前首先需要设置合适的绘图单位与精度，本节将学习设置绘图单位与精度的相关方法。

实例——设置绘图单位与精度

（1）执行"格式"/"单位"命令，打开"图形单位"对话框。

（2）单击"长度"选项组中的"类型"下拉列表，设置长度类型；再单击"精度"下拉列表，设置绘图精度。

（3）单击"角度"选项组的"类型"下拉列表，设置角度的类型；单击"精度"下拉列表，设置角度的精度。

（4）在"插入时的缩放单位"选项组的"用于缩放插入内容的单位"下拉列表中设置单位为"毫米"，如图 3-5 所示。

（5）设置完成后单击 确定 按钮。

3.1.3　设置角度方向

默认设置下，AutoCAD 2020 是以东为角度的基准方向依次来设置角度的。也就是说，东（水平向右）为 0°、北（垂直向上）为 90°、西（水平向左）为 180°、南（垂直向下）为 270°，如果设置北为基准角度，那么垂直向上就是 0°。以此类推，西（水平向左）就是 90°、南（垂直向下）就是 180°，而东（水平向右）就是 270°。

单击"图形单位"对话框下方的 方向(D) 按钮，打开"方向控制"对话框，可以设置基准角度，如图 3-6 所示。

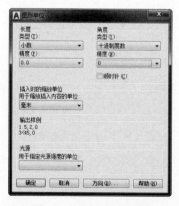

图 3-5　设置单位与精度

图 3-6　"方向控制"对话框

🗒 **小贴士：**

默认设置下，AutoCAD 2020 以逆时针为角度方向，勾选"顺时针"单选项，可以设置角度的方向为顺时针。

3.2　设置捕捉模式

精确绘图的关键除了需要设置单位与精度外，设置捕捉模式也很重要，它可以使光标自动找寻图形的相关特征点并吸附到特征点上，或者控制光标按照事先定义的距离进行移动，以便快速、准确地定位点，高精度地绘制图形，本节将学习捕捉模式的设置方法。

3.2.1　设置步长

所谓"步长"就是强制性地控制十字光标，使其按照事先定义的 X 轴、Y 轴方向的固定距离进行跳动，从而精确定位点。例如，将 X 轴的步长设置为 50，将 Y 轴的步长设置为 40，那么光标每水平跳动一次，就走过 50 个单位的距离，每垂直跳动一次，就走过 40 个单位的距离，如果连续跳动，则走过的距离是步长的整数倍。

系统默认的步长为 10，可以根据自己的需要进行设置。下面将 X 轴方向上的步长设置为 30，将 Y 轴方向上的步长设置为 40，从而学习设置步长的方法。

实例——设置步长

（1）在状态栏上的 "显示图形栅格" 按钮 ▦ 上右键单击，选择"网格设置"命令，打开"草图设置"对话框。

（2）进入"捕捉和栅格"选项卡，勾选"启用捕捉"选项，取消勾选"X 轴间距和 Y 轴间距相等"复选框，设置"捕捉 X 轴间距"为 30，设置"捕捉 Y 轴间距"为 40。

（3）单击 确定 按钮，完成步长设置，如图 3-7 所示。

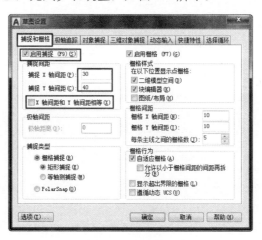

图 3-7　设置步长

（4）在绘图区移动光标，发现光标出现跳动，水平跳动一次移动 30 个绘图单位，垂直跳动一次移动 40 个绘图单位。

3.2.2 设置栅格

"栅格"是由一些虚拟的栅格点或栅格线组成，直观地显示当前的图形界限区域，这些栅格点和栅格线仅起到参照显示的作用，它不是图形的一部分，也不会被打印输出。

默认设置下，并不会显示栅格，用户可以通过设置使其显示出来。

实例——设置栅格

（1）在"草图设置"对话框中进入"捕捉和栅格"选项卡，勾选"启用栅格"复选框。

（2）在"栅格样式"选项组中设置栅格显示样式。

➡ 二维模型空间：在二维绘图空间显示栅格。

➡ 块编辑器：在"块编辑器"窗口显示栅格。

➡ 图纸/布局：在布局空间显示栅格。

（3）在"栅格间距"选项组设置 X 轴方向和 Y 轴方向的栅格间距，以及每条栅格主线之间的栅格数。系统默认下，两个栅格点或两条栅格线之间的间距为 10，每条主线之间的栅格数为 5。

（4）在"栅格行为"选项组设置栅格的行为方式，如图 3-8 所示。

图 3-8　设置栅格

➡ 自适应栅格：系统将自动设置栅格点或栅格线的显示密度。

➡ 显示超出界限的栅格：系统将显示图形界限区域外的栅格点或栅格线。

➡ 遵循动态 UCS：将更改栅格平面，以跟随动态 UCS 的 XY 平面。

3.2.3 对象捕捉

"对象捕捉"是指捕捉对象特征点，如直线或圆弧的端点、中点，圆的圆心和象限点等。在"草图设置"对话框中进入"对象捕捉"选项卡，共有 14 种对象捕捉功能，如图 3-9 所示。

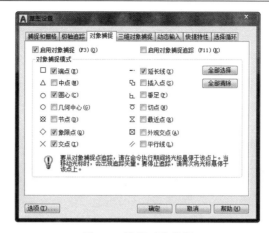

图 3-9 设置对象捕捉

用户只需勾选所需捕捉模式复选框，即可完成对象捕捉的设置。当设置了某种捕捉之后，系统将一直沿用该捕捉设置，除非取消相关的捕捉设置。因此，该捕捉模式常被称为"自动捕捉"。

需要注意的是，当设置了某种捕捉后，还需要勾选"启用对象捕捉"复选框，或者激活状态栏上的"将光标捕捉到二维参照点"按钮 🖵 ，或者按 F3 功能键，以启用该功能，这样才能捕捉到对象特征点上。下面通过简单实例，看看捕捉功能在绘图中的应用效果。

实例——应用捕捉功能绘图

（1）输入"REC"，按 Enter 键激活"矩形"命令，输入"0,0"按 Enter 键确定矩形角点，输入"100,50"按 Enter 键确定另一角点，绘制 100×50 的矩形，如图 3-10 所示。

（2）打开"草图设置"对话框，进入"对象捕捉"选项卡，勾选"启用对象捕捉"复选框，然后设置捕捉模式为"端点""中点"和"交点"，如图 3-11 所示。

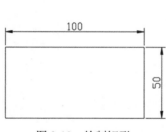

图 3-10 绘制矩形

图 3-11 设置捕捉模式

（3）单击 确定 按钮关闭该对话框，然后输入"L"，按 Enter 键激活"直线"命令，移动光标到矩形上水平边中间位置，发现光标自动捕捉到该线的中点上，单击捕捉该中点。

（4）继续移动光标到矩形下水平边中间位置，发现光标自动捕捉到该线的中点上，单击捕捉该中点。

（5）按 Enter 键结束操作，绘制矩形水平线的中线，如图 3-12 所示。

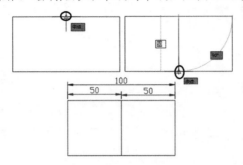

图 3-12   绘制水平线的中线

（6）下面读者自己尝试使用直线，通过其他捕捉功能绘制该矩形的水平中线及对角线，结果如图 3-13 所示。

练一练

设置"圆心"和"象限点"捕捉模式，以半径为 100 的大圆圆心和 4 个象限点为圆心，绘制半径为 50 的 5 个小圆，如图 3-14 所示。

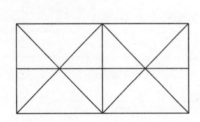

图 3-13   绘制其他中线和对角线

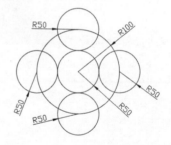

图 3-14   圆心、象限点捕捉示例

操作提示：

（1）打开"草图设置"对话框，设置"圆心"和"象限点"捕捉模式。

（2）输入"CI"，按 Enter 键激活"圆"命令，拾取一点作为圆心，输入"100"，按 Enter 键绘制圆。

（3）按 Enter 键重复画圆命令，捕捉大圆的圆心，输入"50"，按 Enter 键绘制圆。

（4）按 Enter 键重复画圆命令，捕捉大圆的左象限点，输入"50"，按 Enter 键绘制圆。

（5）使用相同的方法，分别捕捉大圆的上、下和右象限点，均输入"50"，按 Enter 键绘制圆。

3.2.4   临时捕捉

前面讲过，在"草图设置"对话框中设置捕捉后，这种捕捉会一直存在，除非用户取消。而"临时捕捉"是指激活捕捉功能后仅能捕捉一次，本节将学习临时捕捉的设置及其应用方法。

首先在状态栏中的"将光标捕捉到二维参照点"按钮 上右击，打开临时捕捉菜单，如图 3-15 所示。

或者执行"工具"/"工具栏"/"AutoCAD"/"对象捕捉"命令打开"对象捕捉"工具栏，也可以启用临时捕捉功能，如图 3-16 所示。

图 3-15　打开临时捕捉菜单

这些捕捉与"草图与设置"对话框中的各捕捉模式功能相同，下面针对常用的几种捕捉功能进行简单的介绍。

- ↘ 端点：捕捉线、矩形、多边形、圆弧、多段线等图形的端点。
- ↘ 中点：捕捉线、矩形、多边形、圆弧、多段线等图形的中点。
- ↘ 圆心：捕捉圆、圆弧的圆心。
- ↘ 几何中心：捕捉几何图形的中点。
- ↘ 节点：捕捉点和节点。
- ↘ 象限点：捕捉圆、圆弧上的象限点。
- ↘ 交点：捕捉直线、圆弧、圆等图线的交点。
- ↘ 插入：捕捉图块的插入点。
- ↘ 垂足：捕捉直线的垂足。
- ↘ 切点：捕捉圆、圆弧的切点绘制切线。
- ↘ 最近点：捕捉距离光标最近的点。
- ↘ 外观交点：捕捉延伸线上的交点。
- ↘ 平行：通过捕捉绘制平行线。

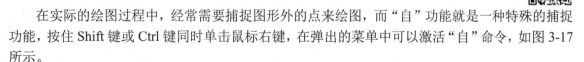

图 3-16　"对象捕捉"工具栏

这些捕捉的操作非常简单，其具体捕捉效果将在后面章节中通过实例进行讲解，在此不再赘述。

3.2.5　"自"功能

在实际的绘图过程中，经常需要捕捉图形外的点来绘图，而"自"功能就是一种特殊的捕捉功能，按住 Shift 键或 Ctrl 键同时单击鼠标右键，在弹出的菜单中可以激活"自"命令，如图 3-17 所示。

"自"功能是通过捕捉一点作为参照来定位另一点。下面通过一个具体实例，学习"自"功能在实际工作中的应用。

实例——使用"自"功能绘图

（1）打开"素材"/"'自'功能示例.dwg"的平面窗图形，图中只标注了外框尺寸及外框与内框之间的距离，并没有标注内框尺寸，如图 3-18 所示。

图 3-17 "自"功能

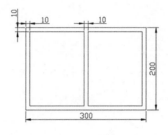

图 3-18 素材文件

下面根据已知条件来绘制该图形，首先绘制外框矩形。

（2）输入"REC"，按 Enter 键激活"矩形"命令，拾取一点作为矩形的左下角点，然后输入"@300,200"，按 Enter 键确定另一角点，绘制外框矩形。

下面绘制内框，由于不知道内框的具体尺寸，只知道内框与外框之间的距离为 10，这就要以外框的角点作为参照来定位内框的角点，如果以外框矩形的左下角点作为参照定位内框矩形的左下角点，根据已知参数，其内框左下角点的坐标就是"@10,10"，那么如何才能正确输入该坐标呢？这就要启用"自"功能。

（3）按 Enter 键重复执行"矩形"命令，按住 Shift 键的同时单击鼠标右键，选择"自"命令，捕捉外框矩形的左下角点作为参照，输入"@10,10"，按 Enter 键定位内框矩形的左下角点，如图 3-19 所示。

下面再来看内框矩形的右上角点的坐标，可以发现，两个内框之间的距离为 10，两个内框尺寸相等，这就表示内框右上角点在 X 轴上距离外框水平边中点为 5 个绘图单位，在 Y 轴上距离外框水平边为 10 个绘图单位，因此内框右上角点的坐标就是"@-5,-10"，下面同样需要启用"自"功能来正确输入该坐标。

（4）再次按住 Shift 键并单击鼠标右键，选择"自"命令，捕捉外框矩形上水平边的中点作为参照点，输入"@-5,-10"，按 Enter 键定位内框矩形的右上角点，绘制结果如图 3-20 所示。

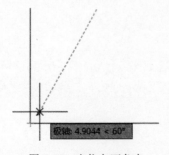

图 3-19 定位左下角点

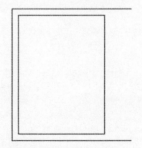

图 3-20 定位右上角点

通过以上操作可以发现，"自"功能在实际绘图中非常重要。

练一练

请读者应用"自"功能，根据图示尺寸，绘制平面窗的另一扇内框，结果如图 3-21 所示。

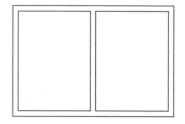

操作提示：

（1）激活"矩形"命令，启用"自"功能，以左边内框矩形的右下角点作为参照，定位另一扇内框的左下角点。

（2）再次启用"自"功能，以外框矩形的右上角点作为参照，定位另一扇内框的右上角点。

图 3-21　绘制另一扇内框

3.2.6　两点之间的中点

"两点之间的中点"是指捕捉两个点之间的中点进行绘图。例如，绘制两点之间的平分线，这也是一种特殊捕捉，下面继续上一节的操作，通过绘制平面窗的垂直中线的具体实例，学习这种捕捉方法。

实例——使用"两点之间的中点"功能绘制平面窗的垂直中线

（1）继续上一节的操作，输入 L，按 Enter 键激活"直线"命令。

首先要找到平面窗垂直中线上的点，这样才能绘制该中线。假设该中线并不是外框矩形水平边的中点，这时要找到该中线上的点比较困难，此时就需要启用"两点之间的中点"功能，通过两个内框角点来找到这两个角点之间的中点。

（2）按住 Shift 键或 Ctrl 键并单击鼠标右键，在弹出的右键菜单中选择"两点之间的中点"命令，如图 3-22 所示。

（3）捕捉左内框的右下角点，继续捕捉右内框的左下角点，定位中线的起点，如图 3-23 所示。

图 3-22　选择命令

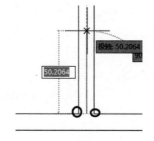

图 3-23　确定中线的起点

（4）再次按住 Shift 键或 Ctrl 键并单击鼠标右键，选择"两点之间的中点"命令，分别捕捉左内框的右上角点和右内框的左上角点，定位中线的端点，如图 3-24 所示。

（5）按 Enter 键确认并结束操作，绘制结果如图 3-25 所示。

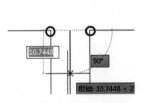

图 3-24　定位中线的端点

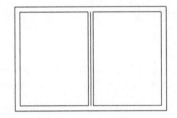

图 3-25　绘制的中线

练一练

打开"素材"/"两点之间的中点示例.dwg"图形文件，如图 3-26 所示，根据图示尺寸，以半径为 100 的两个圆的圆心连线的中点作为圆心，绘制半径为 200 的大圆，如图 3-27 所示。

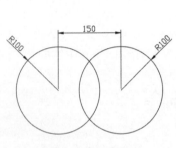

图 3-26　素材文件

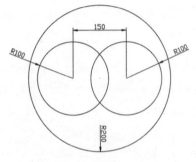

图 3-27　绘制大圆

操作提示：

（1）设置"圆心"捕捉功能，输入"CI"，按 Enter 键激活"圆"命令，启用"两点之间的中点"功能，捕捉左边圆的圆心，继续捕捉右边圆的圆心，以定位大圆的圆心。

（2）输入大圆的半径 200，按 Enter 键确认并结束操作。

3.3　启用追踪功能

追踪功能可以强制光标沿某一方向进行追踪，从而捕捉追踪线上的点进行精确画图，这也是绘图不可缺少的辅助功能，本节将学习启用追踪功能的相关知识。

3.3.1　正交

"正交"功能可以将光标控制在水平或垂直方向，从而绘制水平或垂直的直线。下面通过绘制 100×50 的矩形的具体实例，学习"正交"功能在实际绘图中的应用。

实例——绘制 100×50 的矩形

（1）按 F8 键启用"正交"功能，输入"L"，按 Enter 键激活"直线"命令，在绘图区域单击确定直线的起点。

（2）向右引导光标，输入"100"，按 Enter 键，确定直线端点。

（3）向上引导光标，输入"50"，按 Enter 键，绘制矩形右垂直边。

（4）向左引导光标，输入"100"，按 Enter 键，绘制矩形上水平边。

（5）输入"C"，按 Enter 键，闭合图形并结束操作，如图 3-28 所示。

 小贴士：

除了使用 F8 快捷键激活"正交"功能外，用户还可以单击状态栏上的 "正交限制光标"按钮 ，或在命令行输入表达式"Ortho"并按 Enter 键，打开或关闭"正交"功能。

练一练

打开"素材"/"正交示例.dwg"图形文件，这是楼梯侧立面图，如图 3-29 所示。根据图示尺寸，使用"直线"命令配合"正交"功能绘制楼梯图形。

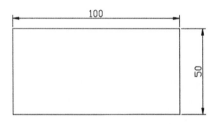

图 3-28　使用"正交"功能绘制矩形

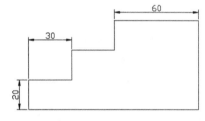

图 3-29　"正交示例"图形

操作提示：

（1）按 F8 键启用"正交"功能，输入"L"，按 Enter 键激活"直线"命令，拾取一点取得线的起点。

（2）向上引导光标，输入"20"，按 Enter 键绘制台阶高度。

（3）向右引导光标，输入"30"，按 Enter 键绘制台阶宽度。

（4）依此方法，根据图示尺寸绘制台阶侧立面图。

3.3.2　极轴追踪

与"正交"不同，"极轴追踪"功能可以强制光标沿设定的角度进行追踪，从而捕捉追踪线上的点进行绘图。下面通过绘制边长为 100 的等边三角形的具体实例，学习"极轴追踪"功能在实际工作中的应用。

实例——绘制边长为 100 的等边三角形

（1）输入"SE"快捷键打开"草图设置"对话框，进入"极轴追踪"选项卡，勾选"启用极轴追踪"复选框。

下面需要设置一个极轴追踪角度，我们知道等边三角形内角均为 60°，因此可以设置极轴追踪角度为 30°或 60°,这样就可以控制光标沿 30°或 60°进行追踪,以绘制等边三角形的边。

（2）在"增量角"列表中选择系统预设为 30°的增量角,如图 3-30 所示。

图 3-30　设置增量角

（3）单击 确定 按钮,关闭该对话框,这样光标就可以沿设置的角度进行追踪。

（4）输入"L",按 Enter 键激活"直线"命令,在绘图区域单击确定直线的起点。

（5）向右上引出 60°的方向矢量,输入 100,按 Enter 键,绘制三角形的一条边,如图 3-31 所示。

（6）向右下引出 60°的方向矢量,输入 100 ,按 Enter 键,绘制三角形的另一条边,如图 3-32 所示。

（7）输入"C",按 Enter 键,闭合图形并结束操作,如图 3-33 所示。

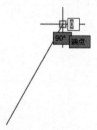 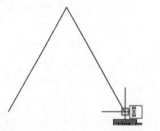 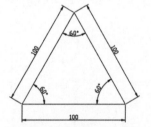

图 3-31　绘制三角形的一条边　　图 3-32　绘制三角形的另一条边　　图 3-33　绘制等边三角形

小贴士:

> 除了在"草图设置"对话框中勾选"启用极轴追踪"选项激活极轴追踪功能外,用户还可以单击状态栏上的"按指定角度限制光标"按钮⊘,或使用 F10 快捷键激活该功能。

疑问解答

疑问 2: 设置的"增量角"为 30°,为什么引出的方向矢量却是 60°?

解答 2: 60°和 30°是倍数关系,30 的 2 倍就是 60,因此,尽管设置的"增量角"为 30°,同样可以引出 60°的方向矢量。另外,也可以引出 30°的其他倍数角,如 90°、120°、180°等。

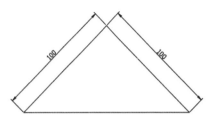

图 3-34 绘制等腰三角形

练一练

使用"直线"命令,配合极轴追踪功能,绘制边长为 100 的等腰三角形,如图 3-34 所示。

操作提示:

我们知道,等腰三角形的两个内底角均为 45°,一个顶角为 90°,因此可以设置极轴追踪的增量角为 45°,然后根据腰长尺寸来绘制。

📖 **知识拓展:**

尽管系统预设了增量角,但在实际绘图过程中,这些预设的增量角并不能满足绘图的需要,用户还可以设置一个附加角。例如,需要绘制长度为 100,角度为 11°的直线,可以勾选"极轴角设置"选项下的"附加角"选项,单击 新建(N) 按钮即可新建一个附加角,然后输入附加角度 11,如图 3-35 所示。

设置完成后,单击 确定 按钮关闭该对话框,输入"L",按 Enter 键激活"直线"命令,拾取一点,定位直线的起点,引出 11°的方向矢量,输入"100",按 Enter 键确认,如图 3-36 所示。

图 3-35 新建附加角

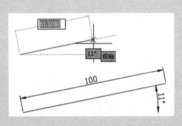

图 3-36 绘制 11°角的直线

3.3.3 对象捕捉追踪

"对象捕捉追踪"是以对象上的某些特征点作为追踪点,引出向两端无限延伸的对象追踪虚线,来捕捉追踪线上的一点。在默认设置下,系统仅以水平或垂直的方向进行追踪,如图 3-37 所示。

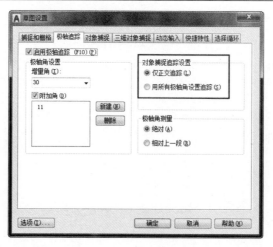

图 3-37　对象捕捉追踪

选中"用所有极轴角设置追踪"单选按钮，即可以进行任意角度的追踪。下面通过一个简单的实例，学习对象捕捉追踪在实际绘图工作中的应用。

打开"素材"/"对象捕捉追踪示例.dwg"素材文件，这是一个矩形，如图 3-38 所示，下面以矩形的中心点为圆心，在该矩形内部绘制半径为 25 的圆，如图 3-39 所示。

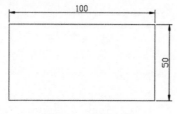

图 3-38　素材文件

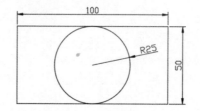

图 3-39　绘制圆

实例——以矩形中心点为圆心绘制圆

（1）输入"SE"快捷键打开"草图设置"对话框，进入"对象捕捉"选项卡，设置"中点"和"交点"捕捉模式，并勾选"启用对象捕捉"复选框。

要以矩形的中心点为圆心绘制圆，首先必须找到矩形的中心点，那么怎样才能找到矩形的中心点呢？我们知道，矩形水平边和垂直边中线的交点就是矩形的中心点，下面我们就启用"对象捕捉追踪"功能找到矩形的中心点。

（2）按 F11 功能键开启"对象捕捉追踪"功能，输入"CI"，按 Enter 键激活"圆"命令，移动光标到矩形左垂直边中点位置，水平引导光标，引出水平追踪线，如图 3-40 所示。

（3）继续移动光标到矩形上水平边中点位置，垂直引导光标，引出垂直追踪线，捕捉追踪线的交点作为圆心，如图 3-41 所示。

（4）输入圆的半径 25，按 Enter 键确定，完成圆的绘制，结果如图 3-42 所示。

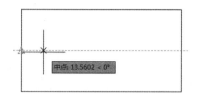
图 3-40　引出水平追踪线

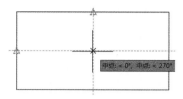
图 3-41　引出垂直追踪线并捕捉交点

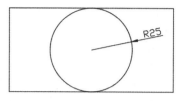
图 3-42　绘制的圆

 小贴士：

> 除了使用快捷键 **F11** 启动"对象捕捉追踪"功能之外，用户还可以单击状态栏上的 "显示捕捉参考线"按钮，或在"草图设置"对话框的"对象捕捉"选项卡中勾选"启用对象捕捉追踪"复选框，都可以启用该功能。需要说明的是，只有在开启了"将光标捕捉到二维参照点" 功能后才能使用。

练一练

打开"素材"/"对象捕捉追踪示例 01.dwg"素材文件，这是一个边长为 100 的等边三角形，如图 3-43 所示。下面以三角形角平分线的交点为圆心，在该三角形内部绘制半径为 25 的圆，如图 3-44 所示。

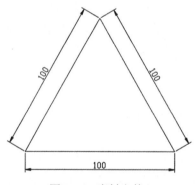
图 3-43　素材文件

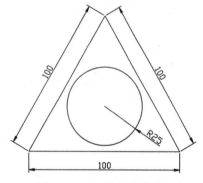
图 3-44　在三角形内绘制圆

操作提示：

我们知道，等边三角形的内角均为 60°，因此可以设置极轴追踪的增量角为 30°，结合"端点"和"交点"捕捉功能，并启用"按指定角度限制光标" 、"显示捕捉参考线" 以及"将光标捕捉到二维参照点" 3 个功能确定圆心，然后输入圆的半径进行绘制。

3.4　坐标与坐标输入

坐标与坐标输入是 AutoCAD 2020 中的重点内容，也是绘图的关键，本节就来认识坐标，同时掌握坐标输入的相关知识。

3.4.1　关于坐标与坐标输入

在 AutoCAD 2020 中，坐标包括 WCS（世界坐标系）与 UCS（用户坐标系）两种。系统默认的坐标为世界坐标系，简称 WCS 坐标，它是由 3 个相互垂直并相交的坐标轴 X、Y、Z 组成。在二维绘图空间，坐标系的 X 轴正方向水平向右，Y 轴正方向垂直向上，Z 轴正方向垂直屏幕向外指向用户，如图 3-45 所示，而在三维绘图空间，坐标系也会自动切换为三维坐标，如图 3-46 所示。

图 3-45　二维坐标　　　　　图 3-46　三维坐标

在实际绘图过程中，WCS 坐标有时并不能满足绘图需要，这时系统允许用户自定义坐标系，这就是用户坐标系，简称 UCS，有关 UCS 的相关知识，在后面章节将有详细讲解，在此不再赘述。

坐标输入是指输入点的坐标，根据输入方式的不同，分为"绝对坐标输入"和"相对坐标输入"两种。"绝对坐标输入"是输入点的绝对坐标值，通俗地讲，就是输入坐标原点与目标点之间的绝对距离值，它又包括"绝对直角坐标"和"绝对极坐标"两种。而"相对坐标输入"是以上一点作为参照，输入上一点距离下一点的值，它包括"相对直角坐标"和"相对极坐标"两种。

3.4.2　输入"绝对直角坐标"

"绝对直角坐标"是以坐标系原点（0,0）作为参考点来定位其他点，其表达式为（X,Y,Z），用户可以直接输入点的 X、Y、Z 绝对坐标值来表示点。

如图 3-47 所示，A 点的绝对直角坐标为（4,7），其中 4 表示从 A 点向 X 轴引垂线，垂足与坐标系原点的距离为 4 个单位，而 7 表示从 A 点向 Y 轴引垂线，垂足与坐标系原点的距离为 7 个单位。简单地说就是 A 点到坐标系 Y 轴的水平距离为 4，到坐标系 X 轴的垂直距离为 7。

下面采用"绝对直角坐标"输入，以左下端点为坐标系原点，绘制 100×100 的矩形为例，学习"绝对直角坐标"输入的方法。

实例——使用"绝对直角坐标"输入法绘制 100×100 的矩形

（1）输入"REC"，按 Enter 键激活"矩形"命令，输入"0,0"，按 Enter 键确定矩形左下角点为坐标系的原点。

（2）输入"100,100"，按 Enter 键，确定矩形右上端点的坐标，绘制结果如图 3-48 所示。

📋 小贴士：

> 在输入点的坐标值时，其数字和逗号应在英文方式下进行输入，坐标值 X 和 Y 之间必须以逗号分隔。例如，X 值为 10，Y 值为 20，其正确的表达方法是"10,20"。

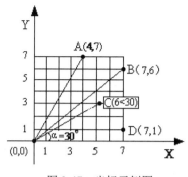

图 3-47　坐标示例图

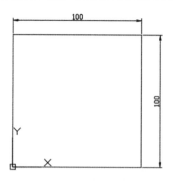

图 3-48　绘制的矩形

练一练

采用"绝对直角坐标"输入法，使用直线绘制以左下端点为坐标系原点的 100×50 的矩形，如图 3-49 所示。

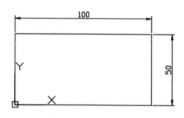

图 3-49　使用快捷键绘制图形

操作提示：

（1）输入"L"激活"直线"命令，输入"0,0"，按 Enter 键确定直线起点。

（2）输入"100,0"，按 Enter 键确定直线端点。

（3）输入"0,50"，按 Enter 键确定矩形右上端点。

（4）输入"－100,0"，按 Enter 键确定矩形左上端点。

（5）输入"C"，按 Enter 键闭合图形。

疑问解答

疑问 3：上例的操作中，（4）步骤为什么输入的是－100？

解答 3：系统默认设置下，是以东为角度的基准方向依次来设置角度的。也就是说，东（水平向右）为 0°、北（垂直向上）为 90°、西（水平向左）为 180°、南（垂直向下）为 270°。简单来说，就是水平向右为正值，水平向左为负值，垂直向上为正值，垂直向下为负值。在（4）步骤中输入的是矩形的左上角点的坐标，以矩形右上角点为参照，就是向左，因此需要输入矩形长度－100。

3.4.3　输入"绝对极坐标"

"绝对极坐标"也是以坐标系原点作为参考点，通过某点相对于原点的极长和角度来定义点的。其表达式为（L<α），L 表示某点和原点之间的极长，即长度；α 表示某点连接原点的边线与 X 轴的夹角。

如图 3-47 所示，C 点表达式为（6<30），6 表示 C 点与原点连线的长度，30 表示 C 点和原点的连线与 X 轴的正向夹角。

下面采用"绝对极坐标"输入方法，使用"直线"命令以绘制长度为 100、角度为 30° 的直线为例，学习"绝对极坐标"的输入方法。

实例——使用"绝对极坐标"输入方法绘制长度为 100、角度为 30° 的直线

（1）输入"L"，按 Enter 键激活"直线"命令，输入"0,0"，按 Enter 键确定直线起点为坐标系的原点。

（2）输入"100<30"，按两次 Enter 键确定另一端点坐标并结束操作，结果如图 3-50 所示。

练一练

采用"绝对极坐标"输入方法，使用直线绘制边长为 100 的等边三角形，如图 3-51 所示。

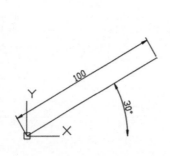
图 3-50　绘制直线

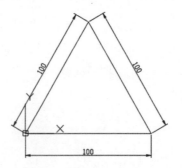
图 3-51　绘制的等边三角形

操作提示：

（1）输入"L"激活"直线"命令，输入"0,0"，按 Enter 键确定直线起点。

（2）输入"100,60"，按 Enter 键确定直线另一端点。

（3）输入"100,300"，按 Enter 键确定三角形的右下角点。

（4）输入"100<180"，按 Enter 键确定三角形的左下端点。

（5）按 Enter 键，结束操作。

 疑问解答

　　疑问 4：在上例的操作中，在第（3）步和第（4）步中输入的 300 和 180 代表什么？

解答 4：第（3）步和第（4）步中输入的 300 和 180 分别是三角形右边线和下水平边线的角度。前面我们讲过，系统默认设置情况下，是以东为角度的基准方向依次来设置角度的，也就是说以逆时针来测量角度的，水平向右为 0° 方向，90° 为垂直向上，180° 为水平向左，270° 为垂直向下。在第（3）步中，三角形右边线的起点为三角形上端点，我们计算出该边的角度为 300°。同样，三角形下水平边的起点为三角形右下端点，我们计算出该水平边的角度为 180°，计算出各边线的角度后，再根据边的长度，就可以使用"绝对极坐标"输入法绘制该等边三角形了。

3.4.4 输入"相对直角坐标"

在实际绘图中，通常把上一点看作参照点，后续绘图操作是相对于前一点而进行的。因此，"相对直角坐标"是某一点相对于参照点 X 轴、Y 轴和 Z 轴 3 个方向上的坐标变化。其表达式为（@x,y,z），其中"@"表示相对。

如图 3-47 所示，如果以 B 点作为参照点，使用相对直角坐标表示 A 点，那么表达式则为（@-3,1），其中，@表示相对，就是相对于 B 点来表示 A 点的坐标，-3 表示从 B 点到 A 点的 X 轴负方向的距离，而 1 则表示从 B 点到 A 点的 Y 轴正方向距离。

下面采用"相对直角坐标"输入方法，使用"矩形"命令以绘制边长为 100 的矩形为例，学习"相对直角坐标"的输入方法。

实例——使用"相对直角坐标"输入方法绘制长度为 100 的矩形

（1）输入"REC"，按 Enter 键激活"矩形"命令，输入"0,0"，按 Enter 键确定矩形的角点为坐标系的原点。

（2）输入"@100,100"，按 Enter 键确定矩形另一角点坐标并结束操作，结果如图 3-52 所示。

练一练

采用"相对直角坐标"输入法，使用直线绘制 100×50 的矩形，如图 3-53 所示。

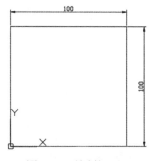

图 3-52 绘制矩形

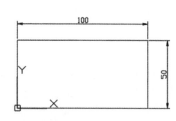

图 3-53 绘制矩形

操作提示：

（1）输入"L"激活"直线"命令，输入"0,0"，按 Enter 键确定直线起点。

（2）输入"@100,0"，按 Enter 键确定直线另一端点。

（3）输入"@0,50"，按 Enter 键确定矩形的右上端点。

（4）输入"@-100,0"，按 Enter 键确定矩形的左上端点。

（5）输入"@0,-50"，按两次 Enter 键结束操作。

疑问解答

疑问 5：为什么在上例的操作中，在第（4）步和第（5）步中输入-100 和-50？

解答 5：相对坐标输入是相对于上一点确定下一点的坐标，第（4）步绘制矩形上水平边，由于该边的起点为矩形右上角点，因此，相对于右上角点，该边为-100。同样，第（5）步绘制矩形的左垂直边，相对于左上角点，该边为-50。

3.4.5 输入"相对极坐标"

"相对极坐标"是用相对于参照点的极长距离和偏移角度来表示的，其表达式为（@L<α），其中，"@"表示相对，L 表示极长，α 表示角度。

在图 3-47 所示的坐标系中，如果以 D 点作为参照点，使用相对极坐标表示 B 点，那么表达式则为（@5<90），其中 5 表示 D 点和 B 点的极长距离为 5 个图形单位，90 表示 D 点和 B 点的连线与 X 轴的角度为 90°。

下面采用"相对极坐标"输入方法，使用"直线"命令以绘制边长为 100 的等边三角形为例，学习"相对极坐标"输入方法。

实例——使用"相对极坐标"输入方法绘制边长为 100 的等边三角形

（1）输入"L"，按 Enter 键激活"直线"命令，输入"0,0"，按 Enter 键确定直线的起点为坐标系的原点。

（2）输入"@100<60"，按 Enter 键绘制三角形的一条边。

（3）继续输入"@100<300"，按 Enter 键绘制三角形的另一条边。

（4）继续输入"@100<180"，按两次 Enter 键绘制三角形的第 3 条边并结束操作，如图 3-54 所示。

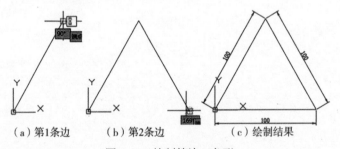

（a）第1条边　　（b）第2条边　　（c）绘制结果

图 3-54　绘制等边三角形

疑问解答

疑问 6：如何得知三角形各边的角度？

解答 6：我们知道，等边三角形的各内角均为 60°，我们也知道 AutoCAD 是以逆时针且水平向右为 0° 来计算角度的，根据这些信息，就可以分别计算三角形各边相对于上一点的旋转角度。例如，在绘制三角形第 2 条边时，该边的角度为 180°+60°+60°=300°，其中 180° 是水平角度，而水平角度与三角形第 1 条边呈 60°，第 1 条边与该边又呈 60° 角，这样就计算出该边的角度为 300°，如图 3-55 所示。

练一练

采用"相对极坐标"输入方法，使用直线绘制边长为 100 的正五边形，如图 3-56 所示。

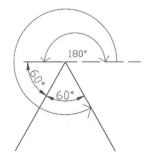

图 3-55 三角形角度示例

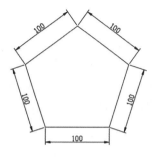

图 3-56 绘制正五边形

操作提示：

（1）输入"L"激活"直线"命令，输入"0,0"，按 Enter 键确定直线起点。

（2）输入"@100<0"，按 Enter 键确定直线另一端点。

（3）输入"@100<72"，按 Enter 键确定多边形的第二条边。

（4）输入"@100<144"，按 Enter 键确定多边形的第三条边。

（5）输入"@100<216"，按 Enter 键确定多边形的第四条边。

（6）输入"@100<288"，按两次 Enter 键确定多边形的第五条边并结束操作。

小贴士：

在实际工作中，绘制多边形的方法非常简单，在此绘制正五边形的目的是让读者熟悉"相对极坐标"输入方法。在绘制时，可以根据实例中的方法来计算正五边形各边的角度，再根据已知边长度进行绘制即可。

3.4.6 动态输入

"动态输入"是坐标输入的另一种方式，启用该功能，输入的坐标将被看作是相对坐标点，用户只需输入点的坐标值即可，而不需要再输入相对符号"@"，系统会自动在坐标值前添加此符号。

按 F12 功能键，激活"动态输入"功能，在光标下方会出现坐标输入框，如图 3-57 所示。

用户只需输入坐标值即可，例如，输入"100,0"，系统会将其看作相对直角坐标；输入"100<90"，系统会将其看作相对极坐标。

图 3-57 启动"动态输入"功能

下面启用"动态输入"功能，分别使用"直角坐标"和"极坐标"绘制 100×100 的矩形，来掌握"动态输入"功能的输入方法。

实例——使用"动态输入"功能绘制边长为 100 的矩形

（1）按 F12 键激活"动态输入"功能，输入"L"，按 Enter 键激活"直线"命令，输入"0,0"，按 Enter 键确定直线的起点为坐标系的原点。

（2）输入"100,0"，按 Enter 键确定直线的另一端点。

（3）输入"100<90"，按 Enter 键确定矩形右垂直边的上端点，如图 3-58 所示。

（4）输入"-100,0"，按 Enter 键确定矩形上水平边的左端点，如图 3-59 所示。

（5）输入"100<270"，按 Enter 键确定矩形左垂直边的下端点，如图 3-60 所示。

（6）按 Enter 键结束操作，如图 3-61 所示。

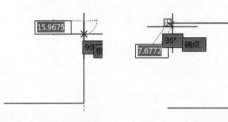 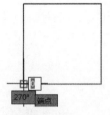 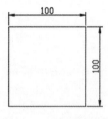 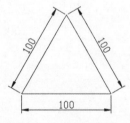

图 3-58 绘制右垂直边　　图 3-59 绘制上水平边　　图 3-60 绘制左垂直边　　图 3-61 绘制的矩形

练一练

使用"动态输入"功能，结合"直角坐标"和"极坐标"输入法，用直线绘制边长为 100 的等边三角形，如图 3-62 所示。

操作提示：

（1）输入"L"激活"直线"命令，拾取一点确定直线起点。

（2）输入"100<60"，按 Enter 键绘制三角形的一条边。

（3）输入"100<300"，按 Enter 键绘制三角形的另一条边。

（4）输入"100<180"，按两次 Enter 键绘制三角形第三条边并结束操作。

图 3-62 等边三角形

第 4 章　点、线图元的创建与编辑

 本章导读

在 AutoCAD 2020 绘图中，点、线图元是最简单的二维图元，也是组成二维图形的基本单元，通过对点、线图元进行编辑，可以绘制复杂的二维图形。本章我们就来学习点、线图元的绘制与编辑。

本章主要内容如下：
- ❱ 点与点样式
- ❱ 直线、射线与样条曲线
- ❱ 构造线
- ❱ 修剪
- ❱ 延伸
- ❱ 拉长
- ❱ 综合练习——创建铁艺栏杆
- ❱ 职场实战——绘制楼梯平面图

4.1　点与点样式

在 AutoCAD 中，点图元与传统意义上的点有所区别，它作为基本图元，是一种图案符号，用户可以设置不同的点样式来表示点。在实际绘图中，点的作用不大，一般用来等分图线，或作为某种符号使用。例如，在 AutoCAD 建筑室内装饰装潢设计中，常用点图元表示室内灯具等。根据绘制方法的不同，点分为单点和多点，本节首先来学习绘制点图元。

4.1.1　绘制单点

"单点"其实就是执行一次"单点"命令后，只能绘制一个点，单点没有相关的工具按钮及快捷方式，因此，绘制单点时需要执行菜单命令，下面我们就来绘制单点。

实例——绘制单点
（1）打开菜单栏，执行"绘图"/"点"/"单点"命令。
（2）在绘图区单击，即可绘制一个单点，并结束命令。

小贴士：

执行一次"单点"命令，只能绘制一个单点，如果想得到多个单点，则需要再次执行"单点"命令。另外，系统默认情况下，单点使用默认的点样式来表现点，而默认下的点样式是一个小点，一般在绘图区看不见，只有重新设置点样式后才能看到绘制的单点。

4.1.2 设置点样式

点样式决定了点的显示状态，系统默认下的点样式是一个小点，一般在绘图区很难看到，下面就来设置点样式。

实例——设置点样式

（1）打开菜单栏，执行"格式"/"点样式"命令，打开"点样式"对话框，选择一种点样式，如图 4-1 所示。

（2）单击 确定 按钮关闭该对话框。此时，绘图区显示了绘制的单点，如图 4-2 所示。

图 4-1 选择点样式

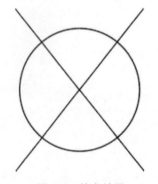

图 4-2 单点效果

知识拓展：

在"点样式"对话框中，除了可以设置点的样式外，还可以在"点大小"文本框中输入点的大小，然后根据具体情况选择相关选项，其中：

选择"相对于屏幕设置大小"单选按钮，则按照屏幕的百分比显示点。这种点会根据屏幕的大小变化而发生变化，一般在屏幕上表现点时使用。

选择"按绝对单位设置大小"单选按钮，则按照点的实际尺寸来显示点，也就是说，不管屏幕如何变化，点的实际尺寸是不会发生变化的，这种点适合在图纸上表现点时使用。

4.1.3 绘制多点

与单点不同，多点是指执行一次命令后，可以连续绘制多个点，直到用户结束操作。

执行"多点"命令方式主要有以下几种。

➴ 执行"绘图"/"点"/"多点"命令。

➴ 在命令行输入"POINT",按 Enter 键确认。

➴ 使用命令简写 PO。

➴ 在"默认"选项卡的"绘图"工具列表中单击"多点"按钮 。

下面通过一个简单的实例,学习绘制多点的方法。

实例——绘制多点

(1)在"默认"选项卡中展开"绘图"选项栏,单击"多点"按钮 ,如图 4-3 所示。

(2)在绘图区连续单击绘制多个点,系统将使用当前的点样式来显示多点,如图 4-4 所示。

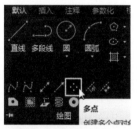

图 4-3　激活多点按钮

图 4-4　绘制多点

(3)按 Esc 键退出"多点"命令并结束操作。

4.1.4　定数等分点

定数等分点其实是指使用点将目标对象等分为相同的段数,不管等分多少段,各等分段之间的距离永远是相等的。

执行"定数等分"命令主要有以下几种方式。

➴ 执行"绘图"/"点"/"定数等分"命令。

➴ 在命令行输入"DIVIDE",按 Enter 键确认。

➴ 使用命令简写 DIV。

➴ 在"默认"选项卡的"绘图"工具列表中单击"定数等分"按钮 。

下面通过绘制长度为 100 个绘图单位的直线,将该直线等分为 5 段的具体实例,学习定数等分点的操作方法。

实例——将长度为 100 的直线等分 5 段

(1)输入"L",按 Enter 键激活"直线"命令,拾取一点,定位起点。

(2)输入"100,0",按 Enter 键确认,定位直线的端点。

(3)执行"格式"/"点样式"命令,打开"点样式"对话框,选择如图 4-5 所示的点样式。

(4)执行"绘图"/"点"/"定数等分"命令,选择直线,输入"5",按 Enter 键确认,结果如图 4-6 所示。

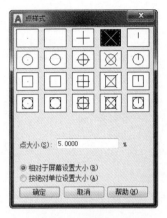

图 4-5　设置点样式

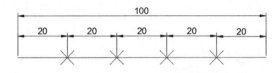

图 4-6　等分直线

练一练

使用 "定数等分" 命令将长度为 200 的直线等分为 6 等份，如图 4-7 所示。

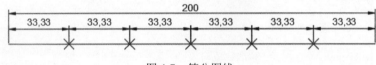

图 4-7　等分图线

操作提示：

（1）设置点样式，执行 "定数等分" 命令。

（2）选择直线并输入 "6"，按 Enter 键确认。

4.1.5　定距等分点

与 "定数等分" 不同，"定距等分" 是将图线按照设定的尺寸进行等分，这会因等分对象的长度与等分尺寸的不同而不同。

执行 "定距等分" 命令主要有以下几种方式。

➥　执行 "绘图" / "点" / "定距等分" 命令。

➥　在命令行输入 "MEASURE"，按 Enter 键确认。

➥　使用命令简写 ME。

➥　在 "默认" 选项卡的 "绘图" 工具列表中单击 "定距等分" 按钮 。

下面我们将长度为 100 的直线，以每段长度为 30 个绘图单位进行定距等分，从而学习定距等分图线的方法。

实例——将长度为 100 的直线按照每段 30 个绘图单位进行定距等分

（1）输入"L"，按 Enter 键激活"直线"命令，拾取一点，定位起点。

（2）输入"100,0"，按 Enter 键确认，定位直线的端点。

（3）执行"绘图"/"点"/"定距等分"命令，选择直线，输入"30"，按 Enter 键确认，结果如图 4-8 所示

通过以上等分的结果可以发现，定距等分是按照设定的等分值来等分对象的，不足等分值的部分则予以保留。

🖥️ **小贴士：**

定距等分时，系统会首先从光标单击的一端开始等分对象，因此，光标单击的位置不同，其等分的方式和结果也不同，如果在直线左端单击，则从左向右开始等分，如果在直线的右端单击，则会从右向左开始等分。图 4-8 所示是在直线左端单击的等分结果，图 4-9 所示是在直线右端单击的等分结果。

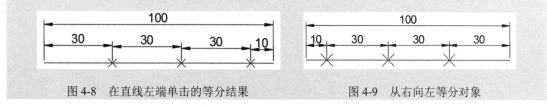

图 4-8 在直线左端单击的等分结果　　　图 4-9 从右向左等分对象

练一练

使用"定距等分"命令将长度为 200 的直线按照每段 30 个绘图单位进行等分，如图 4-10 所示。

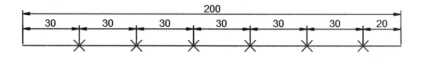

图 4-10 定距等分图线

操作提示：

（1）执行"定距等分"命令，在直线左端单击并输入 30。

（2）按 Enter 键确认。

4.2 直线、射线与样条曲线

直线、射线与样条曲线是最简单的线图元，常用来绘制图形轮廓线或者作图辅助线，绘制的每一条线都是独立的对象。本节学习直线、射线与样条曲线的绘制方法。

4.2.1 绘制直线

直线是最常用的线图元，不仅可以作为图形轮廓线，同时还可以作为绘图辅助线使用，其绘制方法非常简单。

执行"直线"命令主要有以下几种方式。

❯ 执行菜单栏中的"绘图"/"直线"命令。

❯ 单击"默认"选项卡下的"直线"按钮▰。

❯ 在命令行输入命令"Line"，按 Enter 键确认。

❯ 使用命令简写 L。

下面通过绘制边长为 100 的等边三角形的实例，学习直线在实际绘图中的应用。

实例——绘制边长为 100 的等边三角形

（1）按 F12 功能键启动"动态输入"功能。

（2）输入"L"，按 Enter 键激活"直线"命令，输入"0,0"，按 Enter 键，以确定直线的起点为坐标系的原点。

（3）继续输入"100,0"，按 Enter 键绘制三角形第 1 条边。

（4）继续输入"100<120"，按 Enter 键绘制三角形第 2 条边。

（5）输入"C"，按 Enter 键闭合三角形，绘制结果如图 4-11 所示。

📋 **小贴士：**

绘制直线时，当确定了直线的起点后，可以移动光标到合适的位置并单击，以确定直线的端点，也可以输入端点的坐标。另外，结束绘制直线时，可以按键盘上的 Esc 键或者 Enter 键，即可结束绘制。如果要绘制闭合的图形，输入"C"即可使图形首尾相连，形成闭合图形。

练一练

使用"直线"命令绘制长度为 100、宽度为 50 的长方形，如图 4-12 所示。

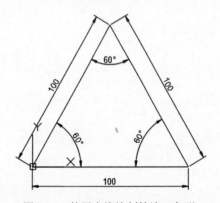

图 4-11 使用直线绘制等边三角形

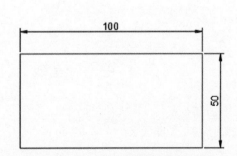

图 4-12 使用直线绘制长方形

70

操作提示：

（1）启用"正交"功能，拾取一点，水平向右引导光标并输入长度值。

（2）垂直向上引导光标，输入宽度值；水平向左引导光标，输入长度负值。

（3）输入"C"，按 Enter 键闭合并结束操作。

4.2.2　绘制射线

射线是一种由一点无限延伸的特殊线图元，该线图元常用来作为绘图辅助线，通过对该图线进行编辑，也可以将其作为图形轮廓线。

执行"射线"命令主要有以下几种方式。

↳　执行"绘图"/"射线"命令。

↳　单击"默认"选项卡下的"射线"按钮 ✍。

↳　输入"RAY"，按 Enter 键确认。

下面通过绘制角度为 30°的三条射线的实例，学习绘制射线的方法。

实例——绘制角度为 30°的三条射线

（1）输入"RAY"，按 Enter 键激活"射线"命令，拾取一点，然后引出 30°的方向矢量并单击，绘制第 1 条射线。

（2）引出 60°的方向矢量并单击，绘制第 2 条射线。

（3）引出 90°的方向矢量并单击，绘制第 3 条射线。

（4）按 Enter 键结束操作，绘制结果如图 4-13 所示。

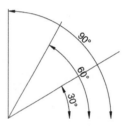

图 4-13　绘制射线

🗒 **小贴士：**

> 由于射线的特殊性，该线一般只用作绘图辅助线，不适合用作图形轮廓线，但通过对射线进行编辑，则可以将其转换为图形轮廓线。有关射线转换为图形轮廓线的具体案例，将在后面章节进行讲解，在此不再赘述。

4.2.3　绘制样条曲线

样条曲线也是一种特殊图线，它一般用于不规则图形的轮廓线或者曲面模型的轮廓线，在一般的绘图过程中使用得较少，其绘制方法有两种，一种是"拟合点"方式，另一种是"控制点"方式。

执行"样条曲线"命令主要有以下几种方式。

↳　执行"绘图"/"样条曲线"/"拟合点"或"控制点"命令。

↳　在命令行输入"SPLINE"，按 Enter 键确认。

↳　使用命令简写 SPL。

↳　在"默认"选项卡的"绘图"工具列表中单击"样条曲线拟合"按钮 ∿ 或"样条曲线控制"按钮 ∿。

下面通过简单的实例，学习绘制样条曲线的相关知识。

实例——绘制样条曲线

（1）用"拟合点"方式绘制样条曲线

①单击"默认"选项卡中"绘图"工具选项下的"样条曲线拟合"按钮 。

②单击拾取一点，移动光标到合适的位置再次单击，拾取第2点。

③依次单击拾取点，绘制样条曲线，最后按Enter键结束操作，如图4-14所示。

（2）用"控制点"方式绘制样条曲线

①单击"默认"选项卡中"绘图"工具选项下的"样条曲线控制"按钮 。

②单击拾取一点，移动光标到合适的位置再次单击，拾取第2点。

③依次单击拾取点，绘制样条曲线，最后按Enter键结束操作，如图4-15所示。

这两种方式绘制的样条曲线表面上看起来似乎没有什么区别，但将这两条样条曲线选择后会发现，拟合点样条曲线上出现了夹点，调整夹点即可调整样条曲线的形态；而控制点样条曲线的夹点在样条曲线外，可通过调整夹点并控制线来调整样条曲线，如图4-16所示。

图4-14　拟合点方式绘制的样条曲线

图4-15　控制点方式绘制的样条曲线

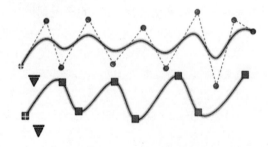

图4-16　两种样条曲线

📋 **小贴士：**

样条曲线在实际绘图中使用得较少，只有在创建曲面模型时使用得较多。有关样条曲线的具体应用，将在后文通过实例进行讲解，在此不再赘述。

4.3 构 造 线

构造线是一种无限延伸的特殊图线，一般作为绘图的辅助线。例如在 AutoCAD 建筑设计中，常使用构造线绘制墙体定位线，以定位墙线，可以通过以下几种方式执行"构造线"命令。

执行"构造线"命令有以下几种方式。

➥ 执行"绘图"/"构造线"命令。

➥ 单击"默认"选项卡"绘图"工具选项下或"绘图"工具栏中的"构造线"按钮 。

➥ 输入"XLINE"，按 Enter 键确认。

↘　使用命令简写 XL。

激活"构造线"命令后，用户可以绘制水平、垂直、倾斜等不同方向的构造线，本节将学习绘制构造线的相关知识。

4.3.1　绘制水平、垂直构造线

水平构造线是指 0° 或 180° 方向矢量上的构造线，而垂直构造线是指 90° 或 270° 方向矢量上的构造线，可以采用 3 种方式绘制这两种构造线。下面通过简单实例学习绘制这两种构造线的方法。

实例——启用"正交"功能绘制水平、垂直构造线

（1）按 F8 键启用"正交"功能，输入"XL"，按 Enter 键激活"构造线"命令。

（2）单击拾取一点，然后水平引导光标，再次单击拾取一点，绘制水平构造线。

（3）垂直引导光标，单击拾取一点，绘制垂直构造线。

（4）按 Enter 键结束操作。

实例——通过坐标输入绘制水平、垂直构造线

（1）输入"XL"，按 Enter 键激活"构造线"命令。

（2）单击拾取一点，然后输入"@1,0"，按 Enter 键绘制水平构造线。

（3）继续输入"@0,1"，按两次 Enter 键，绘制垂直构造线并结束操作。

实例——启用命令选项绘制水平、垂直构造线

（1）输入"XL"，按 Enter 键激活"构造线"命令。

（2）输入"H"，按 Enter 键激活"水平"选项，单击拾取一点，绘制水平构造线。

（3）按两次 Enter 键结束并重复执行"构造线"命令。

（4）输入"V"，按 Enter 键激活"垂直"选项，单击拾取一点，绘制垂直构造线。

（5）按 Enter 键结束操作，结果如图 4-17 所示。

4.3.2　绘制角度与二等分构造线

所谓"角度"构造线是指设定一个角度，绘制倾斜构造线；而"二等分"构造线是指用构造线绘制角平分线。下面通过具体实例，学习这两种构造线的绘制方法。

实例——绘制 60° 角的构造线

（1）输入"XL"，按 Enter 键激活"构造线"命令。

（2）输入"A"，按 Enter 键激活"角度"选项，输入"60"，按 Enter 键确认。

（3）单击拾取一点，绘制 60° 角的构造线，按 Enter 键结束操作，如图 4-18 所示。

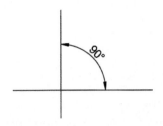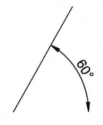

图 4-17　绘制水平、垂直构造线　　　　图 4-18　绘制 60°角的构造线

实例——绘制 60°角的平分线

（1）输入"L"，按 Enter 键激活"直线"命令，拾取一点，输入"@100,0"，按 Enter 键绘制直线。

（2）按 Enter 键重复执行"直线"命令，捕捉线的左端点，输入"@100<60"，按 Enter 键绘制 60°角的平分线，如图 4-19 所示。

（3）输入"XL"，按 Enter 键激活"构造线"命令。

（4）输入"B"，按 Enter 键激活"二等分"选项，捕捉 60°角的顶点。

（5）分别捕捉 60°角的两条边的另一端点，按 Enter 键确认并结束操作，绘制结果如图 4-20 所示。

练一练

绘制 90°角的两条构造线，然后绘制该角的角平分线，如图 4-21 所示。

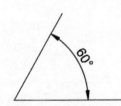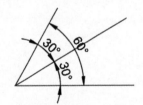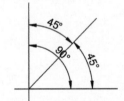

图 4-19　绘制 60°角　　　图 4-20　绘制角平分线　　　图 4-21　绘制 90°角的构造线与角平分线

操作提示：

（1）激活"构造线"命令，绘制 90°角的两条构造线。

（2）激活"构造线"命令的"二等分"选项，绘制 90°角的角平分线。

4.3.3　偏移构造线

偏移构造线是通过偏移创建构造线。偏移时分为两种情况：一种情况是通过某一点偏移，简称"定点偏移"；另一种情况是通过距离偏移，简称"定距偏移"。下面通过具体实例学习偏移创建构造线的方法。

实例——定点偏移创建构造线

首先打开"素材"/"构造线示例.dwg"素材文件，这是一个等边三角形，下面将三角形底边通过三角形的定点进行偏移，创建一条水平构造线。

（1）设置"端点"捕捉模式，输入"XL"，按 Enter 键激活"构造线"命令，输入"O"，按 Enter 键激活"偏移"选项。

（2）输入"T"，按 Enter 键激活"通过"选项，选择三角形底边，捕捉三角形的顶点，按 Enter 键确认并结束操作，如图 4-22 所示。

实例——定距偏移创建构造线

继续上一节的操作，将三角形底边向上偏移 50 个绘图单位，创建一条水平构造线。

（1）输入"XL"，按 Enter 键激活"构造线"命令，输入"O"，按 Enter 键激活"偏移"选项。

（2）输入偏移距离 50，按 Enter 键确认，然后选择三角形底边，在其上方位置单击，最后按 Enter 键结束操作，如图 4-23 所示。

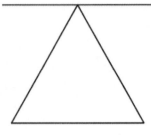 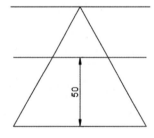

图 4-22 定点偏移　　　　　　　　图 4-23 定距偏移

练一练

打开"素材"/"构造线示例 01.dwg"素材文件，使用"定点偏移"将圆的直径通过其上象限点创建一条构造线，再使用"定距偏移"将直径向上偏移 50 个绘图单位，创建构造线，如图 4-24 所示。

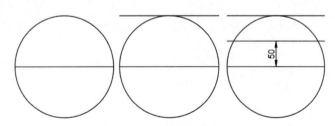

图 4-24 创建偏移构造线

操作提示：

（1）激活"构造线"命令，输入"O"，激活"偏移"选项，输入"T"，激活"通过"选项，捕捉上象限点进行偏移。

（2）再次激活"构造线"命令，输入"O"，激活"偏移"选项，输入"50"，按 Enter 键确认进行偏移。

4.4 修　　剪

修剪是指沿边界将多余的图线剪掉，类似于手工绘图时，将多余的图线擦除。本节将学习修剪图线的相关知识。

4.4.1 图线相交状态与修剪的关系

在 AutoCAD 中，图线的相交状态分为 3 种情况：①图线实际相交于某一点；②虽然图线并没有实际相交于某一点，但图线的延伸线会与其他图线相交于某一点；③图线没有实际相交，但图线的延伸线相交于某一点，如图 4-25 所示。

那么什么是延伸线呢？延伸线就是图线被延伸后的线，在启用了"极轴追踪"及"对象捕捉追踪"功能后，沿某一追踪方向引导光标，例如，沿 0°和 30°角的引导光标，会引出追踪虚线，该追踪虚线其实就是图线的延伸线，如图 4-26 所示。

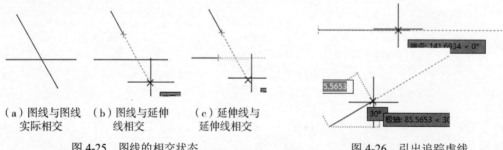

（a）图线与图线　（b）图线与延伸　（c）延伸线与
　　实际相交　　　　线相交　　　　延伸线相交

图 4-25　图线的相交状态　　　　　　图 4-26　引出追踪虚线

图线的相交状态与修剪有着密切的关系。一般情况下，在修剪图线时，必须是图线实际相交，或者图线与图线的延伸线相交，当满足相关修剪条件后，可以对图线进行修剪。

可以通过以下方式激活"修剪"命令。

➥　单击"修改"/"修剪"命令。

➥　在命令行输入"Trim"后按 Enter 键确认。

➥　使用快捷键 TR。

➥　在"默认"选项卡下的"修改"工具列表或"修改"工具栏中单击"修剪"按钮。

激活"修剪"命令后，可以一条图线作为边界，对其他多条图线进行修剪，如图 4-27 所示。也可以多条图线作为修剪边，对一条或多条图线进行修剪，如图 4-28 所示。

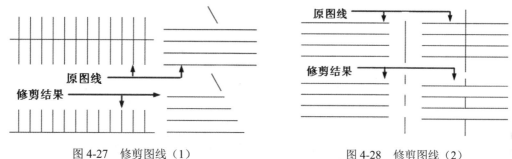

图 4-27　修剪图线（1）　　　　　　　　　图 4-28　修剪图线（2）

4.4.2　修剪实际相交的图线

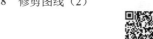

当图线实际相交时会有交点，此时可以使用一条图线作为修剪边界，将其他图线在交点位置修剪掉，也可以使用多条图线作为边界，将其他图线修剪掉。下面通过一个具体实例，学习实际相交图线的修剪方法。

实例——修剪实际相交的图线

（1）输入"L"，按 Enter 键激活"直线"命令，绘制两条相交的图线。

（2）输入"TR"，按 Enter 键激活"修剪"命令，单击水平图线作为边界，按 Enter 键确认。

（3）在倾斜图线的右下方（水平图线的下面）单击，按 Enter 键确认。

（4）此时倾斜图线的下段被修剪，如图 4-29 所示。

（5）按 Enter 键重复执行"修剪"命令，单击倾斜图线作为修剪边界，按 Enter 键确认。

（6）在水平图线的右端（倾斜图线的右边）位置处单击，按 Enter 键确认。

（7）此时水平图线的右端被修剪，如图 4-30 所示。

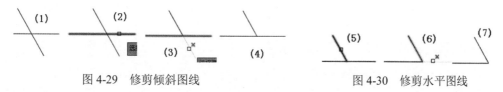

图 4-29　修剪倾斜图线　　　　　　　　　图 4-30　修剪水平图线

练一练

修剪图线时，既可以使用一条图线作为修剪边界，对其他多条图线进行修剪，也可以使用多条图线作为边界，对其他图线进行修剪。使用直线命令绘制如图 4-31 所示的相交图线，以垂直图线作为修剪边界，对水平图线进行修剪，如图 4-32 所示。

操作提示：

（1）输入"TR"，按 Enter 键激活"修剪"命令，窗交选择垂直图线作为边界，按 Enter 键确认。

（2）依次单击两条垂直图线之间的水平图线进行修剪，按 Enter 键结束操作。

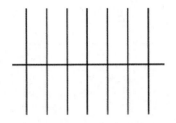

图 4-31　绘制的图线

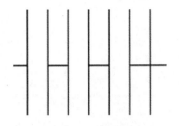

图 4-32　修剪结果

4.4.3　修剪延伸线相交的图线

　　修剪延伸线相交的图线时，只能是一条或多条图线与另一条图线的延伸线相交，此时可以将该图线作为边界，对其他图线进行修剪，如图 4-33 所示。

　　下面我们通过具体实例，学习延伸线相交图线的修剪方法。

实例——修剪延伸线相交的图线

　　（1）输入"L"，按 Enter 键激活"直线"命令，绘制如图 4-33（a）所示的相交图线。

　　（2）输入"TR"，按 Enter 键激活"修剪"命令，单击倾斜图线作为边界，按 Enter 键确认。

　　（3）输入"E"，按 Enter 键激活"边"选项，再次输入"E"，按 Enter 键激活"延伸"选项。

　　（4）以窗交方式选取所有水平图线的右端，按 Enter 键确认，修剪结果如图 4-34 所示。

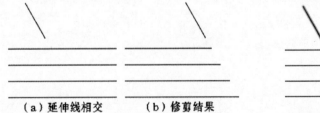

（a）延伸线相交　　　（b）修剪结果

图 4-33　延伸线修剪示例

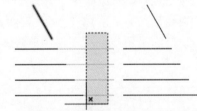

图 4-34　修剪延伸线相交的图线

📋 **小贴士：**

系统默认情况下，图线为"不延伸"，当确定修剪边界后，输入"E"，激活"边"选项，此时会发现，默认下命令行显示为"不延伸"，如图 4-35 所示。

▼ **TRIM** 输入隐含边延伸模式 [延伸(E) 不延伸(N)] <不延伸>：

图 4-35　命令行显示状态

这就意味着不能修剪延伸线相交的图线，此时在命令行输入"E"，激活"延伸"选项，这样就可以对延伸线相交的图线进行修剪了。

练一练

使用直线命令绘制多条水平图线和两条与水平图线不相交的倾斜图线，以两条倾斜图线作为修剪边界，对水平图线进行修剪，如图 4-36 所示。

操作提示：

（1）输入"TR"，按 Enter 键激活"修剪"命令，分别单击两条倾斜图线作为边界，按 Enter 键确认。

（2）输入"E"，按 Enter 键激活"边"选项；再

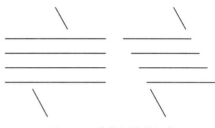

图 4-36　修剪图线的操作

次输入"E"，按 Enter 键确认，激活"延伸"选项，依次以窗交方式选择水平图线的左、右两端，对其进行修剪，按 Enter 键结束操作。

4.5　延　伸

与修剪图线恰好相反，延伸图线就是将图线延长，延长图线时分为两种情况：一种情况是将一条图线通过延伸与另一条图线相交；另一种情况是将一条图线通过延伸，与另一条图线的延长线相交。

可以通过以下方法激活"延伸"命令。

- 单击"修改"／"延伸"命令。
- 在命令行输入"Extend"后按 Enter 键确认。
- 使用快捷键 EX。
- 在"默认"选项卡下的"修改"工具选项栏中单击"延伸"按钮 。

本节将学习延伸相关的知识。

4.5.1　通过延伸使图线与图线相交

通过延伸，可以使不相交的图线相交于一点，下面通过一个具体实例学习相关知识。

实例——通过延伸使图线相交

（1）输入"L"，按 Enter 键激活"直线"命令，绘制不相交的两条图线。

（2）输入"EX"，按 Enter 键激活"延伸"命令，单击水平图线作为边界，按 Enter 键确认。

（3）在倾斜图线的下方单击，按 Enter 键确认。

（4）倾斜图线通过延伸与水平图线相交，如图 4-37 所示。

练一练

延伸图线时，可以一条边作为延伸边，对多条图线进行延伸。使用直线命令绘制多条水平图

线和一条与水平图线不相交的垂直图线，以垂直图线作为延伸边界，对水平图线进行延伸，使其与垂直图线相交，如图 4-38 所示。

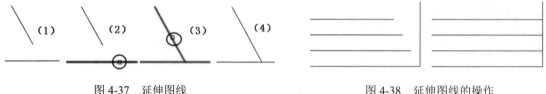

图 4-37　延伸图线　　　　　　　　图 4-38　延伸图线的操作

操作提示：

（1）输入"EX"，按 Enter 键激活"延伸"命令，单击垂直图线作为边界，按 Enter 键确认。

（2）以窗交方式选择水平图线的右端，对其进行延伸，按 Enter 键结束操作。

4.5.2　通过延伸使图线的延伸线相交

关于延伸线，前面已经讲解过，就是图线延长后的线。延伸线相交是指通过延伸使两条图线的延伸线相交，下面继续通过具体实例学习相关知识。

实例——通过延伸使图线的延伸线相交

（1）输入"L"，按 Enter 键激活"直线"命令，绘制不相交的两条图线。

（2）输入"EX"，按 Enter 键激活"延伸"命令，单击水平图线作为边界，按 Enter 键确认。

（3）输入"E"，按 Enter 键激活"边"选项；再次输入"E"，按 Enter 键激活"延伸"选项。

（4）在垂直图线的下方单击进行延伸，按 Enter 键确认并结束操作，结果如图 4-39 所示。

（5）再次按 Enter 键重复执行"延伸"命令，单击垂直图线作为边界，按 Enter 键确认。

（6）输入"E"，按 Enter 键激活"边"选项；再次输入"E"，按 Enter 键激活"延伸"选项。

（7）在水平图线的右端单击进行延伸，按 Enter 键确认并结束操作，结果如图 4-40 所示。

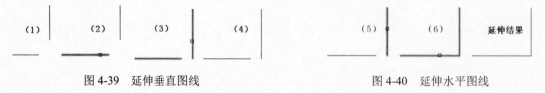

图 4-39　延伸垂直图线　　　　　　　　图 4-40　延伸水平图线

练一练

打开"素材"/"延伸示例.dwg"素材文件，如图 4-41 所示，分别以最右侧的垂直图线和最下方的水平图线作为延伸边，对其他图线进行延伸，结果如图 4-42 所示。

图 4-41　素材文件　　　　　　　　图 4-42　延伸结果

操作提示：

（1）输入"EX"，按 Enter 键激活"延伸"命令，单击最右侧的垂直图线作为边界，按 Enter 键确认。

（2）输入"E"，按 Enter 键激活"边"选项；再次输入"E"，按 Enter 键激活"延伸"选项，以窗交方式选择所有水平图线进行延伸，按 Enter 键结束操作。

（3）使用相同的方法，单击最下方的水平图线作为延伸边，对所有垂直图线进行延伸。

4.6　拉　　长

与"延伸"相似，"拉长"是将图线拉长以增加图线的长度。例如，将长度为 100mm 的图线拉长 50mm，使其总长度为 150mm。与"延伸"不同的是，"拉长"不仅可以按照指定的尺寸进行拉长，还可以根据该尺寸缩短图线。例如，将长度为 100mm 的图线缩短 50mm，使其总长度为 50mm 等。

拉长图线时，可以采用多种方式，具体有"增量"拉长、"百分数"拉长、"全部"拉长及"动态"拉长等。

可通过以下方法激活"拉长"命令。

- 单击"默认"选项卡下的"修改"工具栏中的"拉长"按钮█。
- 单击"修改"工具栏中的"拉长"按钮█。
- 在命令行输入"Lengthen"后按 Enter 键确认。
- 使用快捷键 LEN。

本节将学习拉长图线的相关知识。

4.6.1　"增量"拉长

"增量"拉长是按照设定的具体尺寸拉长或缩短图线。例如，对长度为 100mm 的图线设定"增量"值为 50mm，则其总长度为 150mm；如果设定的"增量"值为-50mm，则其总长度为 50mm。

打开"素材"/"垫片零件.dwg"文件，这是一个垫片的机械零件图，如图 4-43 所示。下面通过"增量"拉长，将垫片零件的中心线拉长 10 个绘图单位，以完善垫片零件。

实例——将垫片零件的中心线"增量"拉长 10 个绘图单位

（1）输入"LEN"，按 Enter 键激活"拉长"命令；输入"DE"，按 Enter 键激活"增量"选项。

（2）输入"10"，按 Enter 键，然后分别在左上角圆的垂直直径两端单击，将其拉长 10 个绘图单位，如图 4-44 所示。

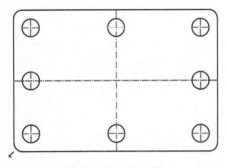

图 4-43　垫片零件图

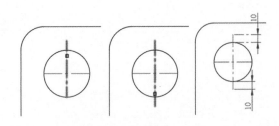

图 4-44　拉长垂直中心线

（3）在该圆的水平直径的两端单击，在左下角圆、右上角圆和右下角圆的水平和垂直直径的两端单击，在左、右中间圆的垂直直径两端单击，在上、下中间圆的水平直径两端单击，对这些中心线拉长 10 个绘图单位，结果如图 4-45 所示。

下面继续对垫片的中心线进行拉长，垫片中心线的长度与圆孔中心线的长度不同，因此需要重新设置"增量"拉长的尺寸。

（4）按两次 Enter 键结束操作，并重新执行"拉长"命令，输入"DE"，按 Enter 键激活"增量"选项。

（5）输入"40"，按 Enter 键，然后分别在垫片的水平和垂直中心线的两端单击，对中心线拉长，最后按 Enter 键结束操作，结果如图 4-46 所示。

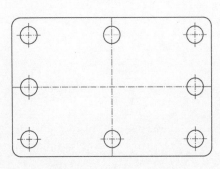

图 4-45　拉长水平中心线

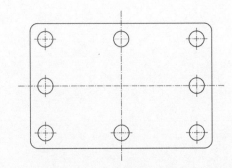

图 4-46　拉长垂直中心线

练一练

使用"拉长"命令不仅可以拉长图线，还可以缩短图线。绘制长度为 100 的直线，使用"拉长"命令对其拉长，使其长度为 80，如图 4-47 所示。

操作提示：

（1）输入"LEN"，按 Enter 键激活"拉长"命令；输入"DE"，
按 Enter 键确认。

（2）输入"-20"，按 Enter 键确认并在直线的一端单击，将图线拉长，然后按 Enter 键结束
操作。

图 4-47　"增"量拉长图线

4.6.2　"百分数"拉长

与"增量"拉长不同，"百分数"拉长是按照直线总长度的百分数来拉长图线的，百分数大
于 100% 为拉长图线，百分数小于 100% 为缩短图线。例如，直线总长度为 100mm，如果百分数
为 150%，则表示按照该直线总长度的 150% 来拉长图线，那么最终图线的长度就会被拉长到
150mm；如果百分数为 50%，则表示按照该直线总长度的 50% 来拉长图线，那么最终图线的长
度就会被拉长到 50mm。下面通过具体实例，学习"百分数"拉长图线的相关知识。

首先绘制长度为 100 个绘图单位的图线，将其按照 150% 的百分数进行拉长，结果如图 4-48
所示。

实例——将 100 个绘图单位的直线拉长 150%

（1）输入"LEN"，按 Enter 键激活"拉长"命令；输入"P"，按 Enter 键激活"百分数"
选项。

（2）输入 150%，按 Enter 键确认并在直线的一端单击，然后按 Enter 键结束操作。

练一练

使用"百分数"命令可以拉长图线，同样也可以缩短图线。绘制长度为 100 的直线，使用"拉
长"命令对其拉长 80%，如图 4-49 所示。

图 4-48　"百分数"拉长　　　　图 4-49　"百分数"拉长图线

操作提示：

（1）输入"LEN"，按 Enter 键激活"拉长"命令；输入"P"，按 Enter 键确认。

（2）输入"80%"，按 Enter 键确认并在直线的一端单击，将图线拉长，然后按 Enter 键结
束操作。

4.6.3　"总计"拉长

"总计"拉长是根据指定的一个总长度或者总角度进行拉长或缩短对象。例如，将一条长度

为 100 个绘图单位的线段拉长，使其总长度为 150 个绘图单位。

使用"总计"拉长时，如果源对象的总长度或总角度大于所指定的总长度或总角度，结果源对象将被缩短；反之，则被拉长。

下面通过具体实例，学习"总计"拉长图线的相关知识。首先绘制长度为 100 个绘图单位的图线，将其按照总长度为 150 进行拉长，结果如图 4-50 所示。

实例——将 100 个绘图单位的直线按照总长度为 150 拉长

（1）输入"LEN"，按 Enter 键激活"拉长"命令；输入"T"，按 Enter 键激活"总计"选项。

（2）输入"150"，按 Enter 键确认并在直线的一端单击，然后按 Enter 键结束操作。

练一练

使用"总计"命令同样可以拉长图线，也可以缩短图线。绘制长度为 100 的直线，使用"拉长"命令对其拉长，使其总长度为 80，如图 4-51 所示。

图 4-50　"总计"拉长　　　　　　图 4-51　"总计"拉长图线

操作提示：

（1）输入"LEN"，按 Enter 键激活"拉长"命令；输入"T"，按 Enter 键确认。

（2）输入"80"，按 Enter 键确认并在直线的一端单击，将图线拉长，然后按 Enter 键结束操作。

 小贴士：

> 除了以上所学习的各种拉长方式之外，还有一种"动态"拉长方式。执行"拉长"命令，输入"DY"，单击要拉长的图线，移动光标到合适的位置或角度并单击，即可将图线拉长。这种拉长方式比较简单，在此不再赘述，读者可以自己尝试练习。

4.7　综合练习——创建铁艺栏杆

打开"素材"/"栏杆.dwg"素材文件，这是一个砖墙与铁艺栏杆相结合的栏杆图形，如图 4-52 所示，本节我们将对该栏杆进行修改，使其成为铁艺栏杆，如图 4-53 所示。

图 4-52　素材文件　　　　　　图 4-53　创建的铁艺栏杆

要将该栏杆创建为纯铁艺栏杆，首先需要将下方的砖墙栏杆删除，然后对上方的铁艺栏杆进行延伸，操作步骤如下。

（1）在无任何命令发出的情况下单击下方的砖墙图形，使其夹点显示，然后按 Delete 键将其删除，如图 4-54 所示。

下面只对铁艺栏杆进行延伸，使其延伸到栏杆下方的底部位置，这样就可以将其修改为纯铁艺栏杆。

（2）输入"EX"，按 Enter 键激活"延伸"命令，单击下方水平线作为延伸边，然后按 Enter 键确认，如图 4-55 所示。

（3）以窗交方式分别选择左右两边的铁艺栏杆，将其向下延伸到栏杆底部，完成铁艺栏杆的创建，结果如图 4-56 所示。

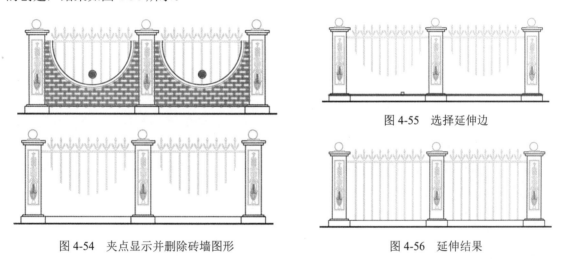

图 4-54　夹点显示并删除砖墙图形

图 4-55　选择延伸边

图 4-56　延伸结果

（4）此时就完成了铁艺栏杆的创建，最后将该图形存储为"综合练习——创建铁艺栏杆.dwg 文件。"

4.8　职场实战——绘制楼梯平面图

楼梯平面图是建筑平面图中不可缺少的内容，本节将学习绘制图 4-57 所示的楼梯平面图。

4.8.1　绘制楼梯台阶

楼梯一共有 11 节台阶，每节台阶的宽度为 300 个绘图单位，由直线表示，绘制时根据图示尺寸，首先使用构造线绘制，然后使用"修剪"命令对其进行修剪完善。具体操作步骤如下。

（1）按 F8 键启用"正交"功能，输入"XL"，按 Enter 键激活"构造线"命令，单击拾取一点，然后水平引导光标，再次单击拾取一点，绘制水平构造线。

（2）按 Enter 键重复执行"构造线"命令，输入"O"，按 Enter 键激活"偏移"选项；输入"300"，按 Enter 键确认。单击绘制的水平构造线，在该线的上方单击，创建一条偏移距离为 300 的构造线。

（3）继续单击偏移的构造线，在其上方单击，再次创建一条偏移距离为 300 的构造线，按照相同的方法，依次对偏移的构造线进行偏移，创建 11 条间距为 300 的水平构造线作为楼梯线，如图 4-58 所示。

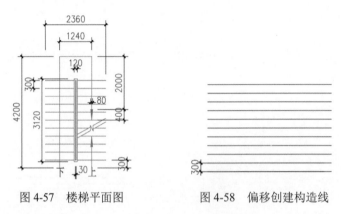

图 4-57　楼梯平面图　　　　图 4-58　偏移创建构造线

下面创建楼梯的宽度，根据图示尺寸，楼梯的宽度为 2360 个绘图单位。继续使用"构造线"命令创建两条垂直辅助线，以这两条垂直辅助线作为修剪边界，对水平构造线进行修剪，修剪出楼梯的宽度。

（4）按两次 Enter 键结束偏移并重复执行"构造线"命令，在绘图区单击拾取一点，垂直引导光标拾取另一点，按 Enter 键确认，绘制一条垂直构造线。

（5）按 Enter 键重复执行"构造线"命令，输入"O"，按 Enter 键激活"偏移"选项，输入"2360"，按 Enter 键确认。单击垂直构造线，在该线的右边单击，将其偏移 2360 个绘图单位，如图 4-59 所示。

（6）输入"TR"，按 Enter 键激活"修剪"命令，以窗交方式选择两条垂直线作为修剪边界，按 Enter 键确认，然后以窗交方式分别选择水平构造线的左右两端，将其修剪掉，如图 4-60 所示。

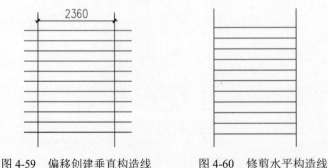

图 4-59　偏移创建垂直构造线　　　　图 4-60　修剪水平构造线

（7）在无任何命令发出的情况下单击选择两条垂直构造线，按 Delete 键将其删除，完成楼梯台阶的绘制。

4.8.2　绘制楼梯内侧扶手图形

楼梯扶手分为两个部分，一部分是外侧扶手，另一部分是内侧扶手。根据图示尺寸，内侧扶手位于楼梯的中间位置，其宽度为 120，长度为 3120，绘制时要计算扶手的位置，首先绘制内侧扶手的中线，下面绘制内侧扶手。

（1）输入"L"，按 Enter 键激活"直线"命令，按住 Shift 键并右键单击，选择"自"功能，捕捉台阶最下方水平线的右端点，如图 4-61 所示。

（2）输入"@-1180,-60"，按 Enter 键确定直线的起点，然后输入"@0,3120"，按 Enter 键绘制直线，如图 4-62 所示。

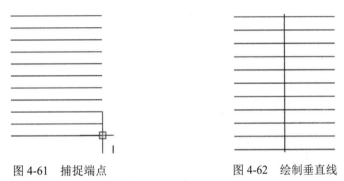

图 4-61　捕捉端点　　　　　　　　图 4-62　绘制垂直线

下面对中线与台阶线进行偏移，创建构造线作为内侧扶手的轮廓线。

（1）输入"XL"，按 Enter 键激活"构造线"命令；输入"O"，按 Enter 键激活"偏移"选项；输入"60"，按 Enter 键确认。然后单击台阶最下方的水平线，在该线的下方单击，创建一条偏移距离为 60 的水平构造线，如图 4-63 所示。

（2）使用相同的方法，将最上方水平线向上偏移 60 个绘图单位，对绘制的中线分别对称偏移 60 个和 15 个绘图单位，创建 4 条构造线，如图 4-64 所示。

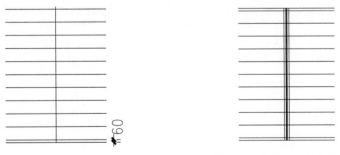

图 4-63　偏移创建水平构造线　　　图 4-64　偏移创建垂直构造线

下面对构造线进行修剪，创建出内侧扶手轮廓线。

（1）输入"TR"，按 Enter 键激活"修剪"命令，以偏移距离为 60 的两条垂直构造线作为修剪边界，对偏移距离为 60 的两条水平构造线的两端和所有台阶线的中间进行修剪，如图 4-65 所示。

（2）继续以修剪后的两条水平构造线为修剪边，对两条垂直构造线的两端进行修剪。然后以上下两条水平台阶线作为修剪边，对偏移距离为 15 的两条垂直线的两端进行修剪，结果如图 4-66 所示。

（3）选择中间线，将其删除。然后使用直线连接偏移距离为 15 的两条垂直线的顶点，完成内侧扶手的绘制，其内侧扶手上端和下端放大图如图 4-67 所示。

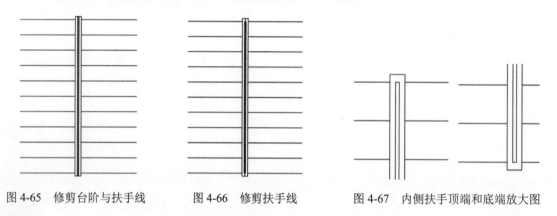

图 4-65　修剪台阶与扶手线　　　图 4-66　修剪扶手线　　　图 4-67　内侧扶手顶端和底端放大图

4.8.3　绘制楼梯外侧扶手图形

楼梯外侧扶手长度为 4200，宽度为 1240，并且有箭头表示上下楼梯关系，因此，该扶手可以使用多段线来绘制。绘制时同样要根据图示尺寸，计算外侧扶手图线的起点位置和端点位置。

（1）输入"PL"，按 Enter 键激活"多段线"命令，按住 Shift 键并右击，选择"自"功能，捕捉左侧台阶最下方水平线的左端点，如图 4-68 所示。

（2）输入"@560,-300"，按 Enter 键确定多段线的起点。然后输入"@0,4200"，按 Enter 键确认，绘制外扶手总长度。

（3）输入"@1240,0"，按 Enter 键确认，绘制扶手的总宽度。然后向下引导光标到第 3 台阶位置并单击，如图 4-69 所示。

（4）输入"W"，按 Enter 键激活"宽度"选项；输入"100"，按 Enter 键确定起点宽度；再次输入"0"，按 Enter 键确定端点宽度。然后向下引导光标到第 6 级台阶线上并单击，按 Enter 键确认，完成外扶手线的绘制，如图 4-70 所示。

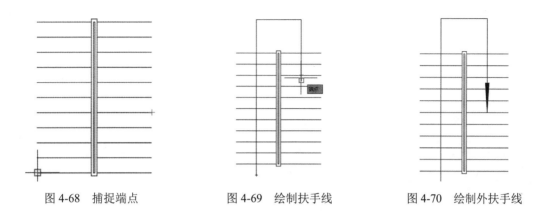

图 4-68 捕捉端点   图 4-69 绘制扶手线   图 4-70 绘制外扶手线

（5）启用"对象捕捉追踪"功能，然后按 Enter 键重复执行"多段线"命令，由外扶手线下端点向右引出追踪线，再由外扶手线的箭头向下引出追踪线，捕捉追踪线的交点，如图 4-71 所示。

（6）向上引导光标到第 2 级台阶线上方位置并单击，然后输入"W"，按 Enter 键激活"宽度"选项；输入"100"，按 Enter 键确定起点宽度；再次输入"0"，按 Enter 键确定端点宽度。继续向上引导光标到第 4 级台阶线上并单击，按 Enter 键确认，完成外扶手另一条线的绘制，如图 4-72 所示。

（7）使用直线在右侧楼梯位置绘制转折线，并对其进行修剪，完成楼梯的绘制，结果如图 4-73 所示。

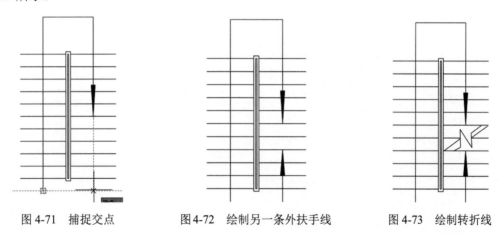

图 4-71 捕捉交点   图 4-72 绘制另一条外扶手线   图 4-73 绘制转折线

（8）将该图形存储为"实例"/"第 4 章"/"职场实战——绘制楼梯平面图.dwg"文件。

第 5 章　多段线、多线的创建与应用

本章导读

在 AutoCAD 2020 中，二维基本图形包括圆、椭圆、矩形及多边形等，这些是较常用的二维图形，在 AutoCAD 绘图中有着特殊的用途，本章将学习多段线与多线的创建与应用。

本章主要内容如下：

- ↰ 多段线
- ↰ 多线
- ↰ 偏移
- ↰ 打断与打断于点
- ↰ 倒角与圆角
- ↰ 综合练习——绘制圈椅平面图
- ↰ 职场实战——绘制建筑墙体平面图

5.1　多　段　线

与直线、构造线等不同，多段线是一种较为特殊的二维线图元，它既可以是一条直线段，也可以是一个圆弧，还可以是一条由直线段和圆弧组成的二维线，无论绘制的多段线包含多少条直线或圆弧，AutoCAD 都把它们看作是一个单独的对象。

在实际的绘图中，多段线既可以作为图形轮廓线，也可以作为绘图辅助线等。

执行"多段线"命令有以下几种。

- ↰ 执行"绘图"/"多段线"命令。
- ↰ 单击"默认"选项卡下的"多段线"按钮 ⊡。
- ↰ 在命令行输入"Pline"，按 Enter 键确认。
- ↰ 使用命令简写 PL。

本节将学习创建多段线的相关知识。

5.1.1　绘制直线多段线

直线多段线是指无论一条多段线包含多少段，这些线段均为直线。直线多段线的绘制方法与直线的绘制方法相同，首先拾取线的起点，再拾取线的端点，起点与端点相连形成线段。下面使用多段线绘制 100×50 的矩形，学习多段线的绘制方法。

实例——使用多段线绘制矩形

（1）按 F8 键启用"正交"功能，然后输入"PL"，按 Enter 键激活"多段线"命令，在绘图区拾取一点。

（2）水平向右引导光标，输入"100"，按 Enter 键确定直线段的端点。

（3）垂直向上引导光标，输入"50"，按 Enter 键确定矩形的垂直边。

（4）水平向左引导光标，输入"100"，按 Enter 键确定矩形的上水平边。

（5）输入"C"，按 Enter 键闭合图形并结束操作，绘制结果如图 5-1 所示。

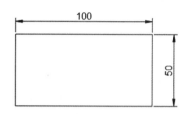

图 5-1 使用多段线绘制矩形

 小贴士：

在绘制矩形时，如果没有启用"正交"功能，可以使用"相对坐标输入法"输入各点的坐标，同样可以绘制矩形。

疑问解答

疑问 1：使用多段线绘制的矩形与使用直线绘制的矩形有什么不同？为什么？

解答 1：使用多段线绘制的矩形是一个整体，而使用直线绘制的矩形其各边分别是一个独立对象。这是因为，多段线不管有多少条线段，系统都将其看作一个整体，而系统将每一条直线都看作一个单独对象。如图 5-2 所示，左侧矩形使用直线绘制，右侧矩形使用多段线绘制，在没有任何命令执行的情况下，单击左侧矩形的任意一条边，发现只有被单击的这条边被选择，若单击右侧矩形的左垂直边，则发现矩形的每条边都被选择。

需要说明的是，使用多段线绘制的图形，在编辑每一条边时，必须先将该图形分解，之后才能对各线段进行编辑。关于"分解"命令，将在后面章节进行详细讲解，在此不再赘述。

练一练

使用"多段线"绘制边长为 100 的等边三角形，如图 5-3 所示。

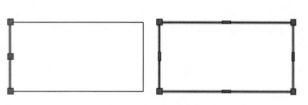

图 5-2 使用直线和多段线绘制的矩形

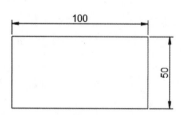

图 5-3 使用多段线绘制等边三角形

操作提示：

（1）激活"多段线"命令，拾取一点，然后输入"@100<60"，按 Enter 键确认，绘制一条边。

（2）继续输入"@100<300"，按 Enter 键确认，绘制另一条边。

（3）输入"C"，按 Enter 键确认闭合图形并结束操作。

5.1.2　绘制包含直线与圆弧的多段线

前面讲过，多段线不仅是直线，还可以是圆弧，下面来绘制 100×50、圆角半径为 10 的圆角矩形，如图 5-4 所示。

实例——绘制包含直线与圆弧的多段线

（1）输入"PL"，按 Enter 键激活"多段线"命令，在绘图区拾取一点。

（2）输入"@80,0"，按 Enter 键确定直线段的端点。

（3）输入"A"，按 Enter 键转入"圆弧"模式；输入"CE"，按 Enter 键激活"圆心"选项。

（4）由直线的端点向上引出矢量线，输入"10"，按 Enter 键确定圆心，再由圆心向右引出矢量线，捕捉矢量线与圆弧的交点，以确定圆弧的端点，如图 5-5 所示。

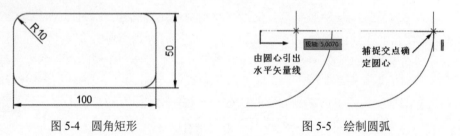

图 5-4　圆角矩形　　　　　　　　　图 5-5　绘制圆弧

（5）输入"L"，按 Enter 键转入"直线"模式，向上引出矢量线；输入"30"，按 Enter 键确认。

（6）输入"A"，按 Enter 键转入"圆弧"模式；输入"CE"，按 Enter 键激活"圆心"选项。

（7）由直线的端点向左引出矢量线，输入"10"，按 Enter 键确定圆心，再由圆心向上引出矢量线，捕捉矢量线与圆弧的交点，以确定圆弧的端点。

（8）输入"L"，按 Enter 键转入"直线"模式，向左引出矢量线；输入"80"，按 Enter 键确认。

（9）输入"A"，按 Enter 键转入"圆弧"模式；输入"CE"，按 Enter 键激活"圆心"选项。

（10）由直线的端点向下引出矢量线，输入"10"，按 Enter 键确定圆心，再由圆心向左引出矢量线，捕捉矢量线与圆弧的交点，以确定圆弧的端点。

（11）输入"L"，按 Enter 键转入"直线"模式，向下引出矢量线；输入"30"，按 Enter 键确认。

（12）输入"A"，按 Enter 键转入"圆弧"模式；输入"CE"，按 Enter 键激活"圆心"选项。

（13）由直线的端点向右引出矢量线，输入"10"，按 Enter 键确定圆心，再由圆心向下引出矢量线，捕捉下方直线的端点，然后按 Enter 键结束操作，完成该圆角矩形的绘制。

🖊 小贴士：

> 使用多段线绘制圆角矩形的难度比较大，绘制时一定要先根据矩形的总长度和总宽度，计算好边的长度和宽度尺寸。在绘制圆角时，当转入"画弧"模式后，一定要输入"CE"激活"圆心"选项，先根据圆角半径确定圆心，再根据圆心确定圆弧的端点，这样才能绘制出圆角效果。

练一练

使用"多段线"绘制如图 5-6 所示的图形。

操作提示：

（1）激活"多段线"命令，拾取一点，然后输入"@100,0"，按 Enter 键确认绘制一条边。

（2）输入"A"，按 Enter 键转入"圆弧"模式，向上引导光标；输入"50"，按两次 Enter 键确认并结束操作。

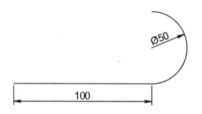

图 5-6　使用多段线绘制图形

5.1.3　绘制宽度多段线

除了可以绘制直线及圆弧多段线之外，用户还可以绘制具有一定宽度的多段线，每段线的起点宽度与端点宽度可以相同也可以不同。下面绘制起点宽度为 10，端点宽度为 0，由直线段与圆弧组成的一段多段线，直线长度为 100，圆弧半径为 25。

实例——绘制具有宽度的多段线

（1）输入"PL"按 Enter 键激活"多段线"命令，单击拾取一点，确定多段线的起点。

（2）输入"W"，按 Enter 键激活"宽度"选项。

（3）输入"10"，按 Enter 键设置起点宽度；继续输入"0"，按 Enter 键设置端点宽度。

（4）输入"@100,0"，按 Enter 键指定直线端点；输入"A"，按 Enter 键转入"圆弧"模式。

（5）输入"W"，按 Enter 键激活"宽度"选项；输入"10"，按 Enter 键设置圆弧起点宽度；输入 0，按 Enter 键设置圆弧端点宽度。

（6）引出 90° 的方向矢量，输入"50"，按 Enter 键，指定圆弧端点，然后按 Enter 键结束绘制，绘制结果如图 5-7 所示。

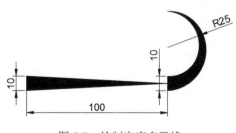

图 5-7　绘制宽度多段线

知识拓展：

绘制多段线时，当转入圆弧模式后，在命令行会出现相关提示，用于设置圆弧的相关参数，如图 5-8 所示。

.:. ← PLINE [角度(A) 圆心(CE) 闭合(CL) 方向(D) 半宽(H) 直线(L) 半径(R) 第二个点(S) 放弃(U) 宽度(W)]:

图 5-8　命令行提示

各层级选项功能如下。

⮞　角度（A）选项：用于指定要绘制的圆弧的圆心角。

⮞　圆心 (CE) 选项：用于指定圆弧的圆心。

⮞　闭合 (CL) 选项：用于用弧线封闭多段线。

⮞　方向 (D) 选项：用于取消直线与圆弧的相切关系，改变圆弧的起始方向。

⮞　半宽 (H) 选项：用于指定圆弧的半宽值。激活此选项后，AutoCAD 将提示用户输入多段线的起点半宽值和终点半宽值。

⮞　直线 (L) 选项：用于切换到直线模式。

⮞　半径 (R) 选项：用于指定圆弧的半径。

⮞　第二个点 (S) 选项：用于选择三点画弧方式中的第 2 个点。

⮞　宽度 (W) 选项：用于设置弧线的宽度值。

疑问解答

疑问 2：如何判断一段线段是否为独立线段？

解答 2：一般情况下，由"直线"命令绘制的图形，其每一段线段都是独立的线段；而使用"多段线"命令绘制的图形，无论该图形由多少条线段或圆弧组成，系统都会将其看作一条线段。判断线段是不是独立线段最简单的方法是，在没有任何命令发出的情况下，单击该线段，使线段夹点显示，即可区分出独立线段。

如图 5-9 所示，单击左图下方的水平线，只有该线段夹点显示，单击右图下方的水平线，结果图形的所有线段都夹点显示，这就说明，左图中的每一条线段都是独立的线段，而右图中的整个图形就是一条线段。

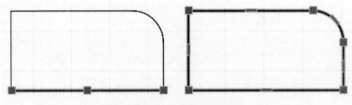

图 5-9　独立线段与多段线

🔊 **提示：**

"夹点"即图线的特征点，如线的端点、中点，圆的圆心、象限点等。在没有任何命令发出时单击选择图形，图形会以夹点显示，此时可以通过编辑夹点来编辑图形，即夹点编辑。有关夹点编辑的相关知识，在后面章节会有详细讲解，在此不再赘述。

练一练

使用"多段线"命令绘制如图 5-10 所示的图形。

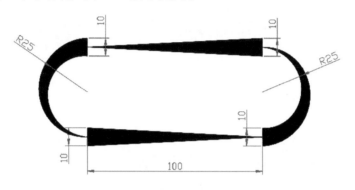

图 5-10　使用"多段线"绘制图形

操作提示：

（1）激活"多段线"命令，拾取一点，并设置起点与端点宽度，然后输入长度值，绘制长度。

（2）转入圆弧模式，设置圆弧起点与端点宽度，输入圆弧半径，绘制圆弧。

（3）转入直线模式，设置直线起点与端点宽度，输入直线长度值，绘制直线。

（4）转入圆弧模式，设置圆弧起点与端点宽度，输入"C"，按两次 Enter 键结束绘制。

5.2　多　　线

"多线"也是一种特殊的二维线图元，与其他线图元不同的是，多线是由两条及以上的平行线组成的复合线对象，如图 5-11 所示。

图 5-11　多线

与"多段线"相同，无论"多线"包含多少条平行线，系统都将其看作是一个对象，在AutoCAD 建筑设计中，常使用多线绘制墙线、窗线、阳台线以及道路和管道线等。在使用多线绘图时，可以设置多线元素的线型、颜色、比例、对正方式等，以满足绘图要求。

执行"多线"命令主要有以下几种方式。

❯ 执行"绘图" / "多线"命令。

❯ 在命令行输入"Mline"，按 Enter 键确认。

❯ 使用命令简写 ML。

本节将学习绘制多线的相关知识。

5.2.1 绘制多线

系统默认情况下，多线是由两条平行线组成，两条线间距为 20 个绘图单位。下面通过绘制长度为 100、宽度为 50 个绘图单位的闭合图形的实例，学习绘制多线的方法。

实例——绘制长度为 100、宽度为 50 的闭合图形

（1）输入"ML"，按 Enter 键，拾取一点，确定多线的起点。

（2）输入"@60,0"，按 Enter 键绘制水平多线。

（3）输入"@0,10"，按 Enter 键绘制垂直多线。

（4）继续输入"@-60,0"，按 Enter 键绘制另一条水平多线。

（5）输入"C"，按 Enter 键结束绘制，结果如图 5-12所示。

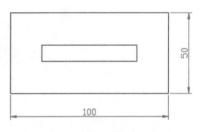

图 5-12　绘制的多线图形

疑问解答

疑问 3：绘制的图形长度为 100，宽度为 50，为什么在输入时长度值为 60，宽度值为 10？是不是输入错误？

解答 3：输入没有错误。使用"多线"绘制图形时，一定要注意将多线本身的宽度值从图形的尺寸中减去。在该操作中，系统默认情况下，多线本身的宽度值为 20，所要绘制的闭合矩形图形的长度为 100，宽度为 50，因此输入长度参数值时，就要从总长度 100 中减去两个多线的宽度值 40 就等于 60；输入宽度尺寸时，就要从图形的宽度值 50 中减去两个多线的宽度值 40，就等于 10。这样绘制完成的图形才能符合"长度为 100、宽度为 50"的绘图要求，如果直接输入长度和宽度值，则绘制的图形尺寸包含了多线的宽度尺寸，即长度为 100+20+20=140、宽度为 50+20+20=90，这不符合绘图要求，如图 5-13 所示。

练一练

使用"多线"命令绘制长度为 150，宽度为 75 的闭合图形，如图 5-14 所示。

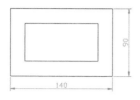
图 5-13　多线图形（1）

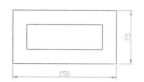
图 5-14　多线图形（2）

操作提示：

（1）激活"多线"命令，拾取一点，并根据多线宽度与图形长度计算要输入的长度尺寸绘制长度。

（2）根据多线宽度与图形宽度计算出要输入的宽度尺寸绘制宽度。

（3）根据多线宽度与图形长度计算出要输入的另一条长度尺寸绘制另一条长度。

（4）输入"C"，按 Enter 键闭合图形并结束绘制。

5.2.2　设置多线比例

多数情况下，系统默认情况下多线的比例及线型等都不能满足绘图要求，这时用户可以根据需要设置多线的比例，下面设置多线比例为 10，并绘制长度为 100、宽度为 50 的闭合图形，从而学习设置多线比例的方法。

实例——设置多线比例为 10 并绘制闭合图形

（1）输入"ML"，按 Enter 键激活"多线"命令。

（2）输入"S"，按 Enter 键激活"比例"选项，输入"10"，按 Enter 键确认。

（3）拾取一点，然后输入"@80,0"，按 Enter 键确定多线的另一端点。

（4）输入"@0,30"，按 Enter 键绘制垂直多线。

（5）输入"@-80,0"，按 Enter 键绘制另一条水平多线。

（6）输入"C"，按 Enter 键结束绘制，结果如图 5-15 所示。

练一练

设置多线比例为 15，绘制长度为 150、宽度为 40 的闭合图形，如图 5-16 所示。

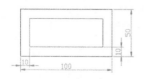
图 5-15　多线图形（3）

图 5-16　多线图形（4）

操作提示：

（1）输入"ML"，按 Enter 键激活"多线"命令；输入"S"，按 Enter 键激活"比例"选项，设置多线比例为 15。

（2）拾取一点，然后根据多线比例，计算图形的长度与宽度尺寸，输入长度与宽度值绘制长度与宽度。

（3）输入"C"，闭合图形，完成图形的绘制。

📢 注意：

> 使用多线绘制图形时，图形的标注尺寸包含了多线的比例值，在实际绘制时需从标注尺寸中减去多线的比例值。在该练习中，长度标注尺寸为 150，宽度标注尺寸为 40，但在实际绘图时输入长度值与宽度值需减去多线的比例，这样才能绘制出正确的图形。

5.2.3 设置多线样式

什么是样式？所谓样式，是指多线的图元样式，包括平行线的数量、线型、颜色、封口形式等。系统默认下，多线由两条平行元素构成，用户可以根据需要，执行"多线样式"命令来设置多线的样式。

执行"多线样式"命令主要有以下几种方式。

➥ 执行"格式"／"多线样式"命令。

➥ 在命令行输入"Mlstyle"，按 Enter 键确认。

下面通过设置如图 5-17 所示的多线样式，学习设置多线样式的技巧。

实例——设置多线样式

（1）执行"格式"／"多线样式"命令，打开"多线样式"对话框。

（2）单击 新建(N)... 按钮，打开"创建新的多线样式"对话框，将新样式命名为 style01，如图 5-18 所示。

图 5-17 多线样式

图 5-18 新建多线

（3）单击 继续 按钮，打开"新建多线样式"对话框，单击 添加(A) 按钮，在"图元"选项下添加一个 0 号元素。

（4）设置"偏移"参数为 0.25。再单击"颜色"按钮，设置图元颜色为红色，如图 5-19 所示。

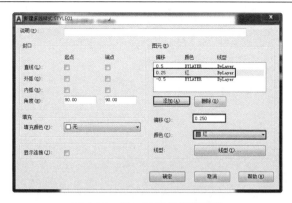

图 5-19　添加图元并设置参数

（5）单击 线型(Y)... 按钮，在弹出的"选择线型"对话框中单击 加载(L)... 按钮，打开"加载或重载线型"对话框，选择名为"BORDER2"的线型，如图 5-20 所示。

图 5-20　选择线型

（6）单击 确定 按钮返回"选择线型"对话框，选择加载的线型，单击 确定 按钮，将此线型赋给刚添加的多线元素，结果如图 5-21 所示。

图 5-21　添加线型

（7）使用相同的方法，再次添加一个"偏移"量为-0.2500、"颜色"为红色的多线元素，并选择名为"BORDER2"的线型。

（8）在"封口"选项设置多线两端的封口形式，如图5-22所示。

（9）在此不选择任何封口形式，单击 确定 按钮返回"多线样式"对话框，此时新线样式出现在预览框中，如图5-23所示。

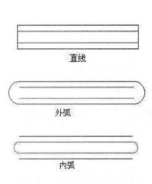

图 5-22　多线的封口形式

图 5-23　新样式

（10）选择新设置的名为style01的新样式，单击 置为当前⑾ 按钮将其设置为当前样式，单击 确定 按钮，关闭"多线样式"对话框，完成多线样式的设置。

（11）输入"ML"快捷键激活"多线"命令，使用刚设置的多线样式绘制水平多线，结果如图5-17所示。

 📖 **知识拓展：**

除了设置多线样式之外，在绘制多线时，还需要选择对正方式，在命令行中输入"J"，激活"对正"选项，命令行出现3种对正方式，如图5-24所示。

✎✎✎▾ MLINE 输入对正类型 [上(T) 无(Z) 下(B)] <上>：

图 5-24　设置多线的对正方式

・上（T）：沿图形的上方对齐。

・无（Z）：沿图形的中心对齐。

・下（B）：沿图形的下方对齐。

3种对正方式的效果如图5-25所示。

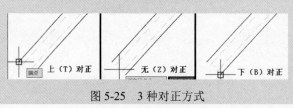

图 5-25　3种对正方式

5.2.4　编辑多线

使用多线绘制图形时，需要对多线进行编辑，例如，设置多线的交叉点、断开多线等，编辑多线是在"多线编辑工具"对话框完成的。

执行"多线编辑工具"命令主要有以下几种方法。

- ➥　执行"修改"/"对象"/"多线"命令。
- ➥　在命令行输入"Mledit"，按 Enter 键确认。
- ➥　在需要编辑的多线上双击左键。

执行相关操作后会打开"多线编辑工具"对话框，如图 5-26 所示。

在该对话框中共有 4 类 12 种编辑工具，其操作比较简单，但常用的编辑类型主要有"十字交线"与"T 形交线"和"角点结合"类，下面主要对这几种编辑方法进行讲解。

图 5-26　"多线编辑工具"对话框

1. 十字交线

"十字交线"包括"十字闭合""十字打开"和"十字合并"3 种。

- ➥　"十字闭合"：表示相交两条多线的十字封闭状态。
- ➥　"十字打开"：表示相交两条多线的十字开放状态，将两线的相交部分全部断开，第一条多线的轴线在相交部分也要断开。
- ➥　"十字合并"：表示相交两条多线的十字合并状态，将两线的相交部分全部断开，但两条多线的轴线在相交部分相交。

下面通过一个简单的实例来学习编辑"十字交线"多线的方法。

实例——编辑"十字交线"多线

（1）绘制十字相交的多线，然后双击多线，打开"多线样式"对话框。

（2）单击"十字闭合"按钮返回绘图区，单击水平多线，再单击垂直多线，结果如图 5-27 所示。

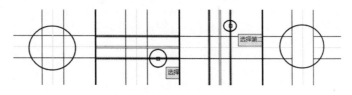

图 5-27　十字闭合效果

（3）按 Ctrl+Z 组合键撤销操作，重新打开"多线样式"对话框，单击"十字打开"按钮返回绘图区，单击水平多线，再单击垂直多线，结果如图 5-28 所示。

（4）按 Ctrl+Z 组合键撤销操作，重新打开"多线样式"对话框，单击"十字合并"按钮 返回绘图区，单击水平多线，再单击垂直多线，结果如图 5-29 所示。

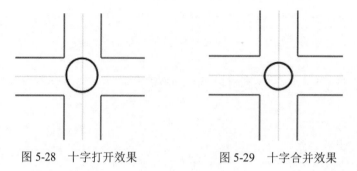

图 5-28　十字打开效果　　　　　　图 5-29　十字合并效果

2. T 形交线

"T 形交线"包括"T 形闭合""T 形打开"和"T 形合并"3 种。

➥　　"T 形闭合" ：表示相交两条多线的 T 形封闭状态，将选择的第一条多线与第二条多线相交的部分修剪掉，而第二条多线保持原样连通。

➥　　"T 形打开" ：表示相交两条多线的 T 形开放状态，将两线的相交部分全部断开，但第一条多线的轴线在相交部分也断开。

➥　　"T 形合并" ：表示相交两条多线的 T 形合并状态，将两线的相交部分全部断开，但第一条与第二条多线的轴线在相交部分相交。

下面通过一个简单的实例来学习编辑"T 形交线"多线的方法。

实例——编辑"T 形交线"多线

（1）绘制 T 形相交的多线，然后双击多线，打开"多线样式"对话框。

（2）单击"T 形闭合"按钮 返回绘图区，单击水平多线，再单击垂直多线，结果如图 5-30 所示。

（3）按 Ctrl+Z 组合键撤销操作，重新打开"多线样式"对话框，单击"T 形打开"按钮 返回绘图区，单击水平多线，再单击垂直多线，结果如图 5-31 所示。

（4）按 Ctrl+Z 组合键撤销操作，重新打开"多线样式"对话框，单击"T 形合并"按钮 返回绘图区，单击水平多线，再单击垂直多线，结果如图 5-32 所示。

图 5-30　T 形闭合效果　　　　　图 5-31　T 形打开效果　　　　　图 5-32　T 形合并效果

小贴士：

T 形交线在编辑时单击的先后顺序不同，其编辑结果也不同，例如，"T 形闭合"效果，首先单击水平多线，再单击垂直多线，其编辑结果是水平对象以垂直多线为界限进行了打断；如果首先单击垂直多线，再单击水平多线，其结果将是垂直多线以水平多线为界限被打断，如图 5-33 所示。

3. 角点结合

"角点结合"表示相交两条多线的 T 形闭合状态，将两条多线在相交位置剪切，使其形成一个角点效果，如图 5-34 所示。

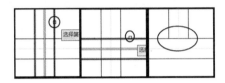

图 5-33　T 形交线的编辑效果

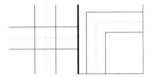

图 5-34　"角点结合"效果

下面学习多线的"角点结合"编辑方式。

实例——多线的"角点结合"编辑方式

（1）绘制十字相交的多线，然后双击多线，打开"多线样式"对话框。

（2）单击"角点结合"按钮 ⌐ 返回绘图区，单击水平多线，再单击垂直多线，结果如图 5-34 所示。

小贴士：

在编辑多线时，除了以上介绍的"多线"编辑方法之外，还有"添加顶点""单个剪切"及"全部剪切"等其他编辑方式，这些编辑方式都比较简单，在实际绘图中不常被使用，在此不再对其进行详细讲解，读者可以自己尝试操作。

5.3　偏　　移

在绘制构造线时我们曾经应用过"偏移"，那么到底什么是"偏移"呢？所谓"偏移"就是将对象通过设定距离或指定通过点进行复制。

"偏移"有多种方式，具体包括"距离偏移""定点偏移""图层偏移"及"删除偏移"，采用不同的偏移方式可以得到不同的偏移效果。

用户可以通过以下方法激活"偏移"命令。

➘　执行"修改"／"偏移"命令。

➘　在"默认"选项卡下的"修改"工具列表中单击"偏移"按钮 ⊑。

➘　在命令行输入"Offset"后按 Enter 键确认。

➘　使用快捷键 O。

本节将学习"偏移"命令的相关知识。

5.3.1 "距离"偏移

"距离"偏移就是通过设置距离来偏移对象，这是 AutoCAD 系统默认的一种偏移方式。打开"素材"/"偏移示例.dwg"素材文件，这是一个半径为 100 的圆，将该圆向内和向外各偏移 20 个绘图单位，观察它有什么变化。

实例——将圆向内和向外各偏移 20 个绘图单位

（1）输入"O"，按 Enter 键激活"偏移"命令，输入"20"，按 Enter 键确认设置偏移距离。

（2）单击圆，在圆的内部单击，再次单击圆，在圆的外部单击。

（3）按 Enter 键结束操作，结果如图 5-35 所示。

 疑问解答

疑问 4：半径为 100 的圆，为什么向内和向外偏移后其半径都发生了变化？

解答 4：前面讲过，"偏移"其实就是沿设定的距离复制对象，当半径为 100 的圆向内偏移 20 个绘图单位后，相当于将圆缩小 20% 并复制，同样，向外偏移 20 个绘图单位相当于将圆放大 20% 并复制，因此，向内和向外偏移后，圆的半径都会发生变化。

练一练

通过"偏移"命令可以对所有二维图形进行偏移，下面绘制长度为 100 个绘图单位的直线，将该直线向下偏移 20 个绘图单位，如图 5-36 所示。

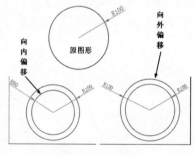

图 5-35 偏移圆

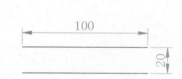

图 5-36 向下偏移直线

操作提示：

（1）输入"O"，按 Enter 键激活"偏移"命令，输入"20"，按 Enter 键确认设置偏移距离。

（2）单击直线，在直线的下方单击，按 Enter 键结束操作。

5.3.2 "通过"偏移

与距离偏移不同，"通过"偏移是指通过某一点来偏移对象，这种偏移与距离无关。继续上一节的操作，使用"直线"命令，配合"象限点"捕捉功能绘制圆的直径，如图 5-37 所示。然后使用"偏移"命令，通过圆的上、下象限点对直径进行偏移，结果如图 5-38 所示。

实例——通过象限点偏移圆的直径

（1）输入"O"，按 Enter 键激活"偏移"命令；输入"T"，按 Enter 键激活"通过"选项。

（2）单击圆的直径，捕捉圆的上象限点；再次单击圆的直径，捕捉圆的下象限点，如图 5-39 所示。

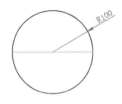 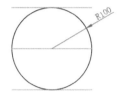 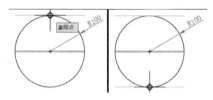

图 5-37　绘制直径　　　　图 5-38　偏移直径　　　　图 5-39　捕捉圆的象限点

（3）按 Enter 键结束操作。

小贴士：

"通过"偏移时，要根据通过点的特性，设置合适的捕捉模式，然后开启捕捉功能，这样才能进行偏移。

练一练

打开"素材"/"偏移示例 01.dwg"素材文件，如图 5-40 所示。下面通过三角形边的中点，对外侧的圆进行偏移复制，结果如图 5-41 所示。

图 5-40　素材文件　　　　图 5-41　偏移结果

操作提示：

（1）设置"中点"捕捉模式，并启用对象捕捉功能，然后输入"O"，按 Enter 键激活"偏移"命令；输入"T"，按 Enter 键激活"通过"选项。

（2）单击外侧的圆，捕捉三角形边的中点，按 Enter 键结束操作。

5.3.3　"图层"偏移

通过"图层"偏移可以改变对象所在的图层，例如，将 A 图层上的对象通过偏移放置在 B

图层上。在 AutoCAD 机械制图中，通过使用"图层"偏移来创建机械零件的中心线或者轮廓线。

打开"素材"/"阶梯轴.dwg"素材文件，这是一个阶梯轴的机械零件图，该图缺少中心线。在"默认"选项卡中单击"图层"按钮，展开图层列表，发现该零件图有两个图层，一个是"轮廓线"层，另一个是"中心线"层，如图 5-42 所示。

下面通过"图层"偏移功能，将其下水平轮廓线偏移复制到"中心线"图层，创建该阶梯轴零件的中心线，结果如图 5-43 所示。

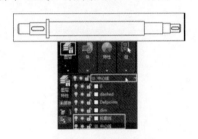

图 5-42　阶梯轴及其图层　　　　　图 5-43　创建中心线

实例——偏移创建阶梯轴零件的中心线

（1）设置"中点"捕捉模式，并开启"对象捕捉"功能，然后在图层列表中选择"中心线"层作为当前图层。

（2）输入"O"，按 Enter 键激活"偏移"命令；输入"L"，按 Enter 键激活"图层"选项；输入"C"，Enter 键激活"当前"选项。

下面将零件的下水平边偏移到"中心线"层，并通过零件的中心点位置，创建中心线。要将其偏移到中心点，就需要通过该零件的垂直边的中点才行。

（3）输入"T"，按 Enter 键激活"通过"选项，单击阶梯轴的下水平轮廓线，捕捉垂直边的中点，通过该点偏移复制轮廓线，如图 5-44 所示。

（4）按 Enter 键结束操作。

下面需要对中心线进行拉长。

（5）输入"LEN"，按 Enter 键激活"拉长"命令；输入"DY"，按 Enter 键激活"动态"选项。

（6）单击中心线，向右引导光标，在阶梯轴右端合适位置处单击，按 Enter 键确认。然后再次单击中心线，向左引导光标，在阶梯轴左端合适位置处单击，如图 5-45 所示。

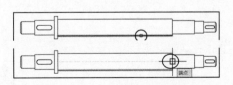

图 5-44　选择轮廓并捕捉中点

图 5-45　动态拉长

（7）按 Enter 键结束操作，完成阶梯轴中心线的创建。

 小贴士：

在 AutoCAD 绘图中，图层是一个组织、管理图形对象的重要工具，有关图层的相关知识，将在后面章节中进行详细讲解。另外，偏移对象时，当激活"偏移"命令后，输入"E"，按 Enter 键激活"删除"选项，此时偏移时会将源对象删除，直接创建另一个与源对象位置不同的对象，读者可以自己尝试操作。

5.4 打断与打断于点

"打断"与"打断于点"都是将一段图线编辑为两段独立的线段，二者的区别在于："打断"命令需要两个断点，将两个断点之间的线段删除；而"打断于点"命令只需要一个断点，将线段从该点处断开。这两个命令与"修剪"命令有些相似，不同的是，"修剪"命令沿边界将图线修剪掉，而"打断"命令和"打断于点"命令则从断点位置将图线删除或断开。在编辑图线时，如果没有修剪边界，可以使用"打断"命令或"打断于点"命令来编辑图线。

用户可以通过以下方法激活"打断"或"打断于点"命令。

* 执行"修改"/"打断"命令。
* 单击"默认"选项卡下的"修改"工具列表中的 "打断"按钮 。
* 单击"默认"选项卡下的"修改"工具列表中的 "打断于点"按钮 。
* 在命令行输入"Break"，按 Enter 键确认。
* 使用快捷键 BR。

本节学习"打断"命令与"打断于点"命令的相关知识。

5.4.1 打断

"打断"命令一般适合从一段图线的中间位置删除部分图线，从而使图线成为两段独立的线段，下面通过一个简单实例来学习"打断"命令的操作方法。

首先绘制长度为 100 个绘图单位的线段，从距该线段左端点 30 个绘图单位起，向右删除长度为 40 个绘图单位的线段，如图 5-46 所示。

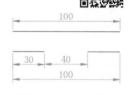

图 5-46 打断图线

实例——打断图线

（1）输入"BR"，按 Enter 键激活"打断"命令，单击直线，输入"F"，按 Enter 键激活"第 1 点"选项。

（2）按住 Shift 键并右击，选择"自"功能，捕捉直线的左端点，然后输入"@30,0"，按 Enter 键确定第 1 个断点。

（3）继续输入"@40,0"，按 Enter 键确定第 2 个断点，按 Enter 键结束操作。

小贴士：

在该操作中，第 1 个断点在位于直线左端点 30 个绘图单位的位置，因此要启用"自"功能。以直线的左端点为参照找到该点，然后输入另一个断点，这样才能将该直线在距离左端点 30 个绘图单位的位置删除长度为 40 个绘图单位的线段。

练一练

绘制长度为 100 的多段线，将该多段线从距左端点 50 个绘图单位的位置向左删除 20 个绘图单位的线段，结果如图 5-47 所示。

图 5-47　打断多段线

操作提示：

（1）输入"BR"，按 Enter 键激活"打断"命令，选择多段线并输入"F"，按 Enter 键，然后以左端点为参照确定第 1 个断点。

（2）继续输入第 2 个断点，按 Enter 键结束操作。

5.4.2　打断于点

"打断于点"与"打断"非常相似，区别在于："打断于点"只需一个断点，将一段线段打断为两段独立的线段。下面通过一个简单实例，来学习"打断于点"命令的操作方法。

首先绘制长度为 100 个绘图单位的多段线，将该多段线从距左端点 30 个绘图单位的位置断开，使其成为两段独立的线段，如图 5-48 所示。

实例——断开多段线

（1）单击"默认"选项卡"修改"工具列表中的"打断于点"按钮■。单击多段线，然后按住 Shift 键并右击，选择"自"功能。

（2）捕捉多段线的左端点，输入"@30,0"，按 Enter 键确认。

练一练

绘制长度为 100 的多段线，将该多段线从右端点向左 80 个绘图单位的位置断开，使其成为两段独立的线段，结果如图 5-49 所示。

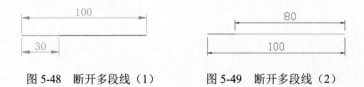

图 5-48　断开多段线（1）　　　图 5-49　断开多段线（2）

操作提示：

激活"打断于点"命令，以多段线的右端点为参照，确定断点，将该多段线断开。

5.5　倒角与圆角

"倒角"与"圆角"可以对相交图线的角使用一段直线或圆弧进行连接，使其出现倒角或圆角效果，常用于创建具有倒角或圆角效果的图形，本节将学习倒角和圆角的相关知识。

5.5.1　倒角

倒角时有两种倒角模式，一种是"修剪"模式，另一种是"不修剪"模式。另外有 3 种倒角方式，分别是"距离"倒角、"角度"倒角及"多段线"倒角。

用户可以通过以下方法激活"倒角"命令。

- 执行"修改"/"倒角"命令。
- 单击"默认"选项卡下的"修改"工具按钮列表中的 "倒角"按钮。
- 在命令行输入"Chamfer"后按 Enter 键确认。
- 使用快捷键 CHA。

下面通过具体的实例学习倒角图线的相关知识。

1. "距离"倒角

"距离"倒角是指通过设置倒角距离进行倒角。首先绘制非平行的两条相交线，对其角进行 10 个绘图单位的倒角，效果如图 5-50 所示。

实例——距离倒角

（1）输入"CHA"，按 Enter 键激活"倒角"命令；输入"D"，按 Enter 键激活"距离"选项。

（2）输入第 1 个倒角距离为 10，按 Enter 键确认，继续输入第 2 个倒角距离为 10，再次按 Enter 键确认。

（3）在水平线的右端单击，在垂直线的上端单击，完成倒角的处理。

练一练

"距离"倒角时有两个倒角距离，这两个倒角距离可以相同也可以不同，另外，倒角时，鼠标单击的位置不同，其倒角结果也不同。下面重新绘制相交的图线，对其进行倒角处理，结果如图 5-51 所示。

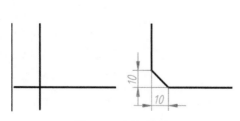

图 5-50　倒角效果

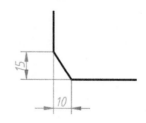

图 5-51　距离倒角效果

操作提示：

激活"倒角"命令，选择"距离"选项，根据图示尺寸分别输入两个倒角距离进行倒角。

2．"角度"倒角

与"距离"倒角不同，"角度"倒角时，只需输入第 1 条直线的倒角长度和倒角的角度即可。重新绘制非平行的两条相交线，对其角进行长度为 10，角度为 30°的倒角操作，效果如图 5-52 所示。

实例——角度倒角

（1）输入"CHA"，按 Enter 键激活"倒角"命令；输入"A"，按 Enter 键激活"角度"选项。

（2）输入"10"，按 Enter 键确认，指定第 1 条边的长度；继续输入倒角角度 30，按 Enter 键确认。

（3）在水平线的右端单击，在垂直线的上端单击，完成倒角的处理。

练一练

重新绘制相交的图线，对其进行长度为 15、角度为 15°的倒角处理，结果如图 5-53 所示。

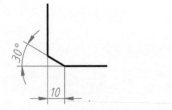

图 5-52　角度倒角效果（1）

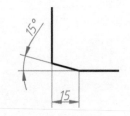

图 5-53　角度倒角效果（2）

操作提示：

激活"倒角"命令，选择"角度"选项，根据图示尺寸分别输入第 1 条边的长度和倒角角度进行倒角。

3．"多段线"倒角

"多段线"倒角可以对多个角同时进行倒角处理，该效果通常对使用多段线绘制的图形进行多个角的同时倒角处理。例如，矩形的 4 个角等。

多段线倒角时，既可以使用"距离"方式，也可以使用"角度方式"。下面首先使用多段线绘制一段图线，然后以"距离"倒角方式，设置"距离"为 5，对多个角进行倒角处理，如图 5-54 所示。

实例——多段线倒角

（1）输入"CHA"，按 Enter 键激活"倒角"命令；输入"D"，按 Enter 键激活"距离"选项，然后输入"5"，按两次 Enter 键，指定倒角距离。

（2）继续输入"P"，按 Enter 键激活"多段线"选项，单击多段线进行倒角处理。

练一练

使用多段线绘制图线，对其进行长度为5、角度为30°的倒角处理，结果如图5-55所示。

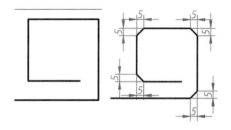

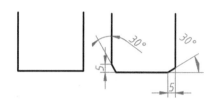

图 5-54　多段线倒角效果（1）　　　　　　　　图 5-55　多段线倒角效果（2）

操作提示：

激活"倒角"命令，激活"角度"选项，根据图示尺寸分别输入第1条边的长度和倒角角度，然后使用"多段线"倒角方式进行倒角。

小贴士：

一般情况下，执行一次"倒角"命令，只能对一个角进行倒角处理。但在实际情况下，当激活"倒角"命令中的"多个"选项后，即可以对多个角连续进行倒角操作。另外，系统默认情况下，倒角时使用了"修剪"模式，即将倒角的多余图线修剪掉，如果用户想保留倒角后的图线，则可以设置"不修剪"模式，激活"修剪"命令后，输入"T"，激活"修剪"选项，此时会显示"修剪"或"不修剪"两种模式，如图5-56所示。输入"N"即可激活"不修剪"模式，此时进行倒角后，图线不修剪，其效果如图5-57所示。

图 5-56　修剪模式　　　　　　　图 5-57　"不修剪"倒角效果

5.5.2　圆角

与"倒角"命令不同，"圆角"命令通过设置圆角半径，使用一段光滑的曲线连接两条非平行线图线，形成圆角效果。

用户可以通过以下方式激活"圆角"命令。

- ↳　执行"修改"／"圆角"命令。
- ↳　单击"默认"选项卡"修改"工具按钮列表中的　"圆角"按钮▨。
- ↳　在命令行输入"FILLET"后按 Enter 键确认。
- ↳　使用快捷键 F。

　　"圆角"命令的操作非常简单，绘制相交的两条图线，将其进行"圆角"处理，设置圆角"半径"为 20，如图 5-58 所示。

实例——圆角图线

　　（1）输入"F"，按 Enter 键激活"圆角"命令；输入"R"，按 Enter 键激活"半径"选项，然后输入半径为 20，按 Enter 键确认。

　　（2）单击水平图线，单击垂直图线，完成圆角效果的处理。

练一练

　　绘制相交的图线，对其进行圆角处理，设置圆角半径为 15，结果如图 5-59 所示。

操作提示：

　　激活"圆角"命令，激活"半径"选项，根据图示尺寸设置半径，对图线进行圆角处理。

小贴士：

　　"圆角"命令的大部分选项及其操作与"倒角"命令完全相同。例如"多段线"选项、"多个"选项及"修剪"模式等，读者可以参照"倒角"命令的操作方法，自己尝试这些操作，在此不再对这些选项进行讲解。另外，当对平行线进行圆角处理时，不需要设置半径，其半径即是两条平行线之间的距离，激活"圆角"命令后直接单击两条平行线即可，效果如图 5-60 所示。

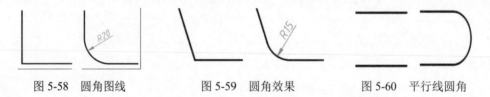

图 5-58　圆角图线　　　　　图 5-59　圆角效果　　　　　图 5-60　平行线圆角

5.6　综合练习——绘制圈椅平面图

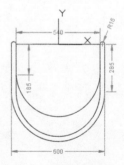

图 5-61　圈椅平面图

　　圈椅是中式家具中椅子的一种，本节就来绘制如图 5-61 所示的圈椅平面图，对多段线进行巩固练习。

　　首先绘制圈椅的外轮廓，外轮廓包含直线和圆弧，因此可以使用多段线来绘制。

　　（1）输入"LIM"，按 Enter 键，设置图形界限为 900×900。

　　（2）输入"SE"，按 Enter 键打开"草图设置"对话框，设置"中点""端点""圆心"及"象限点"捕捉模式，并启用"对象捕捉"和"极轴追踪"功能。

　　（3）输入"PL"，按 Enter 键激活"多段线"命令，在适当的位置拾取一点，向下引出 270°的方向矢量并输入"285"，按 Enter 键确定下一点。

（4）输入"A"，按 Enter 键转入画弧模式，水平向右引出 0°方向矢量并输入"600"，按 Enter 键确认。

（5）输入"L"，按 Enter 键转入画线模式，垂直向上引出 90°方向矢量并输入"285"，按 Enter 键确认。

（6）输入"A"，按 Enter 键转入画弧模式，水平向左引出 180°方向矢量并输入"30"，按 Enter 键确认。

（7）输入"L"，按 Enter 键转入画线模式，垂直向下引出 270°方向矢量并输入"285"，按 Enter 键确认。

（8）输入"A"，按 Enter 键转入画弧模式，水平向左引出 180°方向矢量并输入"540"，按 Enter 键确认。

（9）输入"L"，按 Enter 键转入画线模式，垂直向上引出 90°方向矢量并输入"285"，按 Enter 键确认。

（10）输入"A"，按 Enter 键转入画弧模式；输入"CL"，按 Enter 键确认并闭合图形，完成圈椅外轮廓的绘制。

圈椅外轮廓绘制好之后，下面继续绘制圈椅的内部结构线。

（11）输入"L"，按 Enter 键激活"直线"命令，配合"端点"捕捉功能，分别连接内轮廓线的两个上端点，绘制水平直线。

（12）输入"UCS"，按 Enter 键，捕捉水平线的中点，按 Enter 键确认定义新坐标系。然后输入"ARC"，按 Enter 键激活"圆弧"命令；输入"-270,-185"，按 Enter 键确定圆弧的起点。

（13）继续输入"@270,-250"，按 Enter 键确定圆弧上的一点；再输入"@270,250"，按 Enter 键确定圆弧的端点，完成整个圈椅的绘制。

（14）执行"文件"/"保存"命令，将该文件命名为"综合练习——绘制圈椅平面图.dwg"文件并存储。

小贴士：

UCS 是用户坐标，有关 UCS 的相关知识，将在后面章节进行详细讲解，在此不再赘述。

5.7 职场实战——绘制建筑墙体平面图

在建筑工程中，建筑墙体平面图是重要的图纸之一，它是工程施工的重要依据。本节来绘制某建筑工程墙体图，如图 5-62 所示。

5.7.1 绘制墙体轴线网

墙体轴线网是建筑墙体图的绘图依据，也是建筑工程中定位墙线的重要依据，本节首先来绘制墙体轴线网。

1. 调用样板文件并绘制轴线的基本图线

（1）执行"新建"命令，选择"样板"/"建筑样板.dwt"文件，将其打开。

（2）输入系统变量"LTSCALE"，按 Enter 键，然后输入"30"，按 Enter 键确认以设置系统变量。

（3）在"默认"选项卡中单击"图层"按钮，在图层列表中选择"轴线层"，如图 5-63 所示。

📋 **小贴士：**

在实际绘制时，不同的图形元素要放在不同的图层中，这样便于对图形进行有效的管理，有关图层的相关知识，将在后面章节进行详细讲解，在此不再赘述。

（4）输入"L"，按 Enter 键激活"直线"命令，根据图示尺寸绘制如图 5-64 所示的矩形。

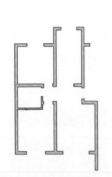

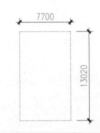

图 5-62　建筑墙体平面图　　　　图 5-63　选择当前图层　　　　图 5-64　绘制矩形

2. 偏移创建其他轴线

（1）输入"O"，按 Enter 键激活"偏移"命令，输入"2500"，按 Enter 键确认。然后单击左侧垂直边，并在其右侧单击，进行偏移，如图 5-65 所示。

（2）继续使用"偏移"命令，将左侧垂直边向右偏移 3700 个绘图单位，将右侧的垂直边向左偏移 1300 个绘图单位，如图 5-66 所示。

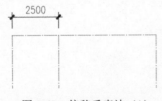
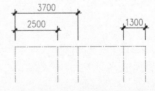

图 5-65　偏移垂直边（1）　　　　　图 5-66　偏移垂直边（2）

（3）继续使用"偏移"命令，将上水平边向下偏移 1500 和 5200 个绘图单位，将下水平边向上偏移 1620、5620 和 6220 个绘图单位，结果如图 5-67 所示。

3. 修剪轴线

（1）输入"TR"，按 Enter 键激活"修剪"命令，单击第 3 条垂直线，按 Enter 键确认。然后在最上侧水平轴线的左端单击将其修剪，结果如图 5-68 所示。

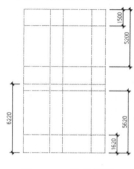

图 5-67　偏移图线

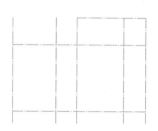

图 5-68　修剪图线（1）

（2）按 Enter 键重复执行"修剪"命令，以第 2 条水平边为边界，修剪第 1 条垂直边的上端；以第 4 条垂直边为边界，修剪第 1、3 条水平边的右端，如图 5-69 所示。

（3）以第 4 条水平边为边界，修剪第 5 条垂直边的上端；以第 3、5 条水平边为边界，修剪第 2 条垂直边的两端，如图 5-70 所示。

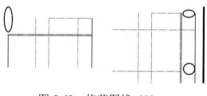

图 5-69　修剪图线（2）

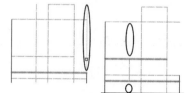

图 5-70　修剪图线（3）

（4）以第 2 条垂直边为边界，修剪第 4 条水平边的左端和第 5 条水平边的右端；以第 6 条水平边为边界，修剪第 1、3 条垂直边的下端，如图 5-71 所示。

（5）以第 4 条水平边为边界，修剪第 4 条垂直边的下端；以第 3、4 条垂直边为边界，修剪第 2、4 条水平边的中间。最后将最下方的水平边删除，完成轴线网的创建，如图 5-72 所示。

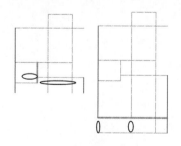

图 5-71　修剪图线（4）

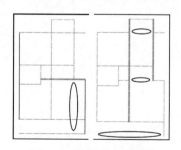

图 5-72　修剪并删除图线

5.7.2 在轴线网上创建门洞和窗洞

轴线网绘制完毕后，要在轴线网上创建门洞和窗洞，以便后期创建门、窗建筑构件，这也是建筑平面图中非常重要的内容，可以使用"打断"命令在轴线网上创建门洞和窗洞。

（1）输入"BR"，按 Enter 键激活"打断"命令，选择最下边的水平轴线；输入"F"，按 Enter 键激活"第 1 点"选项。

（2）按住 Shift 键并右击，选择"自"功能，捕捉最下方水平边的左端点；输入"@950,0"，按 Enter 键确定第 1 点。

（3）继续输入"@1800,0"，按 Enter 键确定第 2 点，在该轴线上创建宽度为 1800 个绘图单位的门洞，如图 5-73 所示。

（4）依照相同的方法，使用"打断"命令，根据图示尺寸在轴线上创建门洞和窗洞，结果如图 5-74 所示。

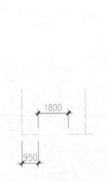

图 5-73 创建门洞

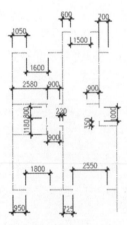

图 5-74 创建其他门洞和窗洞

5.7.3 绘制主墙线和次墙线

在建筑平面图中，墙线分为主墙线和次墙线，所谓主墙线是指承重墙，而次墙线是指不用承担房屋承重功能，只起到隔断作用的墙线。一般情况下，主墙线的宽度为 240mm，次墙线的宽度为 120mm，一般使用"多线"来绘制，绘制前需要设置墙线的多线样式，本节就来绘制墙线。

1. 绘制主次墙线

首先绘制主墙线，主墙线宽度为 240mm。

（1）依照前面的操作，首先在图层控制列表中将"墙线层"设置为当前层，然后执行"格式"/"多线样式"命令打开"多线样式"对话框，新建名为"墙线样式"和"窗线样式"的多线样式，如图 5-75 所示。

（2）绘制墙线。将"墙线"样式设置为当前样式，输入"ML"，按 Enter 键激活"多线"

命令；输入"S"，按 Enter 键激活"比例"选项，输入"240"，按 Enter 键确认。

（3）继续输入"J"，按 Enter 键激活"对正"选项；输入"Z"，按 Enter 键设置"无对正"。然后分别捕捉最左侧垂直轴线的各端点，最后按 Enter 键结束操作，绘制一段墙线，如图 5-76 所示。

图 5-75 新建墙线样式和窗线样式

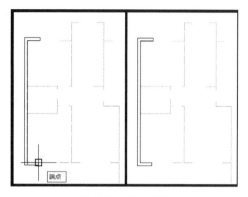

图 5-76 绘制墙线

（4）按 Enter 键重复执行"多线"命令，使用相同的设置，继续捕捉各轴线的端点，绘制其他墙线，结果如图 5-77 所示。

下面绘制次墙线，次墙线的宽度为 120mm。

（5）按 Enter 键重复执行"多线"命令，输入"S"，按 Enter 键激活"比例"选项，输入"120"，按 Enter 键确认。

（6）继续输入"J"，按 Enter 键激活"对正"选项，输入"B"，按 Enter 键设置"下对正"。然后捕捉轴线的端点，绘制宽度为 120mm 的次墙线，结果如图 5-78 所示。

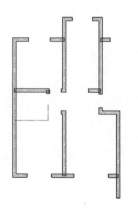

图 5-77 绘制主墙线

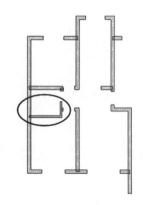

图 5-78 绘制次墙线

2. 编辑主次墙线

绘制完主次墙线后，还需要对墙线进行编辑，下面编辑主次墙线。

（1）在无任何命令发出的情况下双击任意墙线，打开"多线编辑"对话框，单击"T 形合并"按钮￣￢，返回绘图区。单击水平墙线，再单击垂直墙线，将这两个墙线进行 T 形合并，如图 5-79 所示。

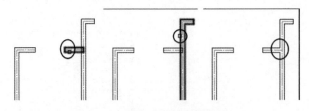

图 5-79 编辑 T 形相交的墙线

（2）使用相同的方法，分别对其他 T 形相交的墙线进行合并，结果如图 5-80 所示。

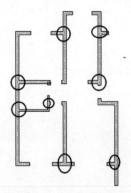

图 5-80 编辑其他墙线

（3）再次双击墙线，打开"多线编辑"对话框，单击"焦点结合"按钮⌐，返回绘图区。单击垂直墙线，再单击水平墙线，对这两个墙线进行焦点结合，如图 5-81 所示。

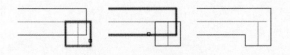

图 5-81 焦点结合效果

（4）至此，建筑墙体平面图绘制完毕，将该文件存储为"职场实战——绘制建筑墙体平面图.dwg"文件。

第 6 章　二维图形的绘制与应用

本章导读

在 AutoCAD 2020 中，二维基本图形包括圆、椭圆、矩形及多边形等，这些图形是绘图中较常用的二维图形，本章来学习二维基本图形的绘制与应用。

本章主要内容如下：
- 绘制圆
- 绘制椭圆
- 绘制圆弧
- 绘制矩形
- 绘制多边形
- 综合练习——绘制螺母机械零件平面图
- 职场实战——绘制圆形把手零件平面图

6.1　绘　制　圆

圆是最简单也是最常见的二维图形，在 AutoCAD 2020 绘图中，用户可以采用多种方式绘制不同半径的圆作为图形轮廓线。

执行"圆"命令有以下几种方式。
- 执行"绘图"/"圆"级联菜单中的各种命令。
- 在命令行输入"Circle"后按 Enter 键确认。
- 单击"默认"选项卡中的"绘图"工具列表中的　"圆"按钮。
- 使用快捷键 C。

本节将学习创建圆的相关知识。

6.1.1　半径、直径

半径、直径系统默认的一种绘制圆的方法，当确定圆心后，输入半径或直径，即可绘制圆。下面通过绘制半径为 50 的圆的实例，学习绘制圆的相关知识。

实例——绘制半径为 50 的圆

1. 以半径方式绘制圆

（1）输入"C"，按 Enter 键激活"圆"命令，在绘图区拾取一点确定圆心。

（2）输入"50"，按 Enter 键绘制半径为 50 的圆，如图 6-1 所示。

2. 以直径方式绘制圆

（1）输入"C"，按 Enter 键激活"圆"命令，在绘图区拾取一点确定圆心。

（2）输入"D"，按 Enter 键激活"直径"选项，然后输入"100"，按 Enter 键绘制直径为 100 的圆，如图 6-2 所示。

小贴士：

以"半径/径"方式画圆与圆的圆心、半径和直径有很大关系，在实际绘制中，首先要找到圆的圆心，再输入圆的半径或直径绘制圆。

练一练

使用"半径"和"直径"两种画圆方式，绘制直径为 120 的圆，如图 6-3 所示。

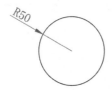

图 6-1　半径画圆

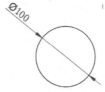

图 6-2　直径画圆

图 6-3　直径为 120 的圆

操作提示：

（1）激活"圆"命令，拾取一点确定圆心，然后输入"60"，按 Enter 键确认。

（2）激活"圆"命令，拾取一点，输入"D"，按 Enter 键激活"直径"选项，输入"120"，按 Enter 键确认。

6.1.2　三点

"三点"是指圆上的 3 个点，使用"三点"方式绘制圆就是指拾取圆上的 3 个点来绘制圆，这种绘制圆的方式与圆的半径和直径无关。

打开"素材"/"构造线示例.dwg"素材文件，这是一个三角形，如图 6-4 所示，下面拾取三角形三条边的中点，绘制一个圆，如图 6-5 所示。

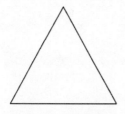

图 6-4　素材文件

图 6-5　绘制圆

实例——通过三角形三边的中点绘制圆

（1）设置"中点"捕捉模式，输入"C"，按 Enter 键激活"圆"命令。

（2）输入"3P"，按 Enter 键激活"三点"选项，依次捕捉三角形三条边的中点，如图 6-6 所示。

📋 小贴士：

> "三点"画圆方式与圆的圆心、半径和直径均无关，这种方式一般用作不知道圆的圆心、直径或半径的情况下画圆，用户只要找到圆上的 3 个点即可绘制一个圆。

练一练

继续上一节的操作，通过三角形的 3 个顶点绘制一个圆，如图 6-7 所示。

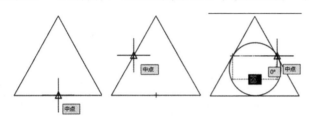

图 6-6 "三点"画圆

图 6-7 三点画圆

操作提示：

（1）设置"端点"捕捉模式，激活"圆"命令并激活"三点"选项。

（2）分别捕捉三角形的 3 个顶点。

6.1.3 两点

与"三点"画圆不同，"两点"是指拾取圆直径的两个端点画圆，这种画圆方式类似于"直径"方式画圆，区别在于不用输入直径，只需捕捉直径的两个端点即可。

继续上一节的操作，通过三角形中心点与水平边的中点画圆，如图 6-8 所示。

实例——通过三角形中心点与水平边的中点画圆

在该操作中，首先需要找到三角形的中心点，我们知道，三角形顶点到各边中点的连线的交点就是三角形的中心点，因此，可以设置"中点"和"交点"捕捉模式，再启用"极轴追踪"及"对象捕捉追踪"功能确定三角形的中心点作为第 1 点，再捕捉三角形水平边的中点作为第 2 点来画圆。

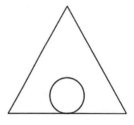

图 6-8 两点画圆

（1）输入"SE"，按 Enter 键打开"草图设置"对话框，设置"中点"和"交点"捕捉模式。启用"对象捕捉追踪"和"极轴追踪"功能，并设置"增量角"为 30° 如图 6-9 所示。

（2）输入"C"，按 Enter 键激活"圆"命令；输入"2P"，按 Enter 键激活"2 点"选项。

（3）由三角形左边中点引出 330° 的方向矢量，再由三角形的右边中点引出 210° 的方向矢量，捕捉矢量线的交点确定三角形的中心点作为第 1 点，如图 6-10 所示。

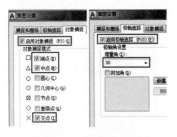

图 6-9　设置捕捉追踪

图 6-10　确定第 1 点

（4）继续捕捉三角形下水平边的中点确定第 2 点，如图 6-11 所示。

📋 **小贴士：**

"两点"画圆方式与圆的圆心无关，但与圆的直径有关，这种方式一般用在不知道圆的圆心时，只通过捕捉直径的两个端点即可绘制圆。

练一练

继续上一节的操作，分别通过三角形三条边的两个端点绘制 3 个圆，如图 6-12 所示。

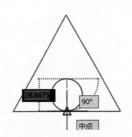

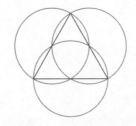

图 6-11　确定第 2 点

图 6-12　通过顶点绘制圆

操作提示：

（1）设置"端点"捕捉模式，激活"圆"命令并选择"2 点"选项。

（2）分别捕捉三角形三条边的端点，绘制 3 个圆。

6.1.4　相切

"相切"是指绘制的圆与对象相切，"相切"分为两种方式，一种是"切点、切点、半径"方式，另一种是"相切、相切、相切"方式。

继续上一节的操作，绘制与三角形的两条斜边都相切、半径为 30 的圆和与三角形三条边都相切的圆，如图 6-13 所示。

实例——绘制半径为 30 的相切圆

（1）输入"C"，按 Enter 键激活"圆"命令；输入"T"，按 Enter 键激活"相切、相切、半径"选项。

（2）将光标移动到左斜边，出现切点符号，单击捕捉切点，使用相同的方法捕捉右斜边的切点，如图 6-14 所示。

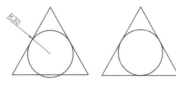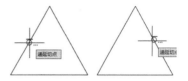

图 6-13　相切圆　　　　　　　　　　　　　　　　　图 6-14　捕捉切点

（3）输入"30"，按 Enter 键确认。

实例——绘制与三角形三条边都相切的圆

（1）执行"绘图"/"圆"/"相切、相切、相切"命令。

（2）分别将光标移动到三角形三条边上，出现切点符号，单击捕捉切点，绘制相切圆。

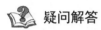**疑问解答**

疑问 1："相切、相切、半径"方式与"相切、相切、相切"方式有什么区别？

解答 1：以"相切、相切、半径"方式画圆时，与圆的半径有关，首先需要找到两个切点，再输入圆的半径画圆；而以"相切、相切、相切"方式画圆时，与圆的半径无关，只需找到 3 个切点即可绘制圆。

练一练

继续上一节的操作，绘制与三角形水平边与边相切、半径为 20 的圆，以及与三角形的两条边和内部圆相切的另一个圆，如图 6-15 所示。

图 6-15　相切圆

操作提示：

（1）激活"圆"命令并激活"相切、相切、半径"选项，拾取下水平边和左斜边上的切点，输入半径。

（2）继续执行"绘图"/"圆"/"相切、相切、相切"命令，分别在三角形两条边和内部圆上拾取切点，绘制另一个圆。

6.2　绘制椭圆

与圆不同，椭圆是由两条不等的椭圆轴所控制的闭合曲线，椭圆包含中心点和两个轴的几何特征，如果椭圆的长轴与短轴相等，则它就成了一个圆。

可以通过以下方式激活"椭圆"命令。

➥ 执行"绘图" / "椭圆"子菜单命令。

➥ 在命令行输入"Ellipse"后按 Enter 键确认。

➥ 单击"默认"选项卡下的"绘图"工具列表中的 "椭圆"按钮 。

➥ 使用快捷键 EL。

绘制椭圆有两种方式，一种是"圆心"方式，另一种是"轴、端点"方式，本节将学习绘制椭圆的方法。

6.2.1 圆心

以"圆心"方式绘制椭圆，首先需确定椭圆的圆心，再分别输入椭圆的长轴和短轴的半长。以三角形的左下顶点为圆心，绘制长轴为三角形的边长、短轴为 60 的椭圆，如图 6-16 所示。

实例——绘制长轴为 100、短轴为 60 的椭圆

（1）设置"端点"和"中点"捕捉模式。

（2）输入"EL"，按 Enter 键激活"椭圆"命令；输入"C"，按 Enter 键激活"中心点"选项。

（3）捕捉三角形的左顶点，捕捉三角形下水平边的中点。

（4）输入"30"，按 Enter 键确定。

 疑问解答

疑问 2：椭圆的长轴为三角形的边长，短轴为 60，为什么在绘制时捕捉三角形边的中点确定长轴，却输入短轴为 30？

解答 2：在绘制椭圆时采用了"圆心"方式，因此，在确定长轴和短轴时只需输入长轴与短轴的 1/2 长度即可。由于长轴的长度与三角形的边长相等，因此，捕捉三角形边的中点即可确定长轴；而短轴的长度为 60，只需它一半的长度，也就是 30 即可。

练一练

继续上一节的操作，以三角形右下端点为圆心，绘制长轴为 60、短轴为 50 的椭圆，如图 6-17 所示。

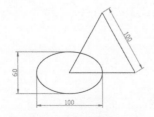

图 6-16　绘制椭圆（1）

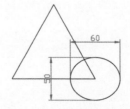

图 6-17　绘制椭圆（2）

操作提示：

（1）激活"椭圆"命令，并激活"中心点"选项，捕捉三角形右下端点确定圆心。

（2）输入长轴为 30 并确认，再输入短轴为 25 并确认。

6.2.2　轴、端点

以"轴、端点"方式绘制椭圆，先指定长轴的两个端点，然后输入短轴的半长来绘制椭圆。继续上面的操作，以三角形下水平边的两个端点作为长轴的端点，绘制短轴为 60 的椭圆，如图 6-18 所示。

实例——以"轴、端点"方式绘制椭圆形

（1）设置"端点"捕捉模式，输入"EL"，按 Enter 键激活"椭圆"命令。

（2）分别捕捉三角形下水平边的两个端点，如图 6-19 所示。

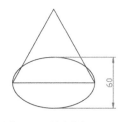

图 6-18　绘制椭圆（3）

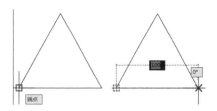

图 6-19　捕捉端点

（3）输入短轴的半长为 30，按 Enter 键确认。

小贴士：

以"轴、端点"方式绘制椭圆时，当确定了长轴的两个端点后，切记要输入短轴的半长值，而不是输入短轴的长度值。

练一练

以三角形两个斜边的中点作为椭圆长轴的两个端点，绘制短轴为 50 的椭圆，如图 6-20 所示。

操作提示：

（1）设置"中点"捕捉模式，输入"EL"，激活"椭圆"命令，分别捕捉三角形两条边的中点。

（2）输入"25"，按 Enter 键确认。

图 6-20　绘制椭圆

6.2.3　椭圆弧

椭圆弧是椭圆的一部分，其绘制方法与绘制椭圆类似，可以采用"轴、端点"或"中心点"

两种方式绘制。与绘制圆弧的区别在于：当确定短轴的长度后，还需要设置圆弧的角度。下面通过一个简单的实例学习椭圆弧的绘制方法。

实例——绘制椭圆弧

（1）单击"默认"选项卡"绘图"工具按钮列表中的 "椭圆弧"按钮 ，在绘图区单击确定轴起点、轴端点和另一个轴的端点。

（2）指定椭圆弧起点角度及端点角度，绘制一个椭圆弧，如图 6-21 所示。

图 6-21　绘制椭圆弧

🗒 小贴士：

> 椭圆弧的绘制方法与椭圆的绘制方法比较相似，当确定了长轴和短轴的端点后，再确定圆弧的起点角度和端点角度即可。该图形在实际工作中应用较少，在此不再详细讲解，读者可以自己尝试采用"中心点"方式绘制椭圆弧。

6.3　绘制圆弧

圆弧是一种非封闭的椭圆，简单地说，圆弧其实就是半个圆或者半个椭圆。

AutoCAD 系统提供了五类共 11 种绘制圆弧的方式，例如：

➡ 执行菜单栏"绘图"/"圆弧"菜单下的各子菜单。

➡ 单击"默认"选项卡"绘图"工具按钮列表中的各"圆弧"按钮。

本节我们将学习"圆弧"的绘制方法。

6.3.1　三点

"三点"方式画弧与"三点"方式画圆有些相似，都是拾取三点绘制图形。区别在于，"三点"画弧拾取的是圆弧的起点、圆弧上的一点和圆弧的端点。

继续上一节的操作，以三角形下水平边的两个端点作为圆弧的起点和端点，以三角形的中心点作为圆弧上的一点，绘制一个圆弧，如图 6-22 所示。

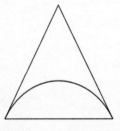

图 6-22　"三点"画弧

实例——"三点"画弧

（1）设置"端点""中点"和"交点"捕捉模式，启用"对象捕捉追踪"和"极轴追踪"功能，并设置"增量角"为 30°，如图 6-23 所示。

（2）单击"默认"选项卡"绘图"工具按钮列表中的 "三点"按钮 ，捕捉三角形左下端点作为圆弧的起点。

（3）由三角形下水平边的中点向上引出 90° 的方向矢量，继续由三角形右斜边向左下引出 210° 的方向矢量，捕捉矢量线的交点作为圆弧上的一点，如图 6-24 所示。

（4）继续捕捉三角形右下端点作为圆弧的端点，完成圆弧的绘制。

练一练

继续上一节的操作，以三角形下水平边的两个端点作为圆弧的起点和端点，以右斜边的中点作为圆弧上的一点，绘制圆弧，如图 6-25 所示。

 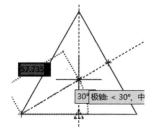 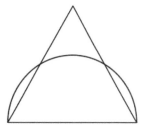

图 6-23　设置捕捉模式和追踪角度　　　图 6-24　捕捉交点　　　图 6-25　三点画弧

操作提示：

设置"中点""端点"捕捉模式，激活"三点"命令，依次捕捉三角形下水平边的左端点、右斜边的中点和下水平边的右端点绘制圆弧。

6.3.2　起点、圆心

以"起点、圆心"方式绘制椭圆，先确定圆弧的起点和圆心，然后指定圆弧的端点、角度或弧长来绘制圆弧，具体包括"起点、圆心、端点""起点、圆心、角度"和"起点、圆心、长度"3 个命令，下面通过具体实例，学习以"起点、圆心、端点"方式画弧的方法。

实例——以"起点、圆心、端点"画弧

这种方式与"三点"方式相似，区别在于，"三点"方式拾取的是圆弧上的三点，而"起点、圆心、端点"方式首先确定圆弧的起点和圆心，最后确定圆弧的端点。

继续上一节的操作，以三角形左斜边的两个端点作为起点和端点，以三角形的中心点作为圆心，绘制圆弧，如图 6-26 所示。

图 6-26　"起点、圆心、端点"画弧

（1）设置"端点""中点"和"交点"捕捉模式，启用"对象捕捉追踪"和"极轴追踪"功能，并设置"增量角"为 30°，然后执行"绘图"/"圆弧"/"起点、圆心、端点"命令。

（2）捕捉三角形左斜边的下端点作为圆弧的起点，然后由三角形下水平边的中点向上引出 90°的方向矢量，继续由三角形右斜边向左下引出 210°的方向矢量，捕捉矢量线的交点作为圆弧的圆心。

（3）继续捕捉三角形左斜边的上端点作为圆弧的端点，如图 6-27 所示。

练一练

以三角形的中心点作为起点，以三角形的顶点为圆弧的圆心，以右斜边延伸线与圆弧的交点作为圆弧的端点绘制圆弧，如图 6-28 所示。

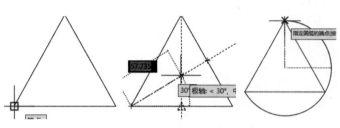

图 6-27　捕捉端点、交点　　　　　　　　　　图 6-28　绘制圆弧

操作提示：

（1）设置"端点""中点"和"交点"捕捉模式，启用"对象捕捉追踪"和"极轴追踪"功能，并设置"增量角"为 30°。

（2）激活"起点、圆心、端点"命令，由三角形下水平边的中点向上引出 90° 的方向矢量，继续由三角形右斜边向左下引出 210° 的方向矢量，捕捉矢量线的交点作为圆弧的起点。

（3）捕捉三角形顶点作为圆心，然后由顶点向左上角引出矢量线，捕捉矢量线与圆弧的交点作为端点。

　知识拓展：

除了"起点、圆心、端点"的方式之外，还有"起点、圆心、角度"和"起点、圆心、长度"两种方式。

"起点、圆心、角度"方式是指，首先确定圆弧的起点和圆心，最后确定圆弧的角度，即可绘制圆弧。例如，以三角形下水平边的中点为起点，以三角形的左下角点为圆心，绘制 90° 角的圆弧，如图 6-29 所示。

"起点、圆心、长度"方式是指，首先确定圆弧的起点和圆心，最后确定圆弧的弧长，即可绘制圆弧。例如，以三角形下水平边的中点为起点，以三角形的左下角点为圆心，绘制弧长为 60 的圆弧，如图 6-30 所示。

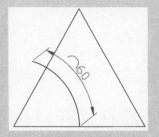

图 6-29　角度为 90°圆弧　　　　　　图 6-30　弧长为 60 的圆弧

6.3.3 起点、端点

"起点、端点"画弧方式又可分为"起点、端点、角度""起点、端点、方向"和"起点、端点、半径" 3 种方式。当定位圆弧的起点和端点后，只需再确定弧的角度、半径或方向，即可精确画弧。下面通过具体实例，学习以"起点、端点、角度"方式画弧的方法。

实例——以"起点、端点、角度"画弧

（1）设置"端点"捕捉模式，执行"绘图" / "圆弧" / "起点、端点、角度"命令。

（2）捕捉三角形左下角点作为圆弧的端点，继续捕捉三角形右下角点作为圆弧的端点，如图 6-31 所示。

（3）输入"90"，按 Enter 键确认，绘制结果如图 6-32 所示。

练一练

以三角形的中心点作为起点，以三角形的顶点为圆弧的端点，绘制 180° 角的圆弧，如图 6-33 所示。

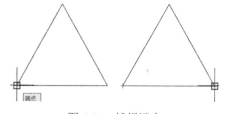

图 6-31　捕捉端点　　　　　图 6-32　绘制 90° 角的圆弧　　图 6-33　绘制 180° 角的圆弧

操作提示：

（1）设置"端点""中点"和"交点"捕捉模式，启用"对象捕捉追踪"和"极轴追踪"功能，并设置"增量角"为 30°。

（2）激活"起点、端点、角度"命令，由三角形下水平边的中点向上引出 90° 的方向矢量，继续由三角形右斜边向左下引出 210° 的方向矢量，捕捉矢量线的交点作为圆弧的起点。

（3）捕捉三角形顶点作为端点，然后输入"180"，按 Enter 键确认。

知识拓展：

除了"起点、端点、角度"方式之外，还有"起点、端点、方向"和"起点、端点、半径"两种方式。

"起点、端点、方向"方式是指，首先确定圆弧的起点和端点，最后确定圆弧的方向，即可绘制圆弧。例如，以三角形下水平边的两个端点作为圆弧的起点和端点，以 30° 角为圆弧的方向绘制圆弧，如图 6-34 所示。

"起点、端点、半径"方式是指，首先确定圆弧的起点和端点，最后确定圆弧的半径，即可绘制圆弧。例如，以三角形下水平边的两个端点作为圆弧的起点和端点，绘制半径为 60 的圆弧，如图 6-35 所示。

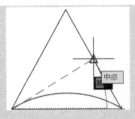

图 6-34　30°方向的圆弧　　　　　　　图 6-35　半径为 60 的圆弧

6.3.4　圆心、起点

"圆心、起点"方式分为"圆心、起点、端点""圆心、起点、角度"和"圆心、起点、长度"3 种。当确定了圆弧的圆心和起点后，只需再给出圆弧的端点或角度、弧长等参数，即可精确绘制圆弧。下面通过具体实例，学习"圆心、起点、端点"画弧方式的操作方法。

实例——以"圆心、起点、端点"画弧

（1）设置"端点""中点"捕捉模式，执行"绘图"/"圆弧"/"圆心、起点、端点"命令。

（2）捕捉三角形下水平边的中点作为圆弧的圆心，继续捕捉三角形下水平边的右端点作为圆弧的起点，继续捕捉下水平边的左端点作为圆弧的端点，如图 6-36 所示。

（3）绘制的圆弧效果如图 6-37 所示。

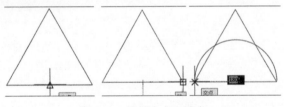

图 6-36　捕捉中点和端点　　　　　　　图 6-37　绘制圆弧（1）

练一练

以三角形的顶点为圆心，以三角形由斜边的中点为圆弧的起点，以左斜边的中点为圆弧的端点绘制圆弧，如图 6-38 所示。

操作提示：

（1）设置"端点""中点"捕捉模式。

（2）激活"圆心、起点、端点"命令，以三角形顶点为圆心，以右斜边中点和左斜边中点为圆弧的起点与端点绘制圆弧。

图 6-38　绘制圆弧（2）

知识拓展：

除了"圆心、起点、端点"方式之外，还有"圆心、起点、角度"和"圆心、起点、长度"两种方式。

"圆心、起点、角度"方式是指，首先确定圆弧的圆心和起点，最后确定圆弧的角度，即可绘制圆弧。例如，以三角形下水平边的两个端点作为圆弧的圆心和起点，绘制 90° 角的圆弧，如图 6-39 所示。

"圆心、起点、长度"方式是指，首先确定圆弧的圆心和起点，最后确定圆弧的长度，即可绘制圆弧。例如，以三角形下水平边的两个端点作为圆弧的圆心和起点，绘制长度为 100 的圆弧，如图 6-40 所示。

图 6-39 90° 角的圆弧

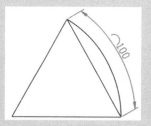

图 6-40 弧长为 100 的圆弧

📋 **小贴士：**

除了以上所学的各种画弧的方法之外，还有一种画弧的方法，就是"连续"画弧，它是在上一次画弧的基础上连续地画弧。执行"绘图"/"圆弧"/"连续"命令后，系统会自动连接上一次的画弧过程，继续画弧，如图 6-41 所示。

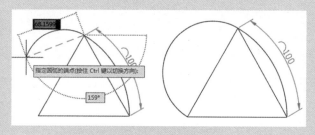

图 6-41 连续画弧

该命令比较简单，且使用得不多，在此不再详细讲解，读者可以自己尝试操作。

6.4 绘 制 矩 形

矩形是一种较常用的几何图元，它是由 4 条直线组成的复合图形，对于这种复合图形，系统将其看作是一条闭合的多段线，属于一个独立的对象。

在 AutoCAD 中，用户可以通过以下方法激活"矩形"命令。

↘ 执行"绘图"/"矩形"命令。

↘ 单击"默认"选项卡下的"绘图"工具按钮列表中的"矩形"按钮□。

↘ 在命令行输入"Rectang"后按 Enter 键确认。

↘ 使用快捷键 REC。

激活"矩形"命令后，可以采用多种方式绘制矩形，本节我们将学习绘制"矩形"的相关操作知识。

6.4.1 默认方式

默认方式是指直接输入矩形的长度和宽度值来绘制矩形，下面通过绘制 100×50 的矩形的具体实例，学习默认设置下绘制矩形的方法。

实例——绘制 100×50 的矩形

（1）输入"REC"，按 Enter 键激活"矩形"命令，在绘图区单击拾取一点。

（2）输入"@100,50"，按 Enter 键确认，结果如图 6-42 所示。

练一练

在绘制矩形时，首先确定矩形的角点，然后输入矩形的长度和宽度即可。下面以三角形左下角点为矩形的角点，绘制 80×40 的矩形，结果如图 6-43 所示。

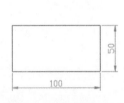

图 6-42　绘制矩形（1）

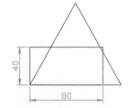

图 6-43　绘制矩形（2）

操作提示：

（1）输入"REC"，按 Enter 键激活"矩形"命令，捕捉三角形左下角点作为矩形的端点。

（2）输入"@80,40"，按 Enter 键结束操作。

6.4.2 面积

有时我们可能只知道矩形的面积和一条边长，此时可以使用"面积"方式绘制该矩形。下面通过绘制面积为 5000、边长为 100 的矩形的实例，学习以"面积"方式绘制矩形的方法。

实例——绘制面积为 5000、边长为 100 的矩形

（1）输入"REC"，按 Enter 键激活"矩形"命令，拾取一点确定矩形的端点。

（2）输入"A"，按 Enter 键激活"面积"选项，然后输入"5000"，按 Enter 键确认。

📋 **小贴士：**

此时，命令行提示设置长度还是宽度，默认为"长度"，如图 6-44 所示。

如果直接按 Enter 键，表示输入长度；如果要输入宽度，则输入"W"激活"宽度"选项，然后输入宽度值。

（3）按 Enter 键，然后输入长度值为 100，按 Enter 键确认，结果如图 6-45 所示。

 小贴士：

以"面积"方式绘制完矩形后，可执行"工具"/"查询"/"面积"命令，然后捕捉矩形的 4 个角点，按 Enter 键确认，即可查询该矩形的面积以及周长，如图 6-46 所示。

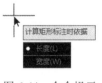

图 6-44　命令提示　　　　图 6-45　绘制矩形（1）　　　　图 6-46　查询面积

练一练

绘制面积为 10000、宽度为 50 的矩形，如图 6-47 所示。

操作提示：

（1）输入"REC"，按 Enter 键激活"矩形"命令，拾取一点，确定矩形的端点。

图 6-47　绘制矩形（2）

（2）输入"A"，按 Enter 键激活"面积"选项，然后输入"10000"，按 Enter 键确认。

（3）输入"W"，按 Enter 键激活"宽度"选项，然后输入"50"，按 Enter 键确认。

6.4.3　尺寸

"尺寸"方式类似于默认绘制矩形的方式，区别在于，默认绘制方式是确定矩形的端点后，使用相对坐标输入法直接输入矩形另一个端点的坐标，而端点坐标其实就是长度尺寸和宽度尺寸；而"尺寸"方式则是分别输入矩形的长度和宽度，之后再定位矩形的位置。下面通过绘制 80×40 的矩形的实例，学习以"尺寸"方式绘制矩形的方法。

实例——绘制长度为 80、宽度为 40 的矩形

（1）输入"REC"，按 Enter 键激活"矩形"命令，拾取一点确定矩形的端点。

（2）输入"D"，按 Enter 键激活"尺寸"选项，然后输入长度尺寸为 80，按 Enter 键确认。

（3）继续输入宽度尺寸为 40，按 Enter 键确认。然后单击鼠标定位矩形的位置，结果如图 6-48 所示。

练一练

绘制长度为 100、宽度为 50 的矩形，如图 6-49 所示。

操作提示：

（1）输入"REC"，按 Enter 键激活"矩形"命令，拾取一点确定矩形的端点。

图 6-48　绘制矩形（3）　　　　　图 6-49　绘制矩形（4）

（2）输入"D"，按 Enter 键激活"尺寸"选项，然后输入长度为 100，按 Enter 键确认。

（3）继续输入宽度为 50，按 Enter 键确认。

6.4.4　旋转

"旋转"方式是指将矩形进行一定角度的旋转，使其呈倾斜状态。下面绘制 300×200、倾斜 30°角的矩形。

实例——绘制 300×200、倾斜 30°的矩形

（1）输入"REC"，按 Enter 键激活"矩形"命令，拾取一点确定矩形的端点。

（2）输入"R"，按 Enter 键激活"旋转"选项，然后输入"30"，按 Enter 键确认。

📋 **小贴士：**

> 此时，命令行显示了绘制方式，有角点方式、面积方式以及尺寸方式，如图 6-50 所示。
>
> ▼ RECTANG 指定另一个角点或 [面积(A) 尺寸(D) 旋转(R)]:
>
> 图 6-50　命令提示
>
> 可以根据已知条件选择不同的绘制方式，默认为角点方式，直接输入矩形的另一个角点坐标即可。

（3）输入"D"，按 Enter 键激活"尺寸"选项，然后输入长度尺寸为 300，按 Enter 键确认。

（4）继续输入宽度尺寸为 200，按 Enter 键确认，结果如图 6-51 所示。

练一练

绘制长度为 100、宽度为 50、倾斜 135°角的矩形，如图 6-52 所示。

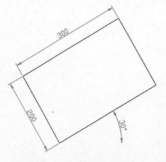

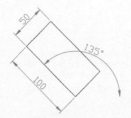

图 6-51　绘制倾斜矩形（1）　　　　图 6-52　绘制倾斜矩形（2）

操作提示：

（1）激活"矩形"命令，拾取一点确定矩形的端点。

（2）激活"旋转"选项，输入旋转角度，按 Enter 键确认。

（3）激活"尺寸"选项，分别输入长度和宽度尺寸，按 Enter 键确认。

6.4.5　倒角

"倒角"是指切去矩形的 4 个角使其呈倒角，将这类矩形称为倒角矩形。下面通过绘制 150×100、倒角距离为 20 的矩形的实例，学习倒角矩形的绘制方法。

实例——绘制 150×100、倒角距离为 20 的矩形

（1）输入"REC"，按 Enter 键激活"矩形"命令；输入"C"，按 Enter 键激活"倒角"选项。

（2）输入"20"，按 Enter 键设置第 1 个倒角，然后继续输入"20"，按 Enter 键设置第 2 个倒角，然后拾取一点，确定矩形的角点。

（3）输入"@150,100"，按 Enter 键确认，结果如图 6-53 所示。

练一练

倒角矩形的倒角距离可以相同也可以不同，这是根据绘图的具体要求来设定的。绘制 80×60、倒角距离分别为 10 和 15 的矩形，如图 6-54 所示。

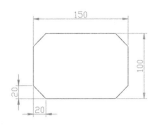
图 6-53　倒角矩形（1）

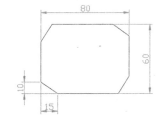
图 6-54　倒角矩形（2）

操作提示：

（1）激活"矩形"命令，并选择"倒角"选项，分别设置第 1 和第 2 个倒角。

（2）拾取一点，然输入矩形的长度和宽度尺寸。

6.4.6　圆角

与"倒角"不同，"圆角"是指使用一段圆弧连接矩形相邻条边，使其呈圆弧状，将这类矩形称为圆角矩形。下面通过绘制 150×100、圆角半径为 20 的矩形的实例，学习圆角矩形的绘制方法。

实例——绘制 150×100、圆角半径为 20 的矩形

（1）输入"REC"，按 Enter 键激活"矩形"命令；输入"F"，按 Enter 键激活"圆角"选项。

（2）输入"20"，按 Enter 键设置圆角半径，然后输入"@150,100"，按 Enter 键确认，结果如图 6-55 所示。

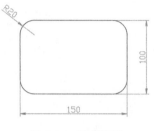

图 6-55　圆角矩形

练一练

绘制 120×90、圆角半径为 15 的矩形，如图 6-56 所示。

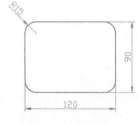

图 6-56　圆角矩形

操作提示：

（1）激活"矩形"命令，并选择"圆角"选项，设置圆角半径。

（2）拾取一点，输入矩形的长度和宽度尺寸。

知识拓展：

除了以上矩形之外，用户还可以绘制厚度矩形和宽度矩形。

厚度矩形：激活"矩形"命令，输入"T"激活"厚度"选项，输入矩形的厚度值，然后设置矩形的圆角、倒角以及长度和宽度尺寸，即可绘制具有厚度的矩形。需要说明的是，绘制厚度矩形后，需要将视图切换到三维绘图空间，这样才能看到矩形的厚度。图 6-57 所示是厚度为 30、80×60、圆角半径为 20 的矩形。

宽度矩形：激活"矩形"命令，输入"W"激活"宽度"选项，输入矩形的宽度值，然后设置矩形的圆角、倒角以及长度和宽度尺寸，即可绘制具有宽度的矩形。图 6-58 所示是宽度为 20、80×60、倒角距离为 10 的矩形。

这两种类型的矩形在实际绘图中使用得不多，在此不再赘述，读者可以自己尝试操作。

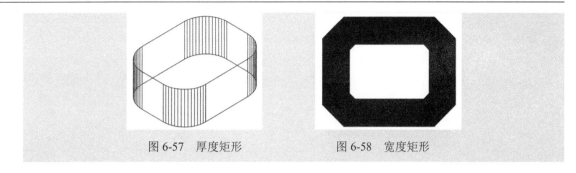

图 6-57　厚度矩形　　　　　图 6-58　宽度矩形

6.5　绘制多边形

多边形是由相等的边角组成的闭合图形，可以根据需要设置不同的边数，如四边形、五边形、六边形、八边形等。多边形与矩形有很多共同点，例如，不管多边形内部包含多少直线元素，系统都将其看作是一个单一的对象。另外，如果设置多边形的边数为 4，就是一个矩形。

用户可以通过以下方式激活"多边形"命令。

- ↳　执行"绘图"/"正多边形"命令。
- ↳　单击"默认"选项卡下的"绘图"工具按钮列表中的"多边形"按钮 。
- ↳　在命令行输入"Polygon"后按 Enter 键确认。
- ↳　使用快捷键 POL。

当激活"多边形"命令后，可以采用"内接于圆"方式、"外切于圆"方式或"边"方式绘制多边形，本节将学习多边形的绘制方法。

6.5.1　内接于圆

内接于圆是指如果在一个圆内绘制一个多边形，且该多边形中心点到多边形角点的距离刚好是该圆的半径，那么该多边形就是内接于圆多边形，如图 6-59 所示。

下面通过绘制内接于圆且半径为 50 的五边形，学习内接于圆多边形的绘制方法。

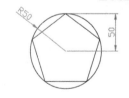

图 6-59　内接于圆多边形

实例——绘制内接于圆且半径为 50 的五边形

（1）输入"POL"，按 Enter 键激活"多边形"命令；输入"5"，按 Enter 键设置边数。

（2）拾取一点确定多边形的中心，然后输入"I"，按 Enter 键激活"内接于圆"选项。

（3）输入"50"，按 Enter 键设置半径，结果如图 6-60 所示。

练一练

绘制内接于圆，半径为 60 的七边形，如图 6-61 所示。

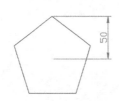

图 6-60　"内接于圆"的五边形

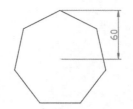

图 6-61　"内接于圆"的七边形

操作提示：

（1）激活"多边形"命令，设置边数为 7。

（2）拾取一点，激活"内接于圆"选项并输入半径。

6.5.2　外切于圆

与内接于圆不同，外切于圆是指该多边形各边与其内部的圆呈相切关系，那么它就是外切于圆多边形，由多边形中心到多边形各边的垂直距离是其内部圆的半径，如图 6-62 所示。

下面通过绘制外切于圆且半径为 50 的五边形，学习"外切于圆"多边形的绘制方法。

实例——绘制外切于圆且半径为 50 的五边形

（1）输入"POL"，按 Enter 键激活"多边形"命令；输入"5"，按 Enter 键设置边数。

（2）拾取一点，确定多边形的中心，然后输入"C"，按 Enter 键激活"外切于圆"选项。

（3）输入"50"，按 Enter 键设置半径，结果如图 6-63 所示。

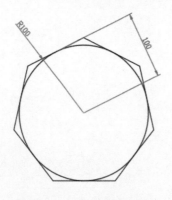

图 6-62　外切于圆的多边形

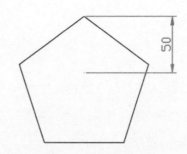

图 6-63　外切于圆的五边形

练一练

绘制外切于圆且半径为 60 的 7 边形，如图 6-64 所示。

操作提示：

（1）激活"多边形"命令，设置边数为 7。

（2）拾取一点，激活"外切于圆"选项并输入半径。

📖 **疑问解答**

疑问 3：内接于圆多边形与外切于圆多边形有什么区别？

解答 3： 在相同半径和相同边数时，内接于圆多边形要比外切于圆多边形小。图 6-65 所示的是半径为 100 的内接于圆六边形与外切于圆六边形。

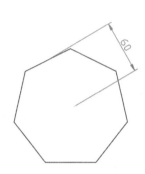

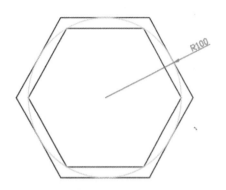

图 6-64　外切于圆的七边形　　　　图 6-65　内接于圆六边形与外切于圆六边形

6.5.3　边

边是指根据多边形的边长来绘制多边形的一种方式，这与手工绘制比较相似。下面通过绘制边数为 6、边长为 50 的多边形的实例，学习以"边"方式绘制多边形的方法。

实例——绘制边长为 50 的六边形

（1）输入"POL"，按 Enter 键激活"多边形"命令；输入"6"，按 Enter 键设置边数。

（2）输入"E"，按 Enter 键激活"边"选项，拾取一点确定边的端点，然后输入"50"，按 Enter 键确定边的另一端点，如图 6-66 所示。

练一练

绘制边长为 60 的五边形，如图 6-67 所示。

操作提示：

（1）激活"多边形"命令，设置边数为 5。

（2）激活"边"选项，分别拾取边的起点和端点。

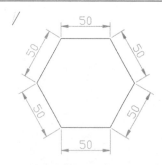

图 6-66　边长为 50 的六边形

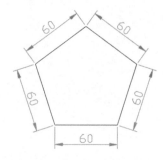

图 6-67　边长为 60 的五边形

6.6　综合练习——绘制螺母机械零件平面图

螺母是常见的一种机械零件，本节我们就来绘制如图 6-68 所示的螺母机械零件平面图。

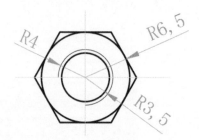

图 6-68　螺母机械零件图

6.6.1　调用样板文件并设置绘图环境

在 AutoCAD 实际绘图中，调用样板文件不仅可以使绘制的图形更精准，同时也省去了许多重复性的工作。有关样板文件，在后面章节中我们将进行详细讲解，本节我们就调用一个样板文件，并设置绘图环境，为绘制螺母图形做准备。

（1）执行"新建"命令，打开"样板"/"机械样板.dwt"作为基础样板。

（2）按 F3 和 F10 键启用"对象捕捉"和"极轴追踪"功能。

（3）输入"SE"，按 Enter 键打开"草图设置"对话框，设置捕捉模式，如图 6-69 所示。

（4）单击　确定　按钮，关闭该对话框。

（5）在"默认"选项卡中单击"图层"按钮打开图层控制列表，选择"轮廓线"层，将该层设置为当前图层，如图 6-70 所示。

 小贴士：

在实际绘图中，一般情况下都会调用样板文件，而在样板文件中会新建许多图层，这些图层用于放置不同的图形元素，这样便于对图形进行有效的管理和控制。有关图层的相关知识，将在后面章节进行详细讲解。

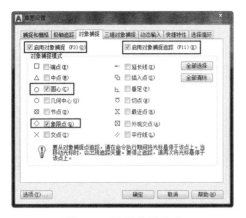

图 6-69　设置捕捉模式

图 6-70　设置当前图层

6.6.2　绘制螺母轮廓

本节我们就开始绘制螺母图形，绘制前首先对图形进行分析。我们发现，该螺母平面图其实是由同心圆和多边形组成，并且多边形是外切于圆的多边形，绘制时可以参照图示尺寸进行绘制。

（1）输入"C"，按 Enter 键激活"圆"命令，在绘图区单击拾取一点确定圆心。

（2）输入圆半径的值为 6.5，按 Enter 键确认，绘制螺母轮廓圆，如图 6-71 所示。

（3）按 Enter 键重复执行"圆"命令，捕捉圆心作为另一个圆的圆心，输入半径的值为 3.5，按 Enter 键确认，绘制螺母的另一个轮廓圆，如图 6-72 所示。

（4）输入"POL"，按 Enter 键激活"多边形"命令，然后输入"6"，按 Enter 键确认，设置多边形的边数为 6。

（5）捕捉圆心并输入"C"，按 Enter 键激活"外切于圆"选项，然后输入半径的值为 6.5，按 Enter 键确认绘制外切于圆的半径为 6.5 的多边形，如图 6-73 所示。

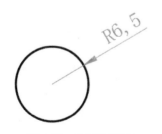

图 6-71　绘制轮廓圆

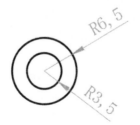

图 6-72　绘制另一个轮廓圆

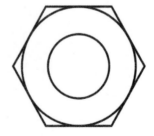

图 6-73　绘制多边形

（6）在图层控制列表中选择"细实线"层，将该层设置为当前图层，如图 6-74 所示。

（7）继续输入"C"，按 Enter 键激活"圆"命令，捕捉圆心并输入"4"，按 Enter 键确认，绘制结果如图 6-75 所示。

图 6-74　设置当前图层

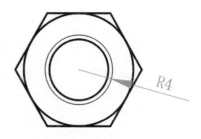

图 6-75　绘制半径为 4 的同心圆

 小贴士：

所谓同心圆是指多个圆拥有同一个圆心。

下面需要制作螺母的螺纹效果，螺纹是由半径为 4 的圆表示的，需将该圆打断为半圆，以表示螺母的螺纹效果。

（8）输入"BR"，按 Enter 键激活"打断"命令，单击半径为 4 的圆，然后输入"F"，按 Enter 键激活"第 1 点"选项。

（9）配合"象限点"的捕捉功能，捕捉半径为 4 的圆的左象限点作为第 1 点，继续捕捉半径为 4 的圆的下象限点作为第 2 点，将该圆打断，如图 6-76 所示。

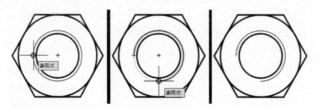

图 6-76　打断圆

下面绘制中心线并标注尺寸。

（10）依照前面的操作，在图层控制列表中将"中心线"层设置为当前图层，然后配合延伸捕捉功能，使用"直线"绘制螺母的中心线，结果如图 6-77 所示。

（11）继续依照前面的操作，在图层控制列表中将"标注线"层设置为当前图层，然后执行"标注"/"半径"命令，分别单击各圆，并在合适的位置单击，确定尺寸线的位置以标注尺寸，结果如图 6-78 所示。

 小贴士：

图层尺寸的标注是绘图中不可或缺的操作，有关尺寸标注的知识将在后面章节进行详细讲解，在此不再赘述。

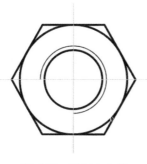

图 6-77 绘制中心线

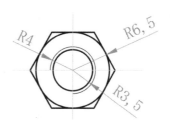

图 6-78 标注尺寸

（12）执行"文件"/"保存"命令，将该文件命名并存储为"综合练习——绘制螺母机械零件平面图.dwg"文件。

6.7 职场实战——绘制圆形把手零件平面图

圆形把手是一种较特殊的机械零件，本节我们将绘制如图 6-79 所示的圆形把手零件平面图。

6.7.1 绘制作图辅助线

在实际绘图中，往往需要首先绘制辅助线，辅助线起到了辅助绘图的作用。本节首先来绘制辅助线。

1. 绘制水平、垂直相交的构造线

（1）依照上一节的操作，调用"机械样板.dwt"文件，并设置相关捕捉模式。

（2）在图层控制列表中将"中心线"层设置为当前图层。输入"XL"，按 Enter 键激活"构造线"命令。

（3）输入"H"，按 Enter 键激活"水平"选项，单击拾取一点，绘制一条水平构造线。

（4）按 Enter 键重复执行"构造线"命令，输入"V"，按 Enter 键激活"垂直"选项，单击拾取一点，绘制垂直构造线，结果如图 6-80 所示。

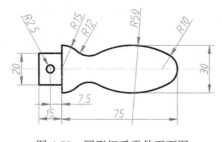

图 6-79 圆形把手零件平面图

图 6-80 绘制构造线

2. 偏移构造线并设置图层

（1）输入"O"，按 Enter 键激活"偏移"命令。

（2）输入"7.5"，按 Enter 键确认，然后单击垂直构造线，在该线右侧单击进行偏移。

（3）使用相同的方法，根据图示尺寸继续将垂直构造线向右偏移 15 和 90 个绘图单位，结果如图 6-81 所示。

（4）在无任何命令发出的情况下，以窗交方式选择所有垂直构造线，使其夹点显示，在图层控制列表中选择"轮廓线"层，将这些构造线放入"轮廓线"层，然后按 Esc 键取消夹点显示，如图 6-82 所示。

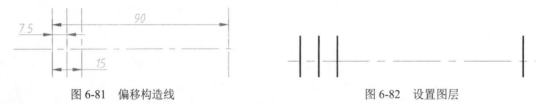

图 6-81　偏移构造线　　　　　　　　　　　　　　图 6-82　设置图层

6.7.2　补画轮廓线

在上一节中，将垂直构造线放入"轮廓线"层后，这些构造线将成为图形的轮廓线，本节继续补画其他轮廓线。

（1）将"轮廓线"层设置为当前图层，输入"L"，按 Enter 键激活"直线"命令，捕捉左边垂直构造线与水平构造线的交点，然后引出 90°方向矢量，输入 10，引出 0°方向矢量，输入 15，如图 6-83 所示。

（2）输入"C"，按 Enter 键激活"圆"命令，以第 2 条垂直构造线与水平线的交点为圆心，绘制半径为 2.5 的圆，如图 6-84 所示。

图 6-83　绘制轮廓线　　　　　　　　　　　　　　图 6-84　绘制圆

（3）继续以第 3 条垂直构造线与水平线的交点为圆心，绘制半径为 15 的圆，如图 6-85 所示；然后激活"偏移"命令，将最右侧的垂直构造线向左偏移 10 个绘图单位，如图 6-86 所示。

（4）继续使用"偏移"命令，将水平构造线向上偏移 15 个绘图单位，并将其放到"轮廓线"层，如图 6-87 所示。

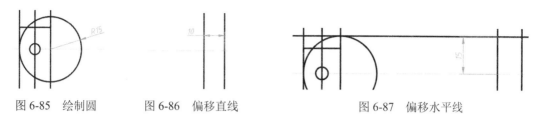

图 6-85　绘制圆　　　　图 6-86　偏移直线　　　　　图 6-87　偏移水平线

（5）以第 4 条垂直线与中心线的交点为圆心，绘制半径为 10 的圆，然后绘制与该圆和上水平线相切且半径为 50 的另一个圆，结果如图 6-88 所示。

（6）继续绘制与半径为 50 的圆和半径为 15 的圆相切，且半径为 12 的圆，如图 6-89 所示。

小贴士：

关于相切圆的绘制方法，请参阅前面相关的章节，在此不再详述。

（7）在无任何命令发出的情况下，单击选择第 1、2、4、5 和水平轮廓线，使其夹点显示，按 Delete 键将其删除，完成轮廓线的绘制，结果如图 6-90 所示。

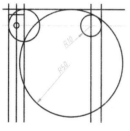 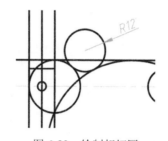 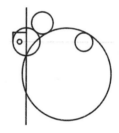

图 6-88　绘制圆和相切圆　　　图 6-89　绘制相切圆　　　图 6-90　删除多余图线

6.7.3　修剪并完成图形绘制

轮廓线绘制完成后，下面对轮廓线进行修剪，完善把手平面图。

（1）输入"TR"，按 Enter 键激活"修剪"命令，以半径为 15 和 50 的圆作为修剪边，对半径为 12 的相切圆进行修剪，如图 6-91 所示。

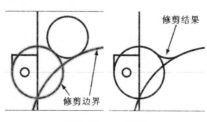

图 6-91　修剪圆

（2）将修剪后的圆弧和最右侧半径为 10 的圆作为边界，对半径为 50 的圆进行修剪，如

图 6-92 所示。

（3）以半径为 50 的圆弧和水平中心线为边界，对最右侧半径为 10 的圆进行修剪，如图 6-93 所示。

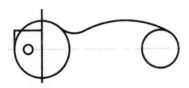

图 6-92　修剪半径为 50 的圆

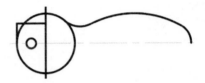

图 6-93　修剪半径为 10 的圆

（4）以垂直轮廓线与半径为 12 的圆弧作为边界，对半径为 15 的圆进行修剪；以修剪后的半径为 15 的圆弧和水平中心线为边界，对垂直线进行修剪，结果如图 6-94 所示。

📋 小贴士：

修剪图线的操作方法请参阅前面的相关章节，在此不再详述。

（5）输入"MI"，按 Enter 键激活"镜像"命令，以窗交方式选择除左侧圆之外的其他所有轮廓线，按 Enter 键确认。然后分别捕捉轮廓线与水平中心线的两个交点，再按 Enter 键对图形进行镜像，结果如图 6-95 所示。

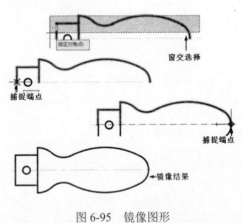

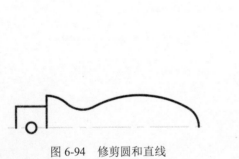

图 6-94　修剪圆和直线

图 6-95　镜像图形

📋 小贴士：

镜像图形的操作方法将在后面章节中进行详细讲解，在此不再详述。

（6）至此，圆形把手零件平面图绘制完毕，将其存储为"职场实战——绘制圆形把手零件平面图.dwg"文件。

第 7 章　二维图形的编辑与应用

本章导读

在 AutoCAD 2020 中，掌握编辑二维图形的方法是应用二维图形绘图的关键，本章我们将学习编辑与应用二维基本图形的相关知识。

本章主要内容如下：
- ➥ 拉伸与复制
- ➥ 缩放
- ➥ 旋转
- ➥ 阵列
- ➥ 镜像、分解与编辑多段线
- ➥ 综合练习——绘制球轴承机械零件左视图
- ➥ 职场实战——绘制基板机械零件俯视图

7.1　拉伸与复制

拉伸和复制是两个较常用的修改命令，通过拉伸可以改变二维图形的尺寸和形状，从而达到编辑与修改二维图形的目的。通过复制，则可以获得多个尺寸与形状完全相同的对象，本节就来学习"拉伸"与"复制"二维图形的相关知识。

7.1.1　拉伸

拉伸是指将图形沿某一轴向进行拉伸，从而改变该图形的尺寸，达到编辑与修改图形的目的，用户可以通过以下方式激活"拉伸"命令。
- ➥ 执行菜单栏中的"修改"／"拉伸"命令。
- ➥ 单击"默认"选项卡下的"修改"工具按钮列表中的"拉伸"按钮 ◫。
- ➥ 在命令行输入"Stretch"后按 Enter 键确认。
- ➥ 使用快捷键 S。

下面通过将 100×50 的矩形沿 X 轴拉伸-50 个绘图单位，使其成为 50×50 的矩形的实例，来学习拉伸图形的相关知识。

实例——拉伸矩形

（1）绘制 100×50 的矩形，输入"S"，按 Enter 键激活"拉伸"命令，以窗交方式选择矩形，如图 7-1 所示。

（2）按 Enter 键确认，然后捕捉矩形的右下角点，向左引导光标，输入 "50"，按 Enter 键，结果如图 7-2 所示。

📝 **小贴士：**

拉伸对象时，一定要使用窗交方式选择对象，否则不能进行拉伸。有关窗交方式，请参阅前面章节中相关内容的详细讲解。

练一练

拉伸对象时，拉伸值与鼠标引导方向是关键，拉伸值决定拉伸后的大小，正值为放大图形，负值为缩小图形，而鼠标引导方向则决定了拉伸后的图形的形态。

继续上面的操作，将拉伸后的矩形再次沿 Y 轴拉伸 10 个绘图单位，结果如图 7-3 所示。

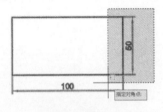  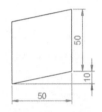

图 7-1　窗交选择　　　　图 7-2　拉伸结果　　　　图 7-3　沿 Y 轴拉伸

操作提示：

（1）激活 "拉伸" 命令，以窗交方式选择矩形，然后捕捉矩形右下角点作为基点。

（2）沿 Y 轴向上引导光标并输入 "10"，按 Enter 键确认。

7.1.2　复制

复制是获得多个形状、尺寸完全相同的对象最有效的方法之一。复制时，既可以复制单个对象，也可以复制多个对象。

用户可以通过以下方式激活 "复制" 命令。

➥　执行 "修改" 菜单中的 "复制" 命令。

➥　单击 "默认" 选项卡下的 "修改" 工具按钮列表中的 "复制" 按钮▦。

➥　在命令行输入 "Copy" 后按 Enter 键确认。

➥　使用命令简写 CO。

继续上一节的操作，将 50×50 的矩形沿 X 轴复制 2 个，如图 7-4 所示。

实例——复制 2 个矩形

（1）输入 "CO"，按 Enter 键激活 "复制" 命令。

（2）单击矩形，按 Enter 键确认，捕捉矩形的任意角点作为基点，沿 X 轴引导光标，单击拾取目标点。

（3）继续沿 X 轴引导光标，再次单击拾取目标点，按 Enter 键结束操作，如图 7-5 所示。

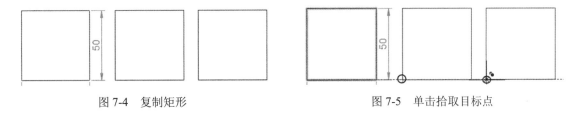

图 7-4　复制矩形　　　　　　　　　　　　　　　图 7-5　单击拾取目标点

复制时，当确定了基点后，既可以单击拾取目标点，也可以输入目标点的坐标进行复制，按 Enter 键结束操作。

重新将矩形复制 2 个，使其矩形间的距离为 10，如图 7-6 所示。

（1）输入 "CO"，按 Enter 键激活 "复制" 命令。

（2）单击矩形，按 Enter 键确认，然后捕捉矩形左下角点作为基点，向右水平引导光标，输入 "60"。

（3）继续向右水平引导光标，输入 "120"，按 Enter 键结束操作。

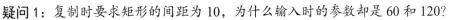

疑问解答

疑问 1：复制时要求矩形的间距为 10，为什么输入时的参数却是 60 和 120？

解答 1：复制时的矩形的位移距离是矩形本身的尺寸和矩形的间距尺寸，矩形本身的长度为 50，矩形直接的间距为 10，因此第 1 个复制对象的实际位移距离就是：原矩形尺寸 50+矩形间距尺寸 10，就等于 60；而第 2 个复制对象的位移距离就是：原矩形尺寸 50+与第 1 个复制矩形的间距尺寸 10+第 1 个复制矩形长度尺寸 50+与第 2 个复制矩形的间距尺寸 10，就等于 120，以此类推，如图 7-7 所示。

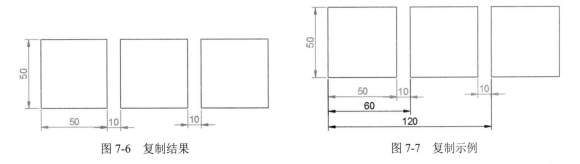

图 7-6　复制结果　　　　　　　　　　　　　　　图 7-7　复制示例

练一练

绘制直径为 50 的圆，以圆心为基点将该圆复制 2 个，使其各圆之间的间距为 20，结果如图 7-8 所示。

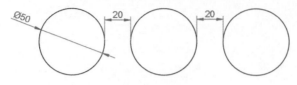

图 7-8　复制圆

操作提示：

（1）激活"复制"命令，捕捉圆心作为基点。

（2）向右引导光标，输入第 1 个圆和第 2 个圆的圆心坐标。

7.2　缩　　放

与拉伸有些相似，使用缩放也可以改变图形对象的尺寸，但不会改变形状。缩放图形有两种方式，一种是等比例缩放，另一种是参照缩放，另外还可以缩放复制对象。

可以通过以下方式激活"缩放"命令。

➢　执行"修改"/"缩放"命令。

➢　单击"默认"选项卡下的"修改"工具列表中的"缩放"按钮🔲。

➢　在命令行输入"Scale"后按 Enter 键确认。

➢　使用快捷键 SC。

本节将学习缩放图形的相关方法。

7.2.1　比例缩放

比例是系统默认的一种缩放方式，这种方式就是直接输入缩放比例来缩放对象。继续上一节的操作，将 50×50 的矩形缩放 2 倍，学习缩放对象的相关知识。

实例——将矩形缩放 2 倍

（1）输入"SC"，按 Enter 键激活"缩放"命令，单击矩形，按 Enter 键确认。

（2）捕捉矩形的左下角点作为基点，输入 2，按 Enter 键确认，结果如图 7-9 所示。

练一练

比例缩放时，比例值大于 1 为放大图形，比例值小于 1 为缩小图形。继续上面的操作，将 50×50 的矩形缩放 0.5 倍，结果如图 7-10 所示。

操作提示：

（1）激活"缩放"命令，选择矩形并捕捉角点。

（2）输入缩放比例并按 Enter 键确认。

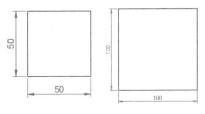

图 7-9　缩放矩形（1）

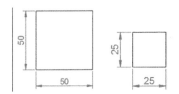

图 7-10　缩放矩形（2）

7.2.2　参照缩放

与比例不同，参照缩放是参照另一个对象尺寸进行缩放，这种缩放与缩放倍数无关。下面参照直径为 50 的圆，对 50×50 的矩形进行缩放，结果如图 7-11 所示。

实例——参照圆缩放矩形

（1）输入"SC"，按 Enter 键激活"缩放"命令。

（2）单击矩形，按 Enter 键确认，然后捕捉矩形的左下角点。

（3）输入"R"，按 Enter 键激活"参照"选项，再次捕捉矩形的左下角点和右下角点，如图 7-12 所示。

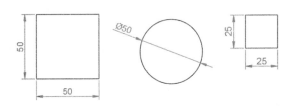

图 7-11　参照缩放

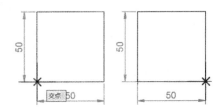

图 7-12　捕捉矩形的左、右端点

（4）输入"P"，按 Enter 键激活"点"选项，捕捉圆的左象限点和圆心，结果矩形以圆的半径尺寸作为参照进行了缩放，如图 7-13 所示。

练一练

继续上面的操作，以矩形的边长为参照，对直径为 50 的圆进行缩放，如图 7-14 所示。

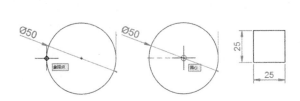

图 7-13　参照半径缩放矩形

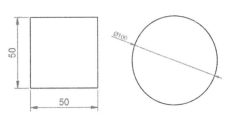

图 7-14　参照矩形边缩放圆

操作提示：

（1）激活"缩放"命令，选择圆并捕捉圆心。

（2）激活"参照"选项，分别捕捉圆的左象限点和圆心，然后激活"点"选项，分别捕捉矩形边的两个端点。

7.2.3　缩放复制

在缩放对象时还可以对图形进行复制，以得到另一个新图形对象。继续上一节的操作，将直径为 50 的圆缩放 0.5 倍，复制另一个直径为 25 的圆。

实例——缩放复制圆

（1）输入"SC"，按 Enter 键激活"缩放"命令。

（2）单击圆，按 Enter 键确认，然后捕捉圆心。

（3）输入"C"，按 Enter 键激活"复制"选项，然后输入"0.5"，按 Enter 键，结果如图 7-15 所示。

练一练

继续上一节的操作，对边长为 50 的矩形缩放 0.5 倍，复制边长为 25 的另一个矩形，如图 7-16 所示。

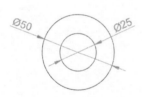

图 7-15　缩放复制圆

图 7-16　缩放复制矩形

操作提示：

（1）激活"缩放"命令，选择矩形并捕捉左下角点。

（2）激活"复制"选项，输入缩放比例并确认。

7.3　旋　转

通过旋转可以改变图形对象的角度，旋转时有 3 种方式：一种是角度旋转，即直接输入旋转角度；另一种是参照旋转，即参照某一对象进行旋转；第三种是旋转复制，即在旋转的同时复制对象。

用户可以通过以下几种方式激活"旋转"命令。

- 执行"修改"/"旋转"子菜单命令。
- 单击"默认"选项卡下的"修改"工具列表中的 "旋转"按钮↺。
- 在命令行输入"Rotate"后按 Enter 键确认。
- 使用快捷键 RO。

本节将学习旋转图形对象的相关知识。

7.3.1　角度旋转

角度旋转是系统默认的一种最简单的旋转方式，当确定了旋转中心点之后，直接输入角度，即可旋转对象。

继续上一节的操作，将 50×50 的矩形旋转 60°，效果如图 7-17 所示。

实例——将矩形旋转 60°

（1）输入"RO"，按 Enter 键激活"旋转"命令。

（2）单击矩形，按 Enter 键确认，然后捕捉矩形的左下角点作为旋转中心点。

（3）输入"60"，按 Enter 键确认。

📝 **小贴士：**

旋转对象时，基点的选择非常重要，基点不同，其旋转效果也不同。所谓基点其实就是旋转的中心点，因此，在旋转时要根据需要确定好旋转的中心点。

练一练

继续上一节的操作，对边长为 25 的矩形旋转 30°，如图 7-18 所示。

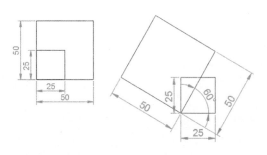

图 7-17　旋转 50×50 的矩形

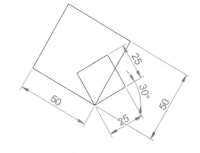

图 7-18　旋转矩形（1）

操作提示：

（1）激活"旋转"命令，选择 25×25 的矩形并捕捉左下角点。

（2）输入旋转角度并确认。

7.3.2　参照旋转

参照旋转就是参照某一角度旋转对象。继续上一节的操作，参照 50×50 的矩形的角度，对边长为 25 的矩形进行旋转，效果如图 7-19 所示。

实例——将矩形旋转 60°

（1）输入"RO"，按 Enter 键激活"旋转"命令。

（2）单击边长为 25 的矩形，按 Enter 键确认，然后捕捉该矩形的左下角点。

（3）输入"R"，按 Enter 键激活"参照"选项，再次捕捉该矩形的左下角点和右上角点，然后捕捉边长为 50 的矩形的右上角点，如图 7-20 所示。

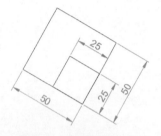

图 7-19　参照旋转矩形

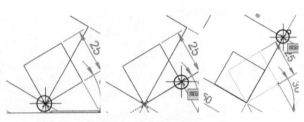

图 7-20　捕捉角点

练一练

参照旋转对象时会有一个旋转轴，旋转时首先确定旋转基点，然后拾取旋转轴的两个端点，再拾取参照点，即可对对象进行旋转。

继续上一节的操作，以边长为 50 的矩形的右角点为基点，以右上边为旋转轴，以下端点为参照点，对边长为 25 的矩形进行旋转，如图 7-21 所示。

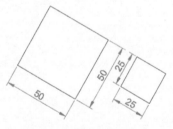

图 7-21　旋转矩形（2）

操作提示：

（1）激活"旋转"命令，选择 25×25 的矩形，然后捕捉边长为 50 的矩形的右角点。

（2）继续捕捉边长为 50 的矩形的右上边的两个端点，再捕捉下端点。

7.3.3　旋转复制

可以在旋转对象时进行复制，得到尺寸、形状完全相同，角度不同的另一个对象。继续上一节的操作，将边长为 25 的矩形旋转 30°，并复制另一个矩形。

实例——将矩形旋转 30° 并复制

（1）输入"RO"，按 Enter 键激活"旋转"命令。

（2）单击边长为 25 的矩形，按 Enter 键确认，然后捕捉该矩形的左下角点。

（3）输入"C"，按 Enter 键激活"复制"选项，然后输入"30"，按 Enter 键确认，如图 7-22 所示。

练一练

可以参照自身旋转并复制。继续上一节的操作，将边长为 50 的矩形以下端点为基点，参照其上端点进行旋转复制，如图 7-23 所示。

图 7-22　旋转复制矩形

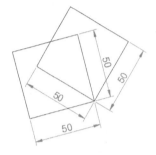

图 7-23　参照旋转复制矩形

操作提示：

（1）激活"旋转"命令，选择边长为 50 的矩形，然后捕捉其下端点。

（2）输入"C"，按 Enter 键激活"复制"选项，继续输入"R"，按 Enter 键激活"参照"选项，捕捉右边线的两个端点，再捕捉其上端点。

7.4　阵　列

所谓阵列，是指将对象进行规则的排列复制，阵列共有"矩形阵列""环形阵列"和"路径阵列"3 种方式。本节将学习阵列对象的相关知识。

7.4.1　矩形阵列

使用"矩形阵列"命令可以将图形按照指定的行数、列数、行间距和列间距呈"矩形"的排列方式进行大规模复制，以创建均布结构的图形。

用户可以通过以下方式激活"矩形阵列"命令。

- ➔ 执行"修改" / "阵列" / "矩形阵列"命令。
- ➔ 单击"默认"选项卡下的"修改"工具按钮列表中的"矩形阵列"按钮。
- ➔ 在命令行输入"Arrayrect"后按 Enter 键确认。
- ➔ 使用快捷键 AR。

绘制半径为 5 的圆，使用"矩形阵列"命令将圆图形阵列复制为 3 行 5 列，间距为 0 的排列效果，如图 7-24 所示。

实例——"矩形阵列"复制圆图形

（1）输入"AR"，按 Enter 键激活"阵列"命令，单击圆，按 Enter 键确认。

（2）输入"R"，按 Enter 键激活"矩形"选项；输入"COU"，按 Enter 键激活"计数"选项。

（3）输入"5"，按 Enter 键设置列数；输入"3"，按 Enter 键设置行数。

（4）输入"S"，按 Enter 键激活"间距"选项，然后输入"10"，按 Enter 键设置列距；输入"10"，按 Enter 键设置行距。

（5）按 Enter 键结束操作。

 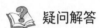 疑问解答

疑问 2：图形之间的间距为 0，为什么在输入时输入的间距为 10？

解答 2：图形之间的间距是从基点开始算的，圆的基点是圆心，圆的半径为 5，如果想让两个圆之间的间距为 0，就必须确保两个圆的基点距离是 2 个圆半径之和，因此，输入的圆之间的距离值为 10。

练一练

继续上一节的操作，将圆以 6 列 4 行进行排列复制，圆的列间距为 5，行间距为 6，如图 7-25 所示。

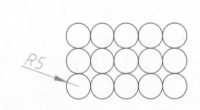

图 7-24　矩形阵列效果

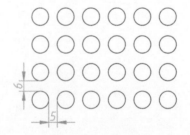

图 7-25　矩形阵列

操作提示：

（1）激活"矩形阵列"命令，按 Enter 键激活"计数"选项，然后输入列数为 6，行数为 4。

（2）激活"间距"选项，输入列距为 15，行距为 16，然后按 Enter 键确认。

 知识拓展：

在"矩形阵列"命令中，不仅可以设置行数和列数，而且可以设置层数以及层高。行数和列数是将对

象沿 X 轴和 Y 轴进行阵列复制,而层数则是将对象沿 Z 轴进行复制。例如,将圆图形阵列复制为 3 行 5 列 3 层,"行""列"的间距为 0,而"层"的间距为 3,其操作如下:

(1)输入"AR",按 Enter 键激活"阵列"命令,单击圆,按 Enter 键确认。

(2)输入"R",按 Enter 键激活"矩形"选项;输入"COU",按 Enter 键激活"计数"选项。

(3)输入"5",按 Enter 键设置列数;输入"3",按 Enter 键设置行数。继续输入"L",按 Enter 键激活"层"选项,然后输入"3",按 Enter 键设置层数;再次输入"3",按 Enter 键设置层间距。

(4)输入"S",按 Enter 键激活"间距"选项。输入"10",按 Enter 键设置列距;输入"10",按 Enter 键设置行距。

(5)按 Enter 键结束操作。

(6)设置层数以及层高后,只有在三维绘图空间中才能体现层数以及层高,因此单击绘图区右上角的视图控件按钮,选择"西南等轴测"命令,如图 7-26 所示,将视图切换到西南等轴测视图,此时结果如图 7-27 所示。

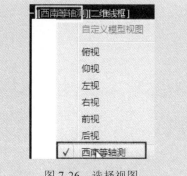

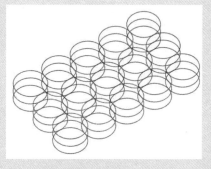

图 7-26 选择视图　　　　　　　　　图 7-27 矩形阵列效果

读者不妨自己尝试操作一下。

7.4.2 环形阵列

环形阵列也叫极轴阵列,它是以某一点或某一轴为阵列中心,将对象成环形阵列复制,这种阵列方式常用于创建聚心结构的图形。

用户可以通过以下方式激活"环形阵列"命令。

➥ 执行"修改"/"阵列"/"环形阵列"命令。

➥ 单击"默认"选项卡下的"修改"工具按钮列表中的"环形阵列"按钮。

➥ 在命令行输入"Arraypola"后按 Enter 键确认。

➥ 使用快捷键 AR。

继续上一节的操作，以半径为 5 的圆的上象限点为圆心绘制半径为 1 的圆，然后以半径为 5 的圆的圆心为阵列中心，使用"环形阵列"命令将半径为 1 的圆阵列复制 6 个，使其均匀分布在半径为 5 的圆上，如图 7-28 所示。

实例——"环形阵列"圆对象

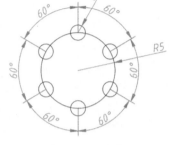

要想让半径为 1 的 6 个圆均匀分布在半径为 5 的圆上，那么每一个圆都要以半径为 5 的圆的圆心为中心旋转 60°，这样才能实现该效果，下面我们开始操作。

（1）输入"AR"，按 Enter 键激活"阵列"命令，单击半径为 1 的圆，按 Enter 键确认。

（2）输入"PO"，按 Enter 键激活"极轴"选项，捕捉半径为 5 的圆的圆心。

图 7-28　环形阵列

（3）输入"I"，按 Enter 键激活"项目"选项，然后输入"6"，按两次 Enter 键结束操作。

 知识拓展：

填充角度：控制"环形阵列"的范围，系统默认为 360°，表示沿对象 360°旋转复制。输入"F"，按 Enter 键激活"填充角度"选项，用户可以根据具体需要设置"填充角度"。图 7-29 所示是"填充角度"分别为 180°和 90°时的环形阵列效果。

项目间角度：设置环形阵列时对象围绕中心点的旋转角度，系统默认下，该角度与"填充角度"以及"项目"成关联关系。例如，如果"填充角度"为 360°，"项目"为 6，此时"项目间角度"就是 60°；如果"填充角度"为 180°，"项目"为 6，此时"项目间角度"就是 36°。如果修改"项目间角度"为 30°，则"填充角度"会发生变化，如图 7-30 所示。

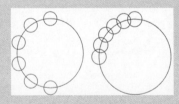　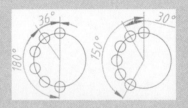

图 7-29　"填充角度"分别为 180°和 90°　　图 7-30　"填充角度"与"项目间角度"的关系

在实际工作中，用户可以根据具体需要来设置这两个角度以及项目数等参数。

 小贴士：

除了以上所讲的环形阵列的相关设置之外，还可以设置环形阵列的层数等其他设置，这些设置与矩形阵列相同，在此不再赘述，读者可以自己尝试操作。另外，所有阵列的对象都是关联关系，如果想取消关联，在阵列时，输入"AS"按 Enter 键激活"关联"选项，然后输入"N"，按 Enter 键确认即可。

练一练

继续上一节的操作，将半径为 1 的小圆以半径为 5 的大圆的圆心为阵列中心进行环形阵列复制，"填充角度"为 360，"项目"为 8，"层"为 3，"层间距"为 2，效果如图 7-31 所示。

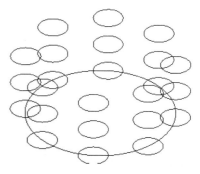

图 7-31　环形阵列

操作提示：

（1）输入"AR"激活"阵列"命令，选择半径为 1 的圆并确认。

（2）输入"PO"激活"极轴"选项，捕捉半径为 5 的圆的圆心，然后设置"项目"数以及层数、层间距等进行阵列。

7.4.3　路径阵列

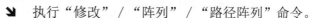

路径阵列是指将图形对象沿指定的路径或路径的某部分进行等距排列。路径可以是直线、多段线、样条曲线或圆弧，也可以是圆和矩形等闭合图形。路径阵列图形时，既可以定数等分路径，也可以定距等分路径。

用户可以通过以下方式激活"路径阵列"命令。

❧　执行"修改"/"阵列"/"路径阵列"命令。

❧　单击"默认"选项卡下的"修改"工具按钮列表中的"路径阵列"按钮。

❧　在命令行输入"Arraypath"后按 Enter 键确认。

❧　使用快捷键 AR。

继续上一节的操作，将半径为 0.5 的圆以半径为 5 的圆作为路径阵列 20 个，各对象之间的间距为 0.5，如图 7-32 所示。

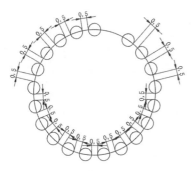

图 7-32　路径阵列

实例——路径阵列小圆

（1）输入"AR"，按 Enter 键激活"阵列"命令，单击半径为 0.5 的圆，按 Enter 键确认。

（2）输入"PA"，按 Enter 键激活"路径"选项，单击半径为 5 的圆作为路径。

（3）输入"I"，按 Enter 键激活"项目"选项，然后输入"1.5"，按 Enter 键输入项目间距。

（4）输入"20"，按两次 Enter 键，确定项目数并结束操作。

疑问解答

疑问 3：图形之间的间距为 0.5，为什么在输入时输入的间距为 1.5？

解答 3：图形之间的间距是从基点开始算的，圆的基点是圆心，圆的半径为 0.5，如果想让两个圆之间的间距为 0.5，就必须确保两个圆的基点距离是 2 个圆半径之和，因此，输入的圆之间的距离值是两个圆的半径之和 1（0.5+0.5）+两个圆之间的距离 0.5，即 1.5。

📖 **知识拓展：**

定数等分和定距等分都是使用对象等分路径。其效果与定数等分点和定距等分点效果相同。当选择路径后，输入"M"，按 Enter 键激活"方法"选项，即可选择"定数等分"或"定距等分"，如图 7-33 所示。

图 7-34 所示为数目为 10 时的定数等分效果和距离为 10 的定距等分的效果。

> 定数等分(D)
> ● 定距等分(M)

图 7-33　选择方法

📋 **小贴士：**

除此之外，还有"对齐""切向"和"方向"选项，这些选项用于设置对象对齐路径、对象的切向以及方向等，其操作比较简单，在此不再详细讲解，读者可以自己尝试操作。

练一练

绘制一段样条线，在样条线上绘制矩形，以样条线为路径，对矩形进行阵列，使矩形对齐到样条线上，如图 7-35 所示。

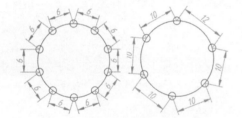

图 7-34　定数等分和定距等分的效果

图 7-35　路径阵列效果

操作提示：

（1）激活"阵列"命令，选择矩形并选择"路径阵列"。

（2）选择样条线为路径，设置对象间距以及对象数目，并激活"对齐"选项，设置对象对齐到距离。

7.5　镜像、分解与编辑多段线

"镜像""分解"以及"编辑多段线"命令都是编辑二维图形不可或缺的重要操作命令。本节将学习"镜像""分解"和"编辑多段线"命令的相关操作。

7.5.1　镜像

"镜像"命令用于将源对象沿指定的轴进行对称复制，创建结构对称的图形。在"镜像"时，源对象可以保留，也可以删除。

用户可以通过以下方法激活"镜像"命令。

⮕ 执行"修改"/"镜像"命令。

⮕ 单击"默认"选项卡下的"修改"工具按钮列表中的 "镜像"按钮⚼。

⮕ 在命令行输入"Mirror"后按 Enter 键确认。

⮕ 使用快捷键 MI。

使用"直线"绘制如图 7-36 所示的三角形,将其以三角形垂直边作为镜像轴进行镜像复制,效果如图 7-37 所示。

实例——镜像复制三角形图形

(1)输入"MI",按 Enter 键激活"镜像"命令,以窗交方式选择三角形对象,按 Enter 键确认。

(2)捕捉三角形垂直边的下端点,捕捉三角形垂直边的上端点,如图 7-38 所示。

图 7-36 三角形

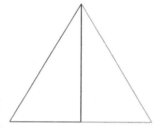

图 7-37 镜像结果

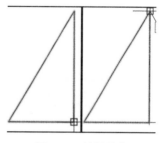

图 7-38 捕捉端点

(3)按 Enter 键确认并结束操作。

📋 小贴士:

镜像时需要镜像轴,镜像轴可以是对象上的一条边,也可以是对象外的某条线。当镜像轴是对象上的一条边时,捕捉该边的两个端点即可,如图 7-38 所示。如果镜像轴是对象外的一条边,则需要输入该轴两个端点的坐标。例如,将三角形水平镜像复制,使其镜像复制的三角形与源三角形之间保持 20 个绘图单位的距离,效果如图 7-39 所示。

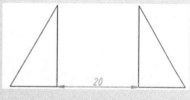

图 7-39 镜像复制三角形

这说明镜像轴位于距离源三角形对象 10 个绘图单位的位置上,其操作如下:

(1)输入"MI",按 Enter 键激活"镜像"命令,以窗交方式选择三角形对象,按 Enter 键确认。

(2)按住 Shift 键并右击,选择"自"功能,捕捉三角形垂直边的下端点,输入"@10,0",按 Enter 键确认镜像轴的第 1 个端点。

(3)继续输入镜像轴的另一个端点坐标"@0,1",按 Enter 键确认,完成镜像复制的操作。

另外，在镜像时，如果不需要复制对象，则可以将源对象删除，只保留镜像后的对象，该操作比较简单，当捕捉了镜像轴的第 2 个端点后，命令行出现提示，提示是否保留源对象，如图 7-40 所示。

MIRROR 要删除源对象吗？[是(Y) 否(N)] <否>:

图 7-40　命令行提示

此时输入 "N"，按 Enter 键确认，即可将源对象删除。

练一练

打开 "效果" / "第 5 章" / "职场实战——绘制建筑墙体平面图.dwg" 文件，这是我们在第 5 章绘制的一个建筑墙体平面图，以右下侧垂直定位线为镜像轴，对该墙体平面图进行水平镜像复制，结果如图 7-41 所示。

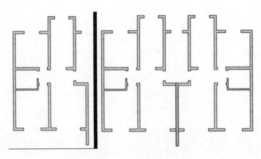

图 7-41　镜像复制效果

操作提示：

（1）输入 "MI"，按 Enter 键激活 "镜像" 命令，以窗口方式选择所有墙线和定位线。

（2）捕捉右下角定位线的两个端点以定位镜像轴，对墙体图进行镜像复制。

7.5.2　分解

使用 "分解" 命令可以将相互关联的对象分解为单个独立的对象，例如，将多段线、矩形、多线等分解为独立的线段。

用户可以通过以下方式激活 "分解" 命令。

➥　执行 "修改" / "分解" 命令。

➥　单击 "默认" 选项卡下的 "修改" 工具按钮列表中的 "分解" 按钮　。

➥　在命令行输入 "EXPLODE" 后按 Enter 键确认。

➥　使用快捷键 X。

"分解" 命令的操作非常简单，执行 "分解" 命令，然后选择要分解的对象，确认即可将其分解，尽管 "分解" 命令的操作非常简单，但在二维图形的编辑修改中其作用却非常重要。

继续上一节的 "练一练" 操作，放大显示上一节中通过镜像复制的墙体平面图，我们发现，镜像复制后，中间十字相交位置的墙体出现了重叠，这不符合建筑设计图的绘图要求，如图 7-42

所示。

下面我们对该墙线进行编辑，使其符合墙线的绘制要求，结果如图 7-43 所示。

我们知道，墙线是由多线绘制而成，多线是由多条直线组成的一个独立对象，要对多线进行编辑，首先需要将该对象分解成一个个独立的线段。下面首先使用"分解"命令将该墙线分解，然后使用"修剪"命令对其进行修剪，完成墙线的编辑。

实例——编辑墙线

（1）输入"X"，按 Enter 键激活"分解"命令，单击如图 7-44 所示的 T 形相交的墙线，按 Enter 键确认，将其分解为独立线段，如图 7-45 所示。

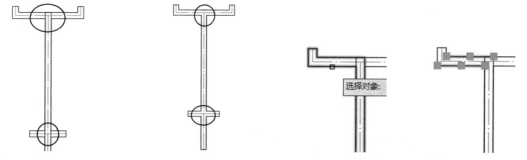

图 7-42　源墙线效果　　图 7-43　修剪后的墙线效果　　图 7-44　选择墙线　　图 7-45　分解后的墙线

（2）使用相同的方法，将另一边 T 形相交的墙线和下方十字相交的墙线都分解，如图 7-46 所示。

（3）输入"TR"，按 Enter 键激活"修剪"命令，单击两条水平线作为修剪边界，按 Enter 键确认，然后在两条垂直线的上端单击进行修剪，如图 7-47 所示。

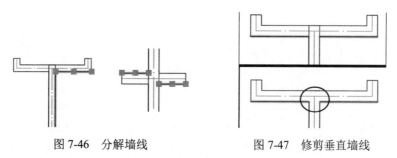

图 7-46　分解墙线　　　　　　图 7-47　修剪垂直墙线

（4）继续使用"修剪"命令，以下方 4 条水平线作为边界，对两条垂直线进行修剪，完成墙线的编辑效果，如图 7-48 所示。

练一练

我们知道，矩形看似由 4 条直线组成，但系统将这 4 条直线看作一个整体。下面我们就绘制一个矩形，使用"分解"命令将其分解为 4 条独立的线段，如图 7-49 所示。

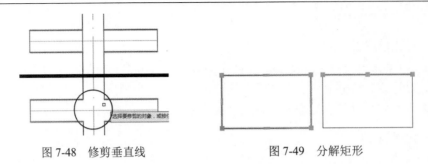

图 7-48　修剪垂直线　　　　　　图 7-49　分解矩形

操作提示：

（1）输入"REC"，按 Enter 键激活"矩形"命令，绘制一个矩形。

（2）输入"X"，按 Enter 键激活"分解"选项，单击矩形并按 Enter 键确认。

7.5.3　编辑多段线

与"分解"命令恰好相反，"编辑多段线"命令用于将非多段线图形编辑为多段线图形，通常在创建边界时使用较多。

用户可以通过以下方式激活"编辑多段线"命令。

➥　执行"修改"/"对象"/"多段线"命令。

➥　单击"默认"选项卡下的"修改"工具按钮列表中的 "编辑多段线"按钮 。

➥　在命令行输入"PEDIT"后按 Enter 键确认。

➥　使用快捷键 PE。

继续上一节的操作，使用"编辑多段线"命令将上一节"练一练"中分解后的矩形编辑成多段线图形。

实例——将矩形编辑成多段线图形

（1）输入"PE"，按 Enter 键激活"编辑多段线"命令；输入"M"，按 Enter 键激活"多条"选项，分别单击矩形 4 条边，按 Enter 键确认。

小贴士：

此时命令行出现相关提示，询问是否将对象转换为多段线，如图 7-50 所示。

PEDIT 是否将直线、圆弧和样条曲线转换为多段线？[是(Y) 否(N)]? ⟨Y⟩

图 7-50　命令提示

系统默认下是将对象转换为多段线，直接按 Enter 键确认即可。如果输入"N"，按 Enter 键则不会将对象转换为多段线。

（2）再次按 Enter 键确认，输入"J"，按 Enter 键激活"合并"选项，按两次 Enter 键结束操作。

📋 **小贴士：**

当输入"J"，按 Enter 键激活"合并"选项后，命令行出现相关提示，要求输入要合并对象之间的模糊值，如图 7-51 所示。

PEDIT 输入模糊距离或 [合并类型(J)] <0.0>:

图 7-51　命令提示

系统默认下的模糊值为 0，如果合并对象之间有一定的空隙，可以输入一个模糊值，然后确认。在该操作中，矩形边之间并不存在空隙，因此可以直接按 Enter 键确认。

（3）此时单击矩形任意边会发现，矩形被全部选择，这说明已经将由 4 条直线组成的矩形编辑成了一个多段线对象，如图 7-52 所示。

练一练

使用直线绘制等边三角形，然后将其编辑成多段线图形，如图 7-53 所示。

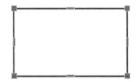

图 7-52　编辑后的矩形

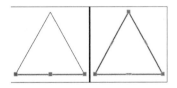

图 7-53　编辑成多段线图形

操作提示：

（1）激活"编辑多段线"命令，并选择"多个"选项。

（2）选择三角形三条边，按 Enter 键激活"合并"选项并确认。

7.6　综合练习——绘制球轴承机械零件左视图

在机械制图中，机械零件左视图是由零件左面向右投影产生的投影图，绘制时可以参照该零件的主视图进行绘制。本节我们就根据该零件的主视图，绘制该零件的左视图，如图 7-54 所示。

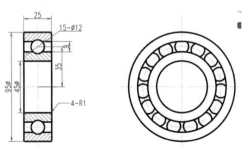

图 7-54　球轴承零件左视图

7.6.1　调用素材文件并绘制辅助线

在 AutoCAD 实际绘图中，辅助线非常重要，它可以帮助用户定位图形，是精确绘图的关键。本节我们首先调用素材文件，并绘制辅助线，为精确绘图做准备。

（1）执行"打开"命令，打开"素材"/"球轴承主视图.dwg"素材文件，这是该球轴承零件的主视图，如图 7-55 所示。

（2）在图层控制列表将"点划线"层设置为当前图层，使用快捷键"CO"激活"复制"命令，单击选择主视图中的所有中心线，如图 7-56 所示。

（3）按 Enter 键确认，然后捕捉中心线的交点，向右引出水平矢量线，在适当位置单击确定位置，如图 7-57 所示。

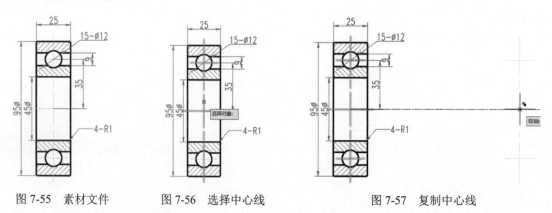

图 7-55　素材文件　　　　图 7-56　选择中心线　　　　图 7-57　复制中心线

（4）按 Enter 键结束操作。

📋 **小贴士：**

> 中心线是绘图的关键，在该实例操作中，除了复制主视图中的中心线之外，用户也可以使用"直线"命令绘制中心线，绘制时要根据视图间的对正关系来绘制。

7.6.2　绘制球轴承左视图轮廓线

本节就开始绘制球轴承左视图的轮廓线，绘制前首先对图形进行分析，根据主视图尺寸标注可以发现，该球轴承左视图的主要轮廓是由直径为 59 和 45 的两个同心圆组成，然后由直径为 12 的 15 个小圆作为轴承的滚珠，滚珠的中心位于半径为 35 的同心圆上，下面首先来绘制这些图形。

（1）在图层控制列表将"轮廓线"设置为当前图层，输入"C"，按 Enter 键激活"圆"命令，捕捉中间水平辅助线与垂直辅助线的交点作为圆心，绘制直径为 95 的圆，如图 7-58 所示。

（2）继续以该圆的圆心为圆心，继续绘制直径为 45 的同心圆，如图 7-59 所示。

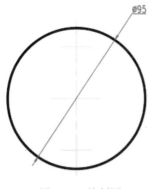

图 7-58　绘制圆

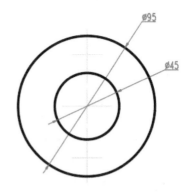

图 7-59　绘制同心圆

　　下面绘制滚珠的定位圆，该圆是半径为 35 的同心圆，另外它是一个辅助圆，应该绘制在"隐藏线"层。

　　（3）在图层控制列表中将"隐藏线"层设置为当前层，按 Enter 键重复执行"圆"命令，捕捉圆心，输入半径值为"35"，按 Enter 键确认，结果如图 7-60 所示。

　　下面绘制滚珠，滚珠是直径为 12 的 15 个圆，其圆心是辅助圆与垂直中心线的交点，要将其绘制在"轮廓线"层。

　　（4）在图层控制列表中将"轮廓线"层设置为当前层，按 Enter 键重复执行"圆"命令，捕捉辅助圆与垂直中心线的交点，输入直径值为 12，按 Enter 键确认，结果如图 7-61 所示。

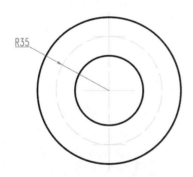

图 7-60　绘制辅助圆

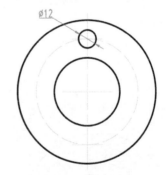

图 7-61　绘制滚珠圆

　　根据主视图的尺寸标注，我们知道滚珠圆一共有 15 个，这 15 个滚珠圆可以使用"环形阵列"命令来创建。

　　（5）输入"AR"，按 Enter 键激活"阵列"命令，单击直径为 12 的圆，按 Enter 键确认，再输入"PO"，按 Enter 键激活"极轴"选项。

　　（6）捕捉同心圆的圆心，输入"I"，按 Enter 键激活"项目"选项，然后输入"15"，按两次 Enter 键结束操作，结果如图 7-62 所示。

下面绘制轴承外圈的内圆和内圈的外圆，根据主视图的尺寸显示，这两个圆之间的距离为9，它又位于辅助圆的两侧，因此可以直接将辅助圆向内和向外偏移就可以了，需要注意的是，偏移时要将其偏移到"轮廓线"层。

（7）输入"O"，按 Enter 键激活"偏移"命令；输入"L"，按 Enter 键激活"当前"选项，再输入"C"；按 Enter 键激活"当前"选项。

（8）输入"4.5"，按 Enter 键确认，单击辅助圆。在该圆的外侧单击辅助圆，在该圆的内侧单击，按 Enter 键结束操作，结果如图 7-63 所示。

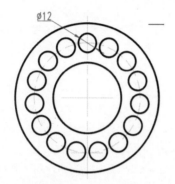

图 7-62　阵列滚珠圆

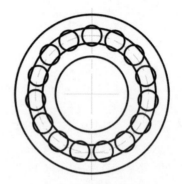

图 7-63　偏移辅助圆

下面使用这两个圆作为修剪边，将所有滚珠圆进行修剪。

（9）输入"TR"，按 Enter 键激活"修剪"命令，单击偏移的两个圆，按 Enter 键确认，在这两个圆的外侧分别单击滚珠圆进行修剪，结果如图 7-64 所示。

下面使用夹点编辑功能将中心线拉长，完成轴承左视图的绘制。

（10）在没有任何命令发出的情况下单击中间水平中心线和垂直中心线，使其夹点显示，分别单击中心线两端的夹点，然后将其向两端拉伸到合适的位置，最后按 Esc 键取消夹点显示，球轴承左视图效果如图 7-65 所示。

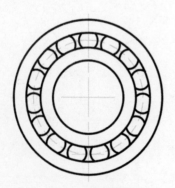

图 7-64　修剪滚珠圆

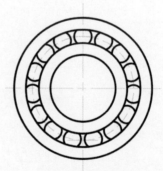

图 7-65　编辑中心线

（11）执行"文件"/"另存为"命令，将该文件命名并存储为"综合练习——绘制球轴承机械零件左视图.dwg"文件。

📋 小贴士：

在以上的实例操作中，多数使用了圆，圆的绘制比较简单，实例中并没有对圆的绘制进行详细讲解，读者如果有不明白的地方，可以参照前面章节中有关画圆的相关内容。

7.7 职场实战——绘制基板机械零件俯视图

与左视图不同，俯视图是从零件的上方向下所作的投影图。本节我们根据基板零件主视图来绘制基板零件俯视图，如图 7-66 所示。

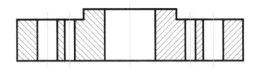

图 7-66 基板零件俯视图

7.7.1 调用素材文件并绘制辅助线

在机械制图的实际操作中，绘制一个零件视图时，往往需要参照其他视图的尺寸以及投影关系来绘制。本节首先调用该零件的主视图作为俯视图的绘图依据，同时绘制俯视图的辅助线，为绘制俯视图奠定基础。

（1）依照上一节的操作，调用"素材"/"基板主视图.dwg"文件作为素材文件，并设置"点划线"层为当前图层，单击"尺寸层"前面的 🔘 按钮使其显示为 🔘 按钮，将该层暂时隐藏，如图 7-67 所示。

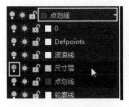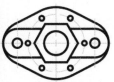

图 7-67 设置当前层并隐藏尺寸层

📋 小贴士：

图层控制列表用于对图层进行显示、隐藏、设置当前层以及设置图层特性等一系列操作，是 AutoCAD 绘制中不可缺少的主要操作工具。在该实例中，将主视图中的"尺寸层"暂时隐藏的目的是方便我们根据主视图来绘制俯视图，有关图层的相关知识，将在后面章节进行详细讲解。

（2）输入"XL"，按 Enter 键激活"构造线"命令；输入"V"，按 Enter 键激活"垂直"选项。根据视图间的对正关系，分别通过主视图中各定位圆及正多边特征点绘制 18 条垂直构造线作为辅助线和轮廓线，如图 7-68 所示。

（3）按 Enter 键重复执行"构造线"命令，输入"H"，按 Enter 键激活"水平"选项，继续在主视图的下侧绘制一条水平构造线，如图 7-69 所示。

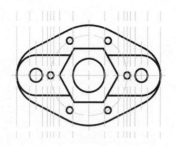

图 7-68　绘制垂直构造线

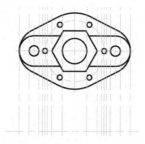

图 7-69　绘制水平构造线

（4）输入"O"，按 Enter 键激活"偏移"命令，设置偏移距离为 20，单击水平构造线，在其上方单击进行偏移。

（5）按两次 Enter 键结束上一次操作并重新执行"偏移"命令，输入偏移距离为 16，单击水平构造线，在其上方单击进行偏移，结果如图 7-70 所示。

图 7-70　偏移水平构造线

（6）辅助线绘制完毕，下一节将对辅助线进行转换和编辑。

7.7.2　修剪并编辑辅助线以转换轮廓线

绘制好辅助线之后，下面对辅助线进行修剪等其他编辑，将其转换为图线的轮廓线，注意，轮廓线必须放在"轮廓线"层。

（1）在无任何命令发出的情况下单击选择第 1、2、4、5、7、8、9、10、11、12、14、15、17、18 条垂直辅助线以及 3 条水平辅助线，在图层控制列表中选择"轮廓线"层，将这些辅助线放置在该层，将其转换为轮廓线，如图 7-71 所示。

（2）输入"TR"按 Enter 键激活"修剪"命令，选择第 2 和第 3 条水平轮廓线，按 Enter 键确认将其作为修剪边界，对第 1~7 条垂直轮廓线的上下两端进行修剪，如图 7-72 所示。

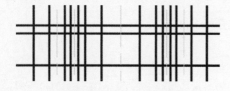

图 7-71　转换为轮廓线

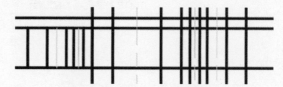

图 7-72　修剪左侧垂直轮廓线

（3）使用相同的方法，继续对右边相对应位置的垂直轮廓进行修剪，结果如图 7-73 所示。

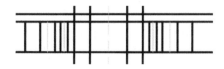

图 7-73　修剪右侧垂直轮廓线

（4）继续以第 1、2 条水平轮廓线为修剪边，对第 8 和第 11 条垂直轮廓线的两端进行修剪；以第 1 和第 3 条水平轮廓线作为修剪边，对第 9 和第 10 条垂直轮廓线的两端进行修剪，结果如图 7-74 所示。

（5）继续以第 1、6、9 和第 14 条水平垂直轮廓线为修剪边，对 3 条水平轮廓线两端进行修剪，结果如图 7-75 所示。

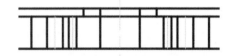
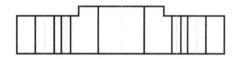

图 7-74　修剪垂直轮廓线　　　　　　　图 7-75　修剪水平轮廓线

7.7.3　填充零件图剖面

我们绘制的该零件俯视图其实是一个俯视剖视图，因此，当轮廓线创建完毕后，需要对剖切面进行填充，以体现零件内部结构特征。

（1）在图层控制列表中将"剖面线"层设置为当前图层，输入"H"，按 Enter 键激活"图案填充"命令，在打开的图案填充列表单击"图案填充图案"按钮，在弹出的系统预设图案中选择填充图案，并设置图案比例为 0.5，如图 7-76 所示。

（2）在俯视图左边剖面位置单击，选择填充区域，如图 7-77 所示。

图 7-76　选择填充图案并设置填充比例

（3）按 Enter 键进行填充，然后重新使用"H"键激活"图案填充"命令，设置其角度为 90°，其他设置默认，如图 7-78 所示。

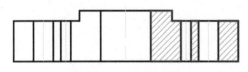

图 7-77　选择填充区域　　　　　　　图 7-78　设置图案的角度

（4）再次在俯视图左边剖切面需要填充的区域单击，选择填充区域，然后按 Enter 键确认进行填充，填充结果如图 7-79 所示。

（5）拉长中心线。输入"LEN"，按 Enter 键激活"拉长"命令；输入"DE"，按 Enter 键激活"增量"选项，设置增量值为 3，分别在 5 条垂直中心线的两端单击，使中心线增量 3 个绘图单位，完成该零件图的绘制，结果如图 7-80 所示。

（6）执行"文件"/"另存为"命令，将该文件存储为"职场实战——绘制基板机械零件俯视图.dwg"。

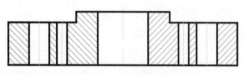

图 7-79　填充剖切面

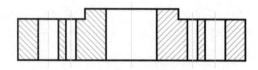

图 7-80　基板零件俯视图

小贴士：

"图案填充"命令用于向图形中填充图案、颜色等，是一个图形编辑工具，有关该工具的使用方法，将在后面章节中进行详细讲解。

第 8 章　图　　层

本章导读

在 AutoCAD 2020 中，图层是一个综合的绘图辅助工具，用于有效管理与操作图形对象，方便用户对图形进行编辑与修改。本章将学习图层的相关知识。

本章主要内容如下：

➥　图层及其基本操作
➥　操作图层
➥　设置图层的特性
➥　图层的过滤
➥　图层的其他功能
➥　综合练习——新建室内装饰装潢设计中的常用图层
➥　职场实战——规划管理机械零件组装图

8.1　图层及其基本操作

在 AutoCAD 中，图层是由"图层"工具栏和"图层特性管理器"对话框共同管理的，单击"图层"工具栏中的"图层特性管理器"按钮，或在"默认"选项卡中单击"图层"按钮，在下拉列表中单击"图层特性"按钮，即可打开"图层特性管理器"对话框，如图 8-1 所示。

图 8-1　打开"图层特性管理器"对话框

在该对话框中，用户可以实现对图层的基本操作，包括新建图层、命名图层、切换图层以及删除图层等，本节就来学习图层的基本操作知识。

8.1.1 新建图层

系统默认下只有一个名为"0"的图层，在实际绘图时，一幅完整的工程图不仅只有图形，还包括文字、尺寸标注、文字注释、符号等众多元素，这些元素由于属性不同，要将其放在不同的图层中，便于对图形进行管理，这时就需要新建多个图层。新建图层的操作非常简单，下面通过新建 3 个图层，来学习新建图层的方法。

实例——新建 3 个图层

（1）单击"新建图层"按钮，即可新建一个名为"图层 1"的新图层，如图 8-2 所示。

（2）连续单击该按钮 3 次，则新建名为"图层 1""图层 2"和"图层 3"的 3 个新图层，如图 8-3 所示。

   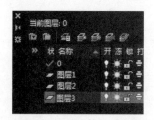

图 8-2　新建"图层 1"　　　　　　图 8-3　新建 3 个图层

（3）连续单击"新建图层"按钮，即可新建多个图层。

📋 **小贴士：**

> 除了以上方法之外，在创建了一个图层后，连续按键盘上的 Enter 键，或按 Alt+N 组合键，也可新建多个图层；在"图层特性管理器"对话框中单击右键，选择右键菜单中的"新建图层"选项，同样可以新建图层。

8.1.2 重命名图层

新建的图层系统默认名为"图层 1""图层 2"……这不仅不符合绘图要求，而且也为用户后期对图形进行编辑修改带来了不便。因此，用户需要为新建的图层重新命令，可以根据具体情况来重命名图层。例如，在建筑设计中，可以将图层命名为"墙线层""定位线""门窗层"等，在机械制图中可以将其命名为"轮廓线""中心线""填充层"等。下面我们以建筑设计为例，将这 3 个图层分别命名为"轴线层""墙线层"和"门窗层"。

实例——重命名图层

（1）单击"图层 1"名称，使其反白显示，或在图层名上右击，执行"重命名图层"命令，然后输入新名称"轴线层"，按 Enter 键确认，如图 8-4 所示。

（2）使用相同的方法，分别将其他两个图层命名为"墙线层"和"门窗层"，结果如图 8-5 所示。

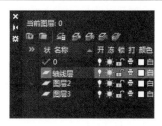

图 8-4 重命名图层 1

图 8-5 重命名其他图层

小贴士:

在为图层进行重命名时,图层名最长可达 255 个字符,可以是数字、字母或其他字符。图层名中不允许含有大于号(>)、小于号(<)、斜杠(/)、反斜杠(\)以及标点符号等。另外,为图层命名或更名时,必须确保当前文件中图层名的唯一性。

8.1.3 删除图层

过多无用的图层会占用系统资源,影响操作速度,因此用户可以将无用的图层删除,删除图层的方法非常简单,下面我们删除"门窗层"和"墙线层"。

实例——删除图层

(1)选择"门窗层"图层,单击"图层特性管理器"对话框中的"删除图层"按钮 将该层删除,如图 8-6 所示。

(2)使用相同的方法,继续删除"墙线层"。

小贴士:

除此之外,选择图层并右击,执行右键菜单中的"删除图层"命令,也可以将图层删除。需要注意的是,系统预设的"0 图层"以及当前图层不能被删除。所谓当前图层就是指当前操作的图层,在"图层特性管理器"中,0 图层前面有一个 图标,表示该层为当前操作图层,如图 8-7 所示。

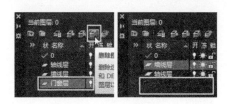

图 8-6 删除"门窗层"

图 8-7 当前图层

8.2 操 作 图 层

新建图层后,可以对图层进行操作,以满足绘图需要,操作图层主要包括设置当前图层、开关图层、冻结和解冻图层、锁定和解锁图层等，本节将学习操作图层的相关知识。

8.2.1 设置当前图层

设置当前图层就是指将一个图层设置为当前使用的图层，设置为当前图层后，用户所绘制的图形都位于该层。图层被设置为当前图层后，在图层名称前会出现√图标，如图 8-7 所示，0 图层前面出现√图标，表示该层是当前图层，下面我们将"墙线层"设置为当前图层。

实例——切换当前图层

（1）选择"墙线层"图层，单击"置为当前"按钮，将该层设置为当前图层，如图 8-8 所示。

（2）使用相同的方法，可以将其他层设置为当前图层。

小贴士：

> 除此之外，选择图层后单击右键，选择右键菜单中的"置为当前"选项，或者按 Alt+C 组合键，可将图层设置为当前图层。另外，在"图层"控制下拉列表中，选择要设置为当前图层的图层，也可以将其设置为当前图层，如图 8-9 所示。

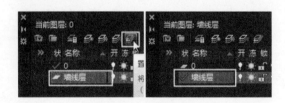

图 8-8 设置当前图层

图 8-9 选择当前图层

8.2.2 打开、关闭图层

系统默认下，所有图层都是打开状态，图层中的所有对象都是可见的。在实际绘图时，有时为了操作方便，用户可以暂时关闭某些图层。图层被关闭后，该图层中的图形元素将不显示在绘图区。

打开"素材"/"基板主视图.dwg"素材文件，在图层控制列表中我们发现该图形有多个图层，如图 8-10 所示。

下面关闭"尺寸层"和"轮廓线"层，看看图形有什么变化。

实例——关闭"尺寸层"和"轮廓线"层

（1）在图层控制列表中单击"尺寸层"前面的按钮，使其显示为按钮，此时发现图形中的尺寸标注不见了，如图 8-11 所示。

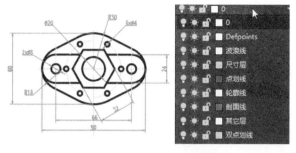

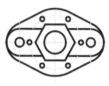

图 8-11　关闭"尺寸层"

图 8-10　素材文件及其图层

（2）继续单击"轮廓线"层前面的按钮，使其显示为按钮，此时发现图形的轮廓线不见了，如图 8-12 所示。

（3）再次在"轮廓线"层前面的按钮上单击，使其显示为按钮，此时发现图形的轮廓线又出现了。使用相同的方法，可以显示尺寸线，如图 8-13 所示。

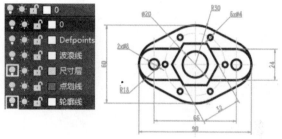

图 8-12　关闭"轮廓线"层　　　　　　图 8-13　打开"轮廓线"层和"尺寸层"

8.2.3　冻结、解冻图层

冻结、解冻图层与开关图层有些相似，冻结图层后，图层上的对象也会处于隐藏状态，只是图形被冻结后，图形不仅不能在屏幕上显示，而且不能由绘图仪输出，不能进行重生成、消隐、渲染和打印等操作。

继续上一节的操作，我们来冻结"尺寸层"和"轮廓线"层，看看图形有什么变化。

实例——冻结"尺寸层"和"轮廓线"层

（1）在图层控制列表中单击"尺寸层"前面的按钮，使其显示为按钮，此时发现图形中的尺寸标注不见了，如图 8-14 所示。

（2）再次单击"尺寸层"前面的按钮，使其显示为按钮，此时发现图形的尺寸又出现了，如图 8-15 所示。

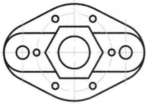

图 8-14 冻结"尺寸层"

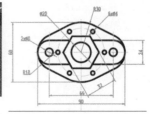

图 8-15 解冻"尺寸层"

 疑问解答

疑问 1： 冻结、解冻图层与开关图层有什么区别？

解答 1： 开关图层只是将图层中的图形对象隐藏或显示，被隐藏的图形对象只是不能在屏幕上显示，但是可以由绘图仪输出，可以进行重生成、渲染和打印等操作。在打印时不会受到任何影响，同样可以打印输出。而冻结图层后，图形不仅不能在屏幕上显示，而且不能由绘图仪输出，不能进行重生成、消隐、渲染和打印等操作。

8.2.4 锁定、解锁图层

在绘图时，有时会出现误操作，例如，删除了不需要删除的图形、调整了不需要调整的图形的位置等，要想避免这些情况的发生，用户可以锁定图层。图层被锁定后，用户将不能对其进行任何操作。

继续上一节的操作，我们来锁定图层，看看图形有什么变化。

实例——锁定"尺寸层"和"轮廓线"层

（1）在图层控制列表中单击"尺寸层"前面的 🔓 按钮，使其显示为 🔒 按钮，此时发现图形中的尺寸颜色变暗了，如图 8-16 所示。

（2）将光标移动到标注的尺寸上，发现光标上方出现一个小锁头的图标，单击发现尺寸不能被选择，如图 8-17 所示。

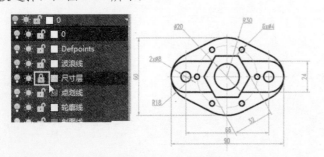

图 8-16 锁定"尺寸层"

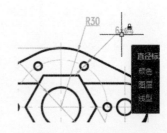

图 8-17 尺寸被锁定

（3）再次单击按钮，使其显示为按钮，此时发现图形中的尺寸颜色变亮了，单击尺寸，即可将尺寸选择，如图 8-18 所示。

（4）使用相同的方法可以锁定或解锁其他图层。

以上是有关图层操作的相关知识，除此之外，在"图层"工具栏以及图层控制列表下，均有关闭图层、冻结和解冻图层、锁定和解锁图层等相关按钮，激活相关按钮，然后单击要关闭、冻结或锁定的图形，按 Enter 键，即可实现相关操作，如图 8-19 所示。

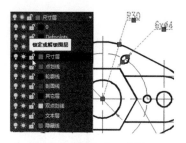

图 8-18 解锁"尺寸层"

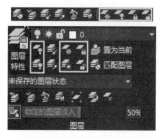

图 8-19 "图层"工具栏与图层控制列表

以上操作都比较简单，在此不再一一讲解，读者可以自己尝试使用这些工具操作图层。

8.3 设置图层的特性

在 AutoCAD 中，一般要根据图形元素的属性，为其设置不同的颜色、线型和线宽等，这是绘图的关键，我们将其称为图层的特性，图层的特性其实就是图形的特性，本节将学习图层特性的相关知识。

8.3.1 颜色特性

颜色对 AutoCAD 绘图的影响并不大，设置颜色的主要目的是区分不同的图形元素。默认设置下，用户新建的所有图层的颜色均为白色，但在实际的绘图过程中，用户可以根据需要或个人喜好设置不同的颜色。

继续上一节的操作，将"尺寸层"的颜色设置为蓝色。

实例——设置图层颜色

（1）在图层控制列表中单击"尺寸层"前面的按钮，打开"选择颜色"对话框，单击选择蓝色，如图 8-20 所示。

（2）单击![确定]按钮，此时发现图层列表中的"尺寸层"的颜色变为了蓝色，图形中的尺寸标注颜色也变为了蓝色，如图 8-21 所示。

（3）读者可以自己尝试使用相同的方法，设置"轮廓线"层的颜色为黄色，看看图形颜色有什么变化。

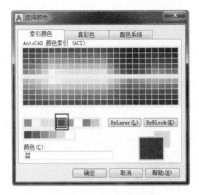

图 8-20　选择蓝色

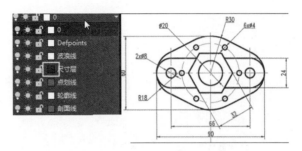

图 8-21　设置"尺寸层"颜色

 小贴士：

系统默认设置下，颜色采用的是"索引颜色"，用户还可以使用"真彩色"或"配色系统"这两种方法设置颜色，其操作非常简单，在此不再赘述。另外，用户也可以在"选择颜色"对话框下方的"颜色"文本框中直接输入颜色的色值以调配颜色。

8.3.2　线型特性

与颜色不同，设置线型是图形设计中的主要内容，不同的图形元素，所使用的线型也不同。例如，图形中心线与图形轮廓线所使用的线型就不同。

继续上一节的操作，将"轮廓线"层的线型设置为"ACAD_ISO02W100"线型。

实例——设置图层的线型

（1）打开"图层特性管理器"对话框，我们发现在"线型"列表中"轮廓线"层的线型为默认的"Continuous"，如图 8-22 所示。

（2）单击该线型按钮，打开"选择线型"对话框，单击 加载(L)... 按钮，打开"加载或重载线型"对话框，如图 8-23 所示。

图 8-22　"轮廓线"层的线型

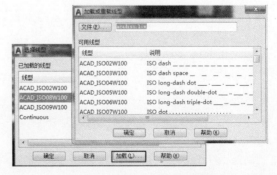

图 8-23　"选择线型"与"加载或重载线型"对话框

（3）选择名为"ACAD_ISO02W100"的线型，单击 确定 按钮，将其加载到"选择线型"对话框，如图 8-24 所示。

（4）在"选择线型"对话框中选择加载的线型，单击 确定 按钮，将其指定给"轮廓线"层，此时我们发现，图形的轮廓线的线型也发生了变化，如图 8-25 所示。

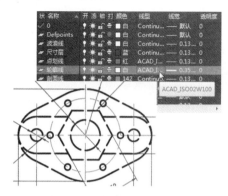

图 8-24　加载线型　　　　　　　　图 8-25　"轮廓线"层的线型

📝 **小贴士：**

在以上实例操作中，将图形轮廓线的线型修改为"ACAD_ISO02W100"，这在实际绘图中是不被允许的，一般情况下，图形轮廓线必须使用实线，而不能使用类似于"ACAD_ISO02W100"的虚线。

练一练

继续上一节的操作，将"轮廓线"层的线型恢复为默认的"Continuous"，将"点划线"层的线型设置为"ACAD_ISO04W100"，将"尺寸层"的颜色设置为绿色，结果如图 8-26 所示。

操作提示：

（1）打开"图层特性管理器"对话框，单击"尺寸层"的颜色按钮，在"选择颜色"对话框中选择绿色。

（2）单击"轮廓线"层的线型按钮，在"选择线型"对话框中选择"Continuous"的线型并确认。

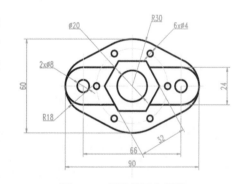

图 8-26　设置线型和颜色

（3）单击"点划线"层的线型按钮，打开"选择线型"对话框，单击 加载(L)... 按钮，打开"加载或重载线型"对话框，选择"ACAD_ISO04W100"线型，将其加载到"选项线型"对话框，并指定给"点划线"层。

8.3.3　线宽特性

线宽是指线的宽度，在默认设置下，所有层的线宽为系统默认的线宽。但在 AutoCAD 中，不仅各图形元素的线型不同，其线宽要求也不相同，例如，图形轮廓线的线宽有时会要求为0.30mm，这时用户就需要重新设置线宽。

继续上一节的操作，将"轮廓线"层线宽设置为0.05mm。

实例——将"轮廓线"层线宽设置为0.05mm

（1）打开"图层特性管理器"对话框，在"线宽"列表中，每一个图层的线宽都不一样，如图8-27所示。

（2）单击"轮廓线"层的线宽按钮，打开"线宽"对话框，选择"0.05mm"的线宽，单击 确定 按钮，将其指定给"轮廓线"层，此时我们发现，图形的轮廓线的线宽发生了变化，如图8-28所示。

图 8-27　线宽

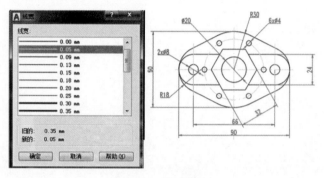

图 8-28　设置线宽

小贴士：

设置线宽后，有时在图形中并没有显示线宽，这是因为系统关闭了对线宽的显示，此时激活状态栏上的"显示/隐藏线宽"按钮，即可显示线宽。

8.4　图层的过滤

在 AutoCAD 中，一般复杂的设计图往往包含很多不同的元素，这些不同的元素会被放置在多个图层上，这样一来，在查找某些图层时就会有些困难，而图层过滤功能就可以解决这一难题，用户可以根据图层的状态特征或内部特性，对图层进行分组，将具有某种共同特点的图层过滤，这样，在查找所需图层时就会方便很多。

图层过滤功能包括"特性过滤"和"组过滤"两种，下面就来学习这两种过滤功能。

8.4.1　特性过滤

"特性过滤器"是根据图层的线型、颜色、线宽等特性来过滤图层，从而对图层进行分组，将具有某种共同特点的图层过滤出来。

打开"素材"/"室内装饰平面布置图.dwg"素材文件,如图 8-29 所示。

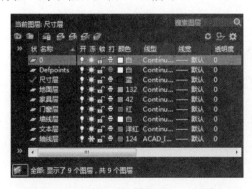

图 8-29 室内装饰平面布置图

打开"图层特性管理器"对话框,发现该文件包含多个图层,如图 8-30 所示。
下面通过图层的颜色特性来过滤 132 号颜色的图层。

实例——过滤 132 号颜色的图形对象

(1) 在"图层特性管理器"对话框中单击"新建特性过滤器"按钮 ,打开"图层过滤器特性"对话框,如图 8-31 所示。

图 8-30 "图层特性管理器"对话框   图 8-31 "图层过滤器特性"对话框

(2) 在"过滤器名称"文本框内输入过滤器的名称,在此使用默认即可。在"过滤器定义"选项组下的"颜色"空白位置单击,出现 按钮,单击 按钮打开"选择颜色"对话框,在"颜色"文本框中输入颜色值 132,如图 8-32 所示。

(3) 单击 确定 按钮返回"图层过滤器特性"对话框,结果符合过滤条件的图层被过滤,如图 8-33 所示。

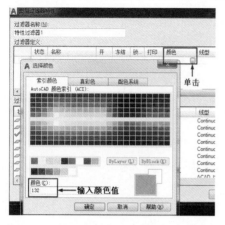
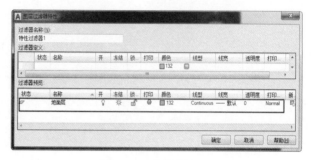

图 8-32　输入颜色值　　　　　　　　　　　　图 8-33　过滤结果

（4）单击 **确定** 按钮返回"图层特性管理器"对话框，所创建的"特性过滤器 1"显示在对话框左侧的树状态图中，右侧则显示过滤出的图层，如图 8-34 所示。

练一练

除了使用颜色过滤之外，还可以根据线型过滤。继续上一节的操作，过滤线型为"ACAD_ISO04W100"的图层，结果如图 8-35 所示。

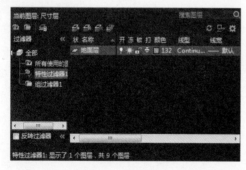
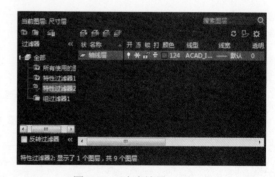

图 8-34　过滤结果（1）　　　　　　　　　　图 8-35　过滤结果（2）

操作提示：

（1）打开"图层过滤器特性"对话框，在线型位置单击，出现 按钮，单击该按钮打开"选择线型"对话框，选择相关线型。

（2）确认返回"图层特性管理器"对话框，完成图层的过滤。

小贴士：

除了通过颜色以及线型特性过滤图层之外，用户还可以通过图层状态、名称、开/关、冻结/解冻、锁定/解锁、线宽等其他特性来过滤图层，这些操作都相同，在此不再赘述，读者可以自己尝试操作。

8.4.2　组过滤

"组过滤器"是指把某些图层放到一个组里，没有任何的过滤条件，这样更方便图层的选取和查找。例如，将与图形相关的图层都放到一组内，将与标注和注释相关的图层放在一个组内，这样在"图层特性管理器"的列表树中，单击该组，则可以立刻显示相关的所有图层。

继续上一节的操作，在室内装饰平面布置图中，有墙线、家具、填充、尺寸标注、文字注释等不同类型的图层，下面将与标注和注释相关的图层放到一个组中。

实例——图层组过滤

（1）在"图层特性管理器"对话框中单击"新建组过滤器"按钮，创建一个名为"组过滤器 2"的图层组，如图 8-36 所示。

（2）单击"全部"选项，显示所有的图层，然后按住 Ctrl 键分别选择"尺寸线"和"文本层"两个图层，按住鼠标左键将其拖曳至新建的"组过滤器 1"上，如图 8-37 所示。

图 8-36　新建"组过滤器"

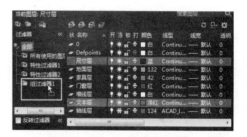

图 8-37　拖到"组过滤器 1"上

（3）单击左侧树状图中的"组过滤器 1"选项，在右侧列表视图中显示该过滤器所过滤的两个图层，如图 8-38 所示。

小贴士：

在"图层特性管理器"中勾选"反转过滤器"复选框，可显示过滤外的所有图层。

练一练

继续上一节的操作，使用"组过滤器"过滤家具、门窗以及墙线所在的图层，结果如图 8-39所示。

图 8-38　过滤结果（3）

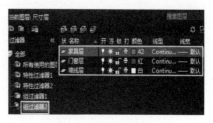

图 8-39　过滤结果（4）

操作提示：

（1）创建"组过滤器 2"，按住 Ctrl 键单击"家具层""门窗层"以及"墙线层"。

（2）拖曳鼠标到"组过滤器 2"上释放鼠标，完成过滤。

8.5　图层的其他功能

除了以上所讲解的图层的功能之外，图层还有其他功能，这些功能对用户的绘图同样有很大的帮助，本节将学习图层的其他功能。

8.5.1　图层匹配

"通过图层匹配"命令可以将选定的对象更改为与目标图层相匹配的对象，简单来说就是将对象更改到另一个图层，并应用该图层的属性。

打开"素材"/"垫片.dwg"文件，这是一幅垫片的机械零件图，我们发现，只有垫片的圆孔绘制在了"轮廓线"层，而垫片轮廓线则被绘制在了"中心线"层上，这不符合绘图要求，如图 8-40 所示。

打开图层控制列表，可见"中心线"层为当前图层，如图 8-41 所示。

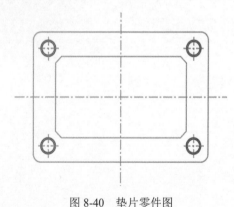

图 8-40　垫片零件图

图 8-41　"中心线层"为当前图层

下面将两个矩形轮廓线调整到"轮廓线"层，并使其匹配"轮廓线"层的属性。

实例——使轮廓线匹配"轮廓线"层的属性

（1）在图层控制列表中单击"匹配图层"按钮，在视图中单击选择垫片的两个矩形轮廓线，如图 8-42 所示。

（2）按 Enter 键确认，然后在视图中单击垫片的圆孔圆，此时发现矩形轮廓线被调整到了圆孔圆所在的"轮廓线"层，并匹配了该层的属性，如图 8-43 所示。

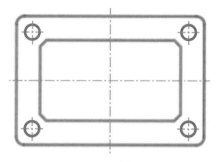

图 8-42 选择矩形轮廓线

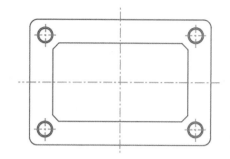

图 8-43 调整轮廓线

📋 **小贴士：**

以上操作其实就是更改图形对象的图层，使其能符合绘图要求。其实，除了使用"图层匹配"这种方法之外，用户也可以直接在视图中选择两个矩形轮廓线，然后在图层控制列表中选择"轮廓线"层，也可以将其放置到"轮廓线"层，并使其匹配该层的属性，读者不妨自己试试。

练一练

使用"图层匹配"功能，将垫片的内矩形轮廓线调整到中心线所在的图层，并匹配该层的属性，结果如图 8-44 所示。

操作提示：

（1）激活"匹配图层"按钮，选择内侧矩形轮廓线并确认。

（2）单击垫片中心线，将其放置到"中心线"层。

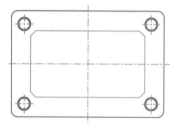

图 8-44 图层匹配

8.5.2 更改为当前图层

可以将选定对象的图层特性更改为当前图层，以方便对其进行编辑。简单来说，就是将选定的对象特性更改为当前图层的特性。继续上一节的操作，当前图层为"中心线"层，下面我们将垫片外矩形轮廓更改为当前图层的特性，即将垫片外矩形轮廓更改到当前图层。

实例——更改为当前图层

（1）在图层控制列表中单击"更改为当前图层"按钮✏，在视图中单击垫片的外矩形轮廓，如图 8-45 所示。

（2）按 Enter 键确认，此时发现垫片外矩形轮廓的属性匹配了当前图层"中心线"的属性，如图 8-46 所示。

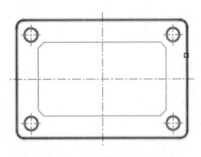

图 8-45　选择外矩形轮廓

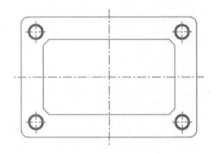

图 8-46　更改结果

疑问解答

疑问 2： "置为当前"和"更改为当前图层"有什么区别？

解答 2： "置为当前"命令是将对象所在图层设置为当前图层，对象所在图层的属性不变；而"更改为当前图层"命令是将选定对象所在层的属性更改为当前图层的属性，简单地说，就是使选定对象匹配当前图层的属性。

练一练

继续上一节的操作，将垫片 4 个外圆孔圆更改到当前图层，并使其匹配当前图层的属性，结果如图 8-47 所示。

操作提示：

（1）激活"更改为当前图层"命令，选择垫片的 4 个外圆孔圆。

（2）确认将其更改为当前图层，并匹配当前图层的属性。

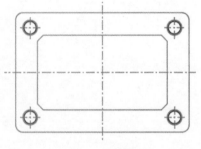

图 8-47　更改效果

8.5.3　复制到新图层

通过"将对象复制到新图层"命令可以将选定的对象复制到其他新图层。继续上一节的操作，将垫片图形的所有对象复制到"轮廓线"层。

实例——复制到新图层

（1）在图层控制列表中单击"将对象复制到新图层"按钮，以窗交方式选择垫片的所有对象，如图 8-48 所示。

（2）按 Enter 键确认，然后在视图中单击"轮廓线"层中的内圆孔圆对象，如图 8-49 所示。

（3）在垫片右侧单击拾取 2 点以指定复制对象的基点和目标点，结果如图 8-50 所示。

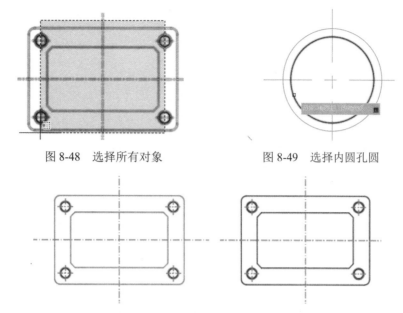

图 8-48　选择所有对象　　　　图 8-49　选择内圆孔圆

图 8-50　复制结果

（4）在图层控制列表中关闭"轮廓线"层，发现复制的垫片图形消失了，这说明对象被复制到了"轮廓线"层。

练一练

复制时可以复制图形的全部，也可以复制图形的特定元素。继续上一节的操作，将垫片图形中的内、外矩形轮廓线复制到"中心线"层，如图 8-51 所示。

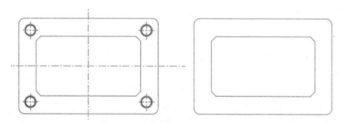

图 8-51　复制轮廓线到"中心线"层

操作提示：
（1）激活"将对象复制到新图层"命令，选择两个矩形轮廓对象。
（2）确认并单击垫片中心线，然后拾取基点和目标点。

8.5.4　合并

通过"合并"命令可以将选定的多个图层合并到当前图层，将以前的图层从图形中删除，从而减少图形的图层数。

继续上一节的操作，该垫片零件有"轮廓线"和"中心线"两个图层，设置当前图层为"轮廓线"层，然后将这两个图层合并到"轮廓线"层。

实例——缩放复制圆

（1）设置"轮廓线"层为当前图层，然后在图层控制列表中单击"合并"按钮，先单击"轮廓线"层上的内圆孔圆对象，再单击"中心线"层上的外圆孔圆对象，如图 8-52 所示。

（2）按 Enter 键确认，然后单击目标图层上的内圆孔圆对象，输入"Y"，按 Enter 键确认，结果图形只有"轮廓线"层，其他图层被删除了，如图 8-53 所示。

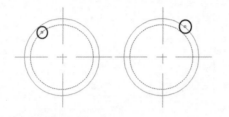 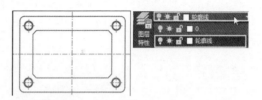

图 8-52　选择要合并图层上的对象　　　图 8-53　合并结果与图层

练一练

打开"实例"/"第 7 章"/"职场实战——绘制基板机械零件俯视图.dwg"文件，将"点划线""轮廓线"以及"尺寸层"合并到"尺寸层"，如图 8-54 所示。

操作提示：

（1）设置"尺寸层"层为当前图层，激活"合并"命令，分别选择"尺寸层""中心线"以及"轮廓线"并确认。

（2）选择尺寸作为要合并的目标图层，然后确认进行合并。

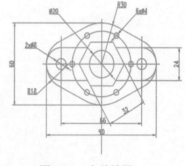

图 8-54　合并结果

8.6　综合练习——新建室内装饰装潢设计中的常用图层

在 AutoCAD 装饰设计中，要绘制一幅完整的室内装饰设计图，需要新建多个图层，并根据需要设置各图层的属性。本节我们来新建室内装饰设计中常用的图层，并设置图层属性。

8.6.1　新建所需图层

在室内装饰设计中，绘制一幅完整的室内装饰设计图一般需要新建"轴线层""地面层""墙线层""门窗层""楼梯层""家具层""图块层""尺寸层""文字层""符号层"以及"其他层"

等图层，下面就开始新建这些图层。

（1）执行"文件"/"新建"命令，打开"新建"对话框，选择"acadISO-Named Plot Styles"文件作为基础样板，单击 打开(0) 按钮，创建新的绘图文件。

（2）输入"LA"，按 Enter 键打开"图层特性管理器"对话框，单击"新建图层"按钮，新建"图层 1"，如图 8-55 所示。

（3）在"图层 1"的名称上右击，选择"重命名图层"选项，然后将其重命名为"轴线层"，如图 8-56 所示。

（4）按 Enter 键 13 次，新建图层 2~图层 14，然后依照前面的操作，分别将其命名为"墙线层""门窗层""地面层""楼梯层""家具层""图块层""尺寸层""文字层""符号层""吊顶层""灯具层""面积层"以及"其他层"，如图 8-57 所示。

图 8-55 新建"图层 1"

图 8-56 重命名图层

图 8-57 新建其他 13 个图层

8.6.2 设置图层的颜色特性

在前面章节中我们讲过，颜色对于绘图来说意义不大，只起到了区分图形元素的作用，系统默认下，所有图层的颜色都是白色，绘图人员可以根据自己的喜好来设置各层的颜色，下面我们就来设置各层的颜色。

（1）在图层控制列表中单击"尺寸层"前面的■按钮，打开"选择颜色"对话框，单击选择绿色颜色块，然后单击 确定 按钮，将该颜色指定给"尺寸层"，如图 8-58 所示。

（2）再次单击"灯具层"的颜色按钮，打开"选择颜色"对话框，在下方的"颜色"文本框中输入"200"，单击 确定 按钮，将该颜色指定给"灯具层"，如图 8-59 所示。

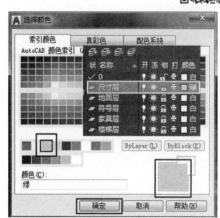

图 8-58 设置"尺寸层"的颜色

（3）使用这两种方法，分别设置"吊顶层"的颜色为 102 号颜色、"家具层"的颜色为 52 号颜色、"楼梯层"的颜色为 92 号颜色、"门窗层"的颜色为红色、"面积层"的颜色为 152 号颜色、"图块层"的颜色为 62 号颜色、"文字层"的颜色为洋红、"地面层"的颜色为 140 号颜色、"轴线层"的颜色为 126 号颜色，如图 8-60 所示。

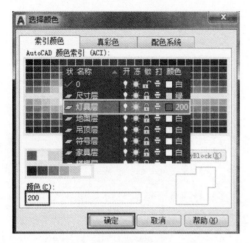

图 8-59　设置"灯具层"的颜色

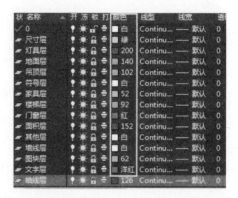

图 8-60　设置各层的颜色特性

小贴士：

在建筑室内装饰装潢设计图绘制中，除了以上所列举的这些图层之外，还要根据实际情况来确定图层。需要说明的是，设置过多无用的图层会占用大量系统资源，影响软件的运行速度，因此图层的数量以够用为好。另外，在设置颜色特性时，一般情况下，地面、墙线、符号等这些图层使用系统默认的颜色即可。

8.6.3　设置线型与线宽

线型与线宽对绘图来说非常重要，不同的图形元素使用不同的线宽，这是行业规定，下面我们来设置图层的线宽。

（1）单击"轴线层"层的线型按钮，打开"选择线型"对话框，单击 加载(L)... 按钮，打开"加载或重载线型"对话框。

（2）选择名为"ACAD_ISO04W100"的线型，单击 确定 按钮，将其加载到"选择线型"对话框，如图 8-61 所示。

（3）在"选择线型"对话框中选择加载的线型，单击 确定 按钮，将其指定给"轴线层"层，结果如图 8-62 所示。

（4）在"墙线层"的线宽位置上单击左键，打开"线宽"对话框，选择"1.00mm"的线宽，单击 确定 按钮，将其指定给"墙线层"，如图 8-63 所示。

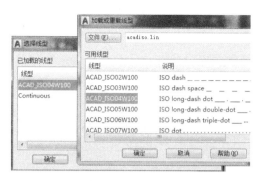

图 8-61 加载线型　　　　　　　　　　　　图 8-62 指定线型

（5）这样，室内装饰装潢设计中常用的图层及其图层特性设置完毕，效果如图 8-64 所示。

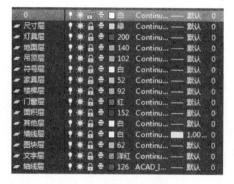

图 8-63 设置线宽　　　　　　　　　　　　图 8-64 图层及其特性

（6）关闭"图层特性管理器"对话框，执行"另存为"命令，将该文件命名为"综合练习——新建室内装饰装潢设计中的常用图层.dwg"文件。

8.7 职场实战——规划管理机械零件组装图

在机械制图中，机械零件图的元素要根据其属性不同，使用不同的线型、线宽、颜色等属性进行表达，并将其放在不同的图层中，这样便于对图形进行管理。

打开"素材"/"零件组装图 01.dwg"文件，这是一个机械零件组装图。单击"图层"工具栏上的 "图层特性管理器"按钮，打开"图层特性管理器"对话框，我们发现，该文件只有系统默认的两个图层，并且零件的所有图形元素都被绘制在了"0"图层上，如图 8-65 所示。

这显然不符合机械零件图的绘图要求，下面通过"图层"来重新规划该零件图，使其符合图形设计要求，结果如图 8-66 所示。

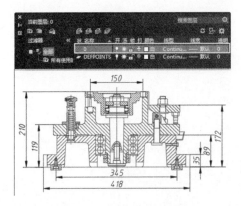

图 8-65　机械零件组装图

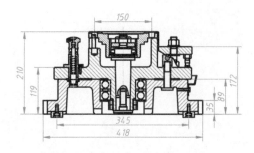

图 8-66　规划后的机械零件组装图

8.7.1　新建图层并设置图层属性

要想重新规划该零件图，就必须重新新建图层，并设置图层属性。根据该零件图的图形元素特性，我们需要新建"标注线""轮廓线""剖面线"和"中心线"4 个图层，并设置各图层的颜色和线型、线宽特性，这样才能很好地规划该零件图。

（1）单击"图层特性管理器"对话框中的"新建图层"按钮，新建名为"图层 1"的新图层，将其改名为"中心线"层，如图 8-67 所示。

（2）按 3 次 Enter 键，分别新建"图层 2""图层 3"和"图层 4"，并将其分别命名为"轮廓线""剖面线"以及"标注线"，如图 8-68 所示。

图 8-67　新建"图层 1"

图 8-68　新建其他 3 个图层

下面首先设置"中心线"层的颜色和线型，再设置"轮廓线"层的线宽以及"标注线"层和"剖面线"层的颜色。

（3）单击"中心线"层的颜色按钮，在弹出的"选择颜色"对话框中单击红色，单击 确定 按钮，设置该层的颜色为红色，如图 8-69 所示。

（4）继续单击该层的线型按钮，打开"选择线型"对话框，继续单击 加载(L)... 按钮，打开"加载或重载线型"对话框。

（5）选择名为"CENTER2"的线型，单击 确定 按钮，将其加载到"选择线型"对话框，如图 8-70 所示。

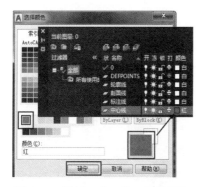

图 8-69 设置"中心线"层的颜色

图 8-70 加载线型

（6）在"选择线型"对话框中选择加载的线型，单击 确定 按钮，将其指定给"中心线"层，结果如图 8-71 所示。

下面设置"轮廓线"层的线宽以及"标注线"层和"剖面线"层的颜色。

（7）单击"轮廓线"层的"线宽"按钮，在弹出的"线宽"对话框中选择"0.30mm"的线宽，单击 确定 按钮，将其指定给"轮廓线"层，如图 8-72 所示。

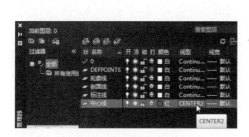

图 8-71 指定线型

图 8-72 设置"轮廓线"层的线宽

（8）单击"标注线"层的颜色按钮，在弹出的"选择颜色"对话框中选择绿色，单击 确定 按钮，设置该层的颜色。

（9）使用相同的方法设置"剖面线"层的颜色为天蓝色。至此，图层及其属性设置完毕，结果如图 8-73 所示。

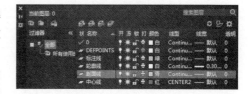

图 8-73 图层及其属性

小贴士：

在该实例中，用户只需要设置"中心线""轮廓线"和"标注线"层的线型、颜色和线宽，"剖面线"层不用设置，采用默认的线型、线宽和颜色即可。

8.7.2 规划图形

设置好图层及其属性之后，可以根据图形各元素的属性进行规划图形，下面我们就来规划该机械零件组装图。

（1）在无命令执行的前提下，单击 0，选择零件图中的所有中心线，使其夹点显示。然后在图层控制下拉列表中选择"中心线"图层，将其放入该层，如图 8-74 所示。

📋 **小贴士：**

该零件图中的中心线较多，在选择时可以将图形放大，仔细查看并选择所有中心线，切不可遗漏。

（2）按 Esc 键取消中心线的夹点显示，然后使用相同的方法，分别将图形中的尺寸标注放入"标注线"层，将图形中的剖面填充图案放入"剖面线"层，结果如图 8-75 所示。

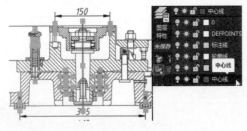

图 8-74　调整中心线

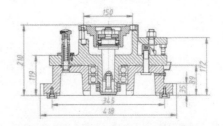

图 8-75　调整尺寸标注与剖面线

（3）在图层控制列表中将"中心线"层、"标注线"层以及"剖面线"层暂时关闭，此时图形效果如图 8-76 所示。

（4）以窗口方式选择所有图形对象，在图层控制列表中选择"轮廓线"层，将其放入"轮廓线"层，然后取消夹点显示。

（5）打开"中心线"层、"标注线"层以及"剖面线"层，完成该机型零件装配图的规划，效果如图 8-77 所示。

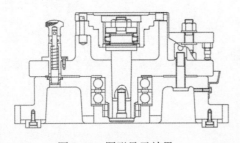

图 8-76　图形显示效果

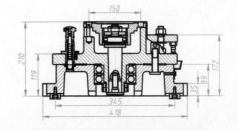

图 8-77　规划后的机械零件组装图

（6）执行"文件"/"另存为"命令，将该文件命名并存储为"综合练习——规划管理机械零件组装图.dwg"文件。

第9章 块、属性与特性

 **本章导读**

在 AutoCAD 2020 中，除了前面章节中学习的点、线以及二维基本图形之外，还有一些其他图形，这类图形比较特殊，不可以直接绘制，而是通过其他方法来创建，本章就来学习创建与应用特殊图形的相关知识。

本章主要内容如下：

- ⤷ 块
- ⤷ 属性
- ⤷ 特性与特性匹配
- ⤷ 快速选择
- ⤷ 综合练习——标注建筑平面图轴标号
- ⤷ 职场实战——完善建筑墙体平面图

9.1 块

在 AutoCAD 实际绘图中，可以将多个图形或文字进行组合，使其形成单个对象的集合。将该集合直接应用到图形中，不仅可以很大程度地提高绘图速度、节省存储空间、使绘制的图形更标准化和规范化，同时也方便用户对图形进行编辑，该集合就叫作"块"，"块"分为"内部块"与"外部块"两种，本节就来学习"块"的创建、编辑以及应用。

9.1.1 定义"块"

定义"块"是指在当前图形文件中创建并保存于当前文件中的"块"，因此，这类"块"一般只能供当前文件重复使用，而不能应用于其他文件。

定义"块"是在"块定义"对话框中完成的，用户可以通过以下方式打开"块定义"对话框。

- ⤷ 单击"默认"选项卡下的 "块"选项中的 "创建"按钮■。
- ⤷ 输入"Block"或"Bmake"后按 Enter 键确认。
- ⤷ 输入"B"，按 Enter 键确认。

下面通过一个简单的实例，来学习定义"块"的相关知识。

打开"素材"/"壁灯立面图.dwg"素材文件，将该图形定义为"块"。

实例——定义"块"

（1）输入"B"，按 Enter 键打开"块定义"对话框，在"名称"列表中输入"壁灯立面图"，单击"拾取点"按钮返回绘图区，捕捉壁灯底盘下边的中点，如图 9-1 所示。

小贴士：

> 块名是一个不超过 255 个字符的字符串，可包含字母、数字、"$"、"-"及"_"等符号。另外，捕捉壁灯的中点其实是定位块的基点，基点是"块"在插入图形中时的定位点，基点一般选择图形的特征点，即中点、象限点、端点等。如果勾选"在屏幕上指定"复选框，则返回绘图区，在屏幕上拾取一点作为块的基点。

（2）系统再次返回"块定义"对话框，单击"选择对象"按钮，再次返回绘图区，以"窗口"方式选择壁灯所有对象，如图 9-2 所示。

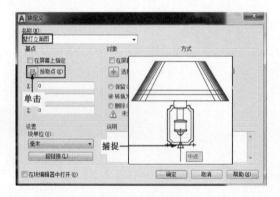

图 9-1　捕捉中点

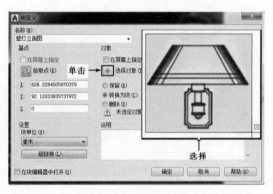

图 9-2　选择壁灯对象

小贴士：

> 在定义块时，系统默认下，直接将原图形转换为图块文件，如果勾选"保留"复选框，定义图块后，原图形将保留，否则，原图形不保留。如果勾选"删除"复选框，定义图块后，将从当前文件中删除选定的图形。另外，如果勾选"按统一比例缩放"复选框，那么在插入块时，仅可以对块进行等比缩放。勾选"分解"复选框，插入的图块允许被分解。另外，勾选"在块编辑器中打开"复选框，定义完块后自动进入块编辑器窗口，以便对图块进行编辑管理。有关块的编辑，在后面章节将进行详细讲解。

（3）按 Enter 键返回"块定义"对话框，该对话框中显示了定义的图块的缩览图，如图 9-3 所示。

（4）单击 确定 按钮，完成块的定义。

练一练

打开"素材"/"'自'功能示例.dwg"素材文件，将该图形定义为"窗户"的"块"，并将原图形删除，如图 9-4 所示。

图9-3 定义的块

图9-4 创建内部块

操作提示：

（1）打开"块定义"对话框，将块命名为"窗户"，激活"拾取点"按钮，捕捉窗户的左下端点为基点。

（2）勾选"删除"复选框，激活"选择对象"按钮，分别单击选择窗户的所有对象并按Enter键返回，单击 确定 按钮完成块的定义。

9.1.2 写块

与定义块不同，通过"写块"命令创建的块可以保存为素材，不但可以被当前文件所使用，还可以供其他文件重复引用。

"写块"既可以将当前文件中定义的块重新定义并保存，还可以将屏幕上的所有对象或者部分对象进行写块。

继续上一节的操作，将上一节定义的"壁灯立面图"的块进行写块。

实例——写块

（1）输入"W"，按Enter键打开"写块"对话框，勾选"块"复选框。

（2）单击"块"下拉列表按钮，选择"壁灯立面图"内部块，然后单击"文件名和路径"文本框右侧的 按钮，打开"浏览图形文件"对话框。

（3）选择存储路径并将图块命名为"壁灯立面图01"，单击 保存(S) 按钮将其保存并返回"写块"对话框，如图9-5所示。

（4）单击 确定 按钮，"壁灯立面图"的内部块被转化为外部块，以独立文件形式存盘。

图9-5 命名并储存外部块

📋 **小贴士：**

> 在定义外部块时，勾选"对象"复选框后，下面的选项被激活，然后确定图形的基点并选择对象，可以将选择的图形对象直接创建为外部块；勾选"整个图形"复选框，则可以将视图中的所有对象创建为一个外部块，这两种方法与创建内部块的方法相同，在此不再赘述。

练一练

继续上一节的操作，将壁灯的灯罩创建为"壁灯灯罩"的块，并将原图形删除，如图9-6所示。

操作提示：

（1）打开"写块"对话框，勾选"对象"复选框，以灯罩上边线的中点为基点，单击选择壁灯灯罩对象。

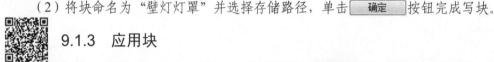

图9-6 "壁灯灯罩"的块

（2）将块命名为"壁灯灯罩"并选择存储路径，单击 确定 按钮完成写块。

9.1.3 应用块

不管是定义的块还是写块，都可以将其应用到图形对象中，将应用块的操作称为"插入"，插入块是在"块"对话框中进行的，用户可以通过以下方式打开"块"对话框。

- ➡ 在"默认"选项卡下的"块"选项中单击"插入"按钮📋，在弹出的列表中选择"最近使用的块"选项。
- ➡ 在命令行输入"Insert"后按 Enter 键确定。
- ➡ 使用快捷键 I。

插入时可以指定插入点、设置插入比例、旋转角度等。下面将上一节定义的"壁灯立面图"的内部块插入该文件中。

实例——将"壁灯立面图"的块插入当前图形中

（1）输入"I"，按 Enter 键打开"块"对话框，单击"最近使用"选项卡，显示最近定义的块对象，如图9-7所示。

（2）单击"壁灯立面图"的块，在绘图区单击拾取一点确定插入基点，然后按 Enter 键将其插入，如图9-8所示。

图9-7 最近使用的块对象

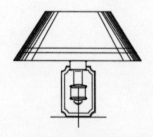

图9-8 插入块

![小贴士图标] 小贴士：

插入块时可以在"插入选项"列表中进行相关设置。

插入点：勾选该复选框，在视图中捕捉一点进行插入；取消该选项的勾选，可以设置插入的 X、Y、Z 的坐标。

比例：勾选该复选框，不设置比例；取消该选项的勾选，可以设置插入的 X、Y、Z 的缩放比例。

旋转：勾选该复选框，不旋转；取消该选项的勾选，可以设置旋转角度。

重复放置：勾选该复选框，只能插入一个对象；取消该选项的勾选，可以连续插入多个对象。

分解：勾选该复选框，插入的块对象被分解；取消该选项的勾选，插入的对象不被分解。

另外，激活"当前图形"选项卡，则显示在当前图形中定义的块对象。单击"其他图形"选项卡，可以选择写块的块对象。

练一练

新建图像文件，将"壁灯灯罩"的块对象以 30°角插入新建文件中，如图 9-9 所示。

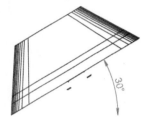

图 9-9　插入"壁灯灯罩"的块

操作提示：

（1）打开"块"对话框，单击"其他图形"选项卡，然后单击对话框右上角的 ⋯ 按钮，打开"选择图形文件"对话框。

（2）选择"图块"目录下的"壁灯灯罩"的图块文件并将其打开，在"插入选项"中设置插入角点为 30°，在绘图区单击并按两次 Enter 键将其插入。

9.1.4　编辑块

可以对插入的块进行编辑修改，以满足绘图要求。编辑块时会进入"块编辑器"选项卡，在该选项卡中可以对块进行编辑。

用户可以通过以下方式进入"块编辑器"选项卡。

▷　在"默认"选项卡下单击"块"选项中的"编辑"按钮 ![图标]。

▷　输入"BEDIT"后按 Enter 键确认。

▷　输入"BE"后按 Enter 键确认。

▷　双击要编辑的块对象。

执行以上操作后会打开"编辑块定义"对话框，如图 9-10 所示。

在该对话框中选择要编辑的块，单击 确定 按钮后即可进入"块编辑器"选项卡。

继续上一节"练一练"的操作，向插入的"壁灯灯罩"块中填充图案，结果如图 9-11 所示。

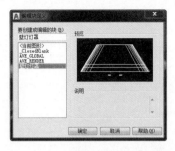

图 9-10　"编辑块定义" 对话框

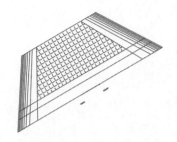

图 9-11　编辑结果

实例——向"壁灯灯罩"块中填充图案

（1）输入 "BE"，按 Enter 键打开 "编辑块定义" 对话框，选择 "壁灯灯罩" 的块，单击 确定 按钮进入 "块编辑器" 选项卡，如图 9-12 所示。

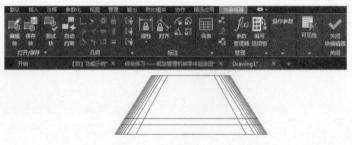

图 9-12　"块编辑器" 选项卡

（2）进入 "默认" 选项卡，单击 "绘图" 选项中的 "图案填充" 按钮，在灯罩中间位置单击，确定填充区域，如图 9-13 所示。

（3）单击右侧的关闭按钮，使用默认图案填充该区域，同时打开 "未保存更改" 对话框，如图 9-14 所示。

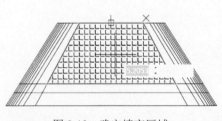

图 9-13　确定填充区域

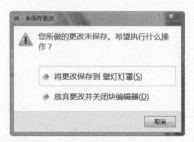

图 9-14　"未保存更改" 对话框

（4）单击 "将更改保存到壁灯灯罩" 选项后返回绘图区，此时发现 "壁灯灯罩" 块对象被填充了图案，如图 9-15 所示。

📓 **小贴士：**

> 在编辑块时，当进入块编辑状态后，可以根据具体需要对块进行编辑，编辑完成后，切记要在弹出的"未保存更改"对话框中选择"将更改保存到壁灯灯罩"选项，这样才能将编辑结果保存。

练一练

在当前文件中插入 9.1.1 小节"练一练"中定义的"窗户"块，然后向该窗户玻璃中绘制玻璃示意线，如图 9-16 所示。

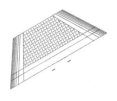

图 9-15　编辑结果

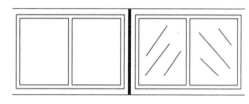

图 9-16　编辑"窗户"块

操作提示：

（1）双击"窗户"块，打开"编辑块定义"对话框，单击 确定 按钮进入"块编辑器"选项卡。

（2）激活"直线"命令，在窗户玻璃上绘制短线作为玻璃示意线。

（3）单击"关闭"按钮，在弹出的"未保存更改"对话框中选择"将更改保存到窗户"选项。

9.2　属　　性

"属性"实际上就是一种块的文字信息。属性不能独立存在，它是附属于图块的一种非图形信息，用于对图块进行文字说明，本节将学习"属性"的相关知识。

9.2.1　定义文字属性

文字属性一般用于几何图形，以表达几何图形无法表达的一些内容。例如，在建筑设计中，建筑设计图中的轴标号其实就是一种文字属性块。

定义属性是在"属性定义"对话框中完成的，用户可以通过以下方式打开该对话框。

❯　在"默认"选项卡下单击"块"选项中的"定义属性"按钮。

❯　输入"ATTDEF"，按 Enter 键确认。

❯　输入"ATT"，按 Enter 键确认。

下面就来定义标记为 X 的文字属性。

实例——定义文字属性

（1）设置"圆心"捕捉模式，输入"C"，按 Enter 键激活"圆"命令，绘制半径为 4 的圆。

（2）输入"ATT"，按 Enter 键打开"属性定义"对话框，在"标记"文本框中输入值"X"，在"提示"文本框中输入"输入编号："，在"默认"文本框中输入"C"。

（3）在"对正"列表中选择"正中"，在"文字样式"列表中选择"Standard"，设置"文字高度"为5，设置"旋转"为0，如图9-17所示。

（4）单击 确定 按钮返回绘图区，捕捉圆心作为属性插入点，结果如图9-18所示。

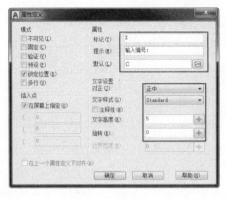

图9-17　属性设置

图9-18　定义的文字属性

 📖 知识拓展：

"模式"选项用于设置属性的显示模式，具体如下。

不可见：该复选框用于设置插入属性块后是否显示属性值。

固定：该复选框用于设置属性是否为固定值。

验证：该复选框用于设置在插入块时提示确认属性值是否正确。

预设：该复选框用于将属性值定为默认值。

锁定位置：该复选框用于将属性位置进行固定。

多行：该复选框用于设置多行的属性文本。

练一练

定义标记为 A 的文字属性，如图9-19所示。

操作提示：

（1）绘制半径为5的圆，打开"属性定义"对话框，输入"标记"值为"A"，"提示"内容为"输入编号："，"默认"值为"B"，"对正"为"正中"，"文字样式"为默认，"文字高度"为6，"旋转"为0。

图9-19　标记为 A 的文字属性

（2）单击 确定 按钮捕捉圆心。

9.2.2 修改属性

定义文字属性后，可以更改属性的标记、提示以及默认值等。继续上一节的操作，下面更改标记为"X"的属性值为 A，"默认值"为 B。

实例——更改属性值

（1）执行"修改"/"对象"/"文字"/"编辑"命令，单击定义的属性值"X"，打开"编辑属性定义"对话框。

（2）修改"标记"值为"A"，修改"默认"值为"B"，如图 9-20 所示。

（3）单击 确定 按钮，结果属性值被修改，如图 9-21 所示。

练一练

继续上一节"练一练"的操作，将文字属性中的"标记"值 A 修改为 B，"默认"值 B 修改为 C，如图 9-22 所示。

图 9-20　修改属性值　　　　图 9-21　修改结果（1）　　图 9-22　修改结果（2）

操作提示：

（1）执行"修改"/"对象"/"文字"/"编辑"命令，单击标记 A，打开"编辑属性定义"对话框。

（2）修改"标记"值为 B，"默认"值为 C，单击 确定 按钮确认。

9.2.3 定义属性块

可以将属性定义为属性块，当定义属性块之后，可以对属性块进行实时编辑，例如，更改属性的值、特性等。定义属性块的操作其实与创建块的方法相同。

继续上一节的操作，将"标记"为 A 的属性定义为属性块。

实例——定义属性块

（1）输入"B"，按 Enter 键打开"块定义"对话框，在"名称"文本框中将其命名为"轴标号"，勾选"转换为块"复选框。

（2）单击"拾取点"按钮 返回绘图区，捕捉圆心作为块的基点。然后返回"创建块"对话框，单击"选择对象"按钮 ，再次返回绘图区，以窗口方式选择属性。

（3）按 Enter 键返回"块定义"对话框，则在此对话框中出现图块的预览图标，如图 9-23 所示。

（4）单击 确定 按钮，打开"编辑属性"对话框，修改"输入编号"为 B，单击 确定 按钮，则属性块的编号被修改为 B，如图 9-24 所示。

图 9-23　定义属性块的设置　　　　　图 9-24　修改属性块的编号

练一练

继续上一节"练一练"的操作，将"标记"为 B 的属性定义为编号为 A 的属性块，如图 9-25 所示。

操作提示：

（1）输入"B"打开"块定义"对话框，依照前面的操作将其定义为"编号"的属性块。

（2）在打开的"编辑属性"对话框中修改"输入编号"为 A 并确认。

图 9-25　定义属性块

9.2.4　编辑属性块

当定义属性块后，用户可以对属性块进行编辑，例如，更改属性的值以及特性等，这些操作都是在"增强属性编辑器"对话框中完成的，用户可以通过以下方式打开该对话框。

➤　在"默认"选项卡中单击"块"选项中的"单个"按钮 。

➤　输入"EATTEDIT"后按 Enter 键确认。

➤　输入"ED"后按 Enter 键确认。

继续上一节的操作，编辑标记为 B 的属性块，修改其"值"为 A。

实例——编辑属性块

（1）输入"ED"，按 Enter 键确认，单击标记为 B 的属性块，打开"增强属性编辑器"对话框。

（2）进入"属性"选项卡，修改属性值为 A，此时发现属性块的标记显示为 A，如图 9-26 所示。

（3）进入"文字选项"选项卡，在"文字样式"列表中选择文字样式，在"对正"列表中选择对正方式，在"高度"文本框中设置文字高度，例如输入"6"，在"旋转"文本框中设置文字的旋转角度，例如设置为 30，在"宽度因子"文本框中输入文字的宽度因子，例如设置"宽度因子"为 1.5，在"倾斜角度"文本框中设置文字的倾斜角度，例如设置其值为 30，此时发现文字发生了变化，如图 9-27 所示。

图 9-26　修改标记

图 9-27　文字选项设置

📓 小贴士：

勾选"反向"复选框，则文字翻转；勾选"倒置"复选框，则文字倒置，如图 9-28 所示。

（4）进入"特性"选项卡，设置文字的特性，包括颜色、图层、线型、线宽以及打印样式等，最后单击 应用(A) 按钮和 确定 按钮，完成属性块的编辑。

练一练

继续上一节的操作，对上一节"练一练"中"标记"为 A 的属性块进行编辑，修改"标记"为 G，文字高度为 7，"旋转"角度为 45，"宽度因子"为 2，"倾斜角度"为 30，如图 9-29 所示。

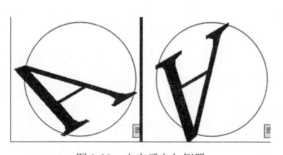

图 9-28　文字反向与倒置

图 9-29　编辑属性块

操作提示：

（1）输入"ED"，单击属性块，打开"增强属性编辑器"对话框，进入"属性"选项卡，修改"值"。进入"文字选项"选项卡，修改文字高度、角度、比例因子等。

（2）单击 应用(A) 按钮和 确定 按钮完成属性块的编辑。

9.3 特性与特性匹配

特性是指图形的图层、颜色、线型、线宽、厚度、宽度等一系列几何属性，特性匹配是指将一个图形的特性匹配给其他图形对象，本节继续学习图形的特性和特性匹配的相关知识。

9.3.1 特性

特性是图形的基本特征，这些特征都可以根据绘图需要进行设置，图形特性的设置是在"特性"对话框中进行的，用户可以通过以下方式打开"特性"对话框。

- ➤ 执行菜单栏中的"修改"/"特性"命令。
- ➤ 在命令行输入"Properties"，按 Enter 键确认。
- ➤ 使用命令简写 PR。
- ➤ 按组合键 Ctrl+1。

打开"素材"/"垫片 01.dwg"素材文件，这是一个垫片零件图，我们发现该零件图的轮廓线采用了与中心线相同的线型，颜色使用了与垫片圆孔不同的绿色，如图 9-30（a）所示，这不符合绘图要求，下面重新设置图形轮廓线的线型和颜色特性，使其符合绘图要求，如图 9-30（b）所示。

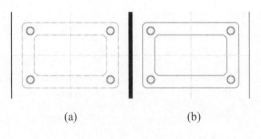

图 9-30 垫片零件

实例——设置图形特性

（1）输入"PR"，按 Enter 键打开"特性"对话框，在视图中单击，选择垫片的两个圆角矩形轮廓线，使其夹点显示，然后单击"特性"对话框的颜色列表，选择"ByBlock"，如图 9-31 所示。

（2）单击"线型"下拉列表，选择"ByLayer"线型，如图 9-32 所示。

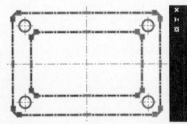

图 9-31 选择"颜色"

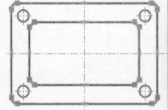

图 9-32 选择"线型"

（3）按 Esc 键取消夹点显示，完成垫片轮廓线特性的设置。

知识拓展：

"特性"对话框分为标题栏、工具栏、特性窗口三部分，各部分功能如下。

标题栏：显示名称以及调整对话框的位置等。

工具栏：放置了选择对象的相关工具，其中，单击"选择对象"按钮 ，在绘图区单击对象，然后按 Enter 键，对象进入夹点显示状态，表示对象被选择；单击"快速选择"按钮 打开"快速选择"对话框，可以根据对象的图层、颜色、线型、线宽等特性快速选取对象。有关该对话框的具体操作，将在后面的章节进行详细讲解。

"特性"对话框：在系统默认下，"特性"对话框包括"常规""三维效果""打印样式""视图"和"其他" 5 个组合框，如图 9-33 所示。

"常规"组合框用于对二维图形的颜色、图层、线型、比例、线宽、透明度以及厚度进行设置；"三维效果"组合框主要对三维模型的材质进行设置；"打印样式"组合框主要对图形打印时的样式进行设置；"视图"组合框主要对视图的圆心坐标以及宽度和高度进行设置；"其他"组合框主要对图形的注释比例、UCS 原点等进行设置。需要说明的是，当选择一个二维图形对象后，会出现"几何图形"组合框，可以设置二维图形的起点、端点坐标、增量的 XYZ 以及长度和角度，如图 9-34 所示。

图 9-33　"特性"对话框

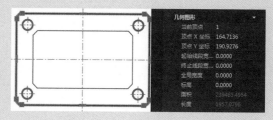

图 9-34　"几何图形"组合框

练一练

继续上一节的操作，设置垫片零件图中的"中心线"的颜色为洋红色，如图 9-35 所示。

操作提示：

（1）打开"特性"对话框，激活 "选择对象"按钮 ，单击垫片的中心线以及 4 个圆孔的中心线，按 Enter 键将其选择。

（2）在"常规"组合框中单击颜色列表，选择洋红色，然后按 Esc 键取消夹点显示。

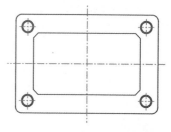

图 9-35　设置中心线的特性

9.3.2　特性匹配

可以将一个图形对象的特性快速匹配给其他图形对象，达到快速编辑图形特性的目的。用户可以使用以下几种方式激活"特性匹配"命令。

➥ 执行菜单栏中的"修改"/"特性匹配"命令。

➥ 在命令行输入"MATCHPROP"，按 Enter 键确认。

➥ 使用命令简写 MA。

重新打开"垫片 01.dwg"素材文件，将垫片 4 个圆孔圆的特性匹配给垫片的两个圆角巨型轮廓线，使其与圆孔圆的特性一致。

实例——设置图层的线型

（1）输入"MA"，按 Enter 键激活"特性匹配"命令，单击选择垫片圆孔圆对象，如图 9-36 所示。

（2）继续单击选择垫片的两个圆角矩形，如图 9-37 所示。

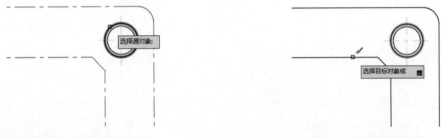

图 9-36　选择圆孔圆　　　　　　　　　图 9-37　选择圆角矩形

（3）按 Enter 键确认，结果圆孔圆的特性被匹配给了圆角矩形，如图 9-38 所示。

📋 小贴士：

系统默认设置下，使用"特性匹配"命令可以将原图形对象的所有特性匹配给目标对象，如果只想将原图形对象的部分特性匹配给目标对象，则可以在激活"特性匹配"命令并选择源对象后，输入"S"，并按 Enter 键打开"特性设置"对话框，在该对话框中，用户可以根据需要选择需要匹配的基本特性和特殊特性，如图 9-39 所示。

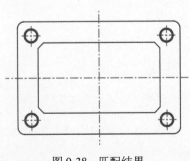

图 9-38　匹配结果

图 9-39　"特性设置"对话框

其中，"颜色"和"图层"选项适用于除 OLE（对象链接嵌入）对象之外的所有对象；"线型"选项适用于除属性、图案填充、多行文字、OLE 对象、点和视口之外的所有对象；"线型比例"选项适用于除属性、图案填充、多行文字、OLE 对象、点和视口之外的所有对象。

练一练

打开"素材"/"特性示例.dwg"素材文件，这是一个有厚度和宽度的矩形和一个普通矩形，如图 9-40 所示。

下面将左侧矩形的宽度特性匹配给右侧的普通矩形，结果如图 9-41 所示。

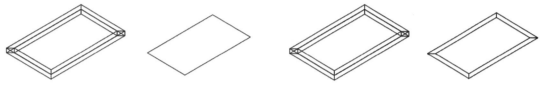

图 9-40　素材文件　　　　　　　　　图 9-41　特性匹配结果

操作提示：

（1）输入"MA"激活"特性匹配"命令，单击左侧矩形，输入"S"，按 Enter 键打开"特性设置"对话框，取消"厚度"选项的勾选，单击"确定"按钮。

（2）单击右侧的普通矩形，按 Enter 键确认，完成特性匹配的操作。

9.4　快速选择

在 AutoCAD 中，经常要选取图形的多个元素，而对于一幅大型设计图来说，其元素众多，要选择这些元素就有些困难。而使用"快速选择"命令，可以快速选取所需的图形元素，本节就来学习快速选择图形元素的相关知识。

9.4.1　了解快速选择的过滤功能

"快速选择"命令可以根据图形元素的类型、图层、颜色、线型、线宽等特性来设定过滤条件，快速选择所需的元素，用户可以通过以下方式打开"快速选择"对话框。

➥　执行菜单栏中的"工具"/"快速选择"命令。

➥　在"默认"选项卡下的"实用工具"选项中单击"快速选择"按钮 ▣ 。

➥　在命令行输入"QSELECT"，按 Enter 键。

打开"快速选择"对话框，在该对话框中有三级过滤功能，分别是"应用到""对象类型"以及"特性"，如图 9-42 所示。

↳ 应用到

"应用到"列表框属于快速选择的一级过滤功能，指定是否将过滤条件应用到整个图形或当前选择集，系统默认为"整个图形"，表示对整个图形进行过滤，如果要创建当前选择集，则单击 "选择对象"按钮  回到绘图区，单击选择对象，然后按 Enter 键重新显示该对话框。AutoCAD 将"应用到"设置为"当前选择"，对当前已有的选择集进行过滤，只有当前选择集中符合过滤条件的对象才能被选择。

图 9-42 "快速选择"对话框

↳ 对象类型

"对象类型"列表框属于快速选择的二级过滤功能，用于指定要包含在过滤条件中的对象类型，如果过滤条件应用于整个图形，那么"对象类型"列表包含全部的对象类型，包括自定义，否则，该列表只包含选定对象的对象类型。

↳ "特性""运算符"以及"值"

这是三级过滤功能，其中"特性" 选项用于指定过滤器的对象特性，在此文本框内包括选定对象类型的所有可搜索特性，选定的特性确定"运算符"和"值"中的可用选项。

例如，在"对象类型"下拉列表框中选择圆，"特性"窗口的列表框中就列出了圆的所有特性，从中选择一种用户所需的对象的共同特性。

"运算符"下拉列表用于控制过滤器值的范围。根据选定的对象属性，其过滤的值的范围分别是"=（等于）""<>（不等于）"">（大于）""<（小于）"和"全部选择"。

而"值"列表框用于指定过滤器的特性值。如果选定对象的已知值可用，那么"值"成为一个列表，可以从中选择一个值；如果选定对象的已知值不存在或者没有达到绘图的要求，就可以在"值"文本框中输入一个值。

另外，在"如何应用"选项组中可以指定是否将符合过滤条件的对象包括在新选择集内或是排除在新选择集之外；勾选"附加到当前选择集"复选框，可以指定创建的选择集是替换当前选择集还是附加到当前选择集。

9.4.2 应用"快速选择"命令选择对象

了解了"快速选择"对话框的相关设置以及功能后，本节我们通过具体实例，学习如何使用"快速选择"命令快速选取图形元素。

打开"素材"/"室内装饰平面布置图.dwg"素材文件，这是一个室内装饰平面布置图，该图中的图形元素众多，如图 9-43 所示。

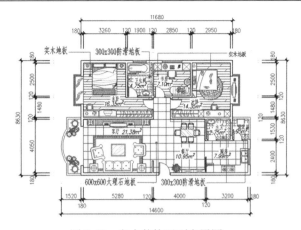

图 9-43 室内装饰平面布置图

下面使用"快速选择"命令选取图形中的所有家具以及地面填充图案，并将其删除，使其结果如图 9-44 所示。

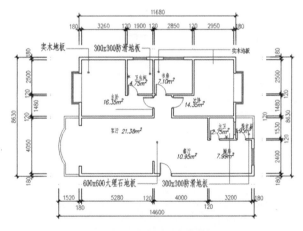

图 9-44 选择并删除结果

实例——快速选择家具与地面填充并删除

（1）打开"快速选择"对话框，首先选择地面填充图案。

（2）在"应用到"列表中选择"整个图形"选项，在"对象类型"列表中选择"所有图元"选项，在"特性"列表中选择"图层"选项，在"值"选项中选择"地面层"选项，如图 9-45 所示。

📋 **小贴士：**

> 我们知道，地面填充图案是一个特殊图形，因此，也可以在"对象类型"列表中选择"图案填充"选项，然后选择图案所在的"地面层"并将其选择。

（3）单击 确定 按钮，此时发现平面图中的所有地面填充图案被选择，如图9-46所示。

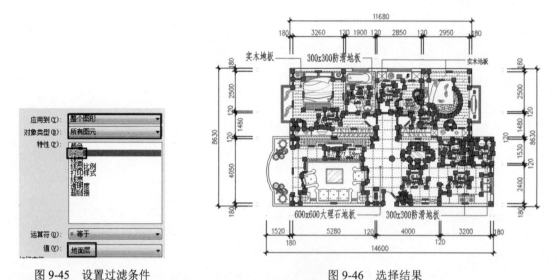

图9-45　设置过滤条件　　　　　　　　　　图9-46　选择结果

（4）按Delete键，将选择的对象全部删除，结果如图9-47所示。

（5）继续选择并删除所有家具图块。再次打开"快速选择"对话框，在"特性"列表中直接选择"图层"选项，在"值"列表中选择"家具层"，其他选项默认，单击 确定 按钮，平面图中的所有家具图块被选择，如图9-48所示。

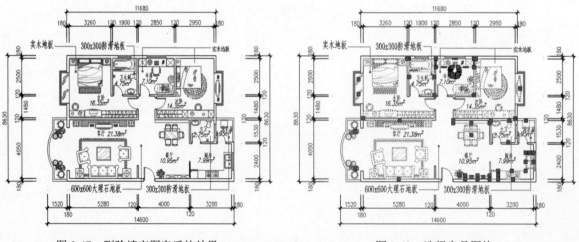

图9-47　删除填充图案后的效果　　　　　　　图9-48　选择家具图块

（6）按Delete键将选择的对象全部删除，完成该操作。

练一练

继续上一节的操作，选择室内装饰平面图中的文字以及尺寸标注并删除，结果如图 9-49 所示。

操作提示：

（1）打开"快速选择"对话框，在"对象类型"列表中选择"图层"选项，在"值"列表中选择"文本层"并确认，选择所有文字，然后删除。

（2）再次打开"快速选择"对话框，继续在"对象类型"列表中选择"图层"选项，在"值"列表中选择"尺寸层"并确认，将所有尺寸标注选择，然后删除。

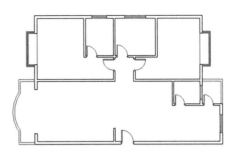

图 9-49 删除结果

9.5 综合练习——标注建筑平面图轴标号

在 AutoCAD 建筑设计中，一幅完整的建筑平面图包含许多内容，其中轴标号就是不可缺少的内容之一，轴标号主要用来标注墙体定位线，它是建筑墙体定位的基础。

打开"素材"/"建筑平面图.dwg"素材文件，这是一幅建筑平面图，如图 9-50 所示。

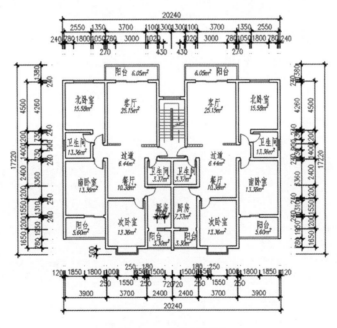

图 9-50 建筑平面图

本节我们来为该建筑平面图标注轴标号，结果如图 9-51 所示。

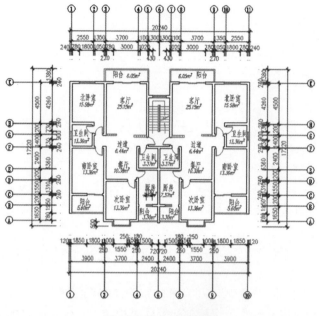

图 9-51 标注轴标号

9.5.1 制作轴标号属性块、修改轴线尺寸及插入轴标号

　　在标注轴标号之前，首先需要制作一个轴标号的属性块。另外，轴标号是标注在轴线尺寸上的，因此还要修改轴线尺寸，本节我们就在该平面图中制作轴标号的属性块，然后修改其轴线尺寸。

　　（1）在图层控制列表中将"其他层"设置为当前图层，依照 9.2.1 小节和 9.2.3 小节的操作，制作一个名称为"轴标号"、标记为 A 的属性块，如图 9-52 所示。

　　（2）在无命令执行的前提下选择平面图左上方标注尺寸为 2550 的轴线尺寸，使其夹点显示，然后按 Ctrl+1 组合键打开"特性"对话框，修改"尺寸界限范围"为 21，如图 9-53 所示。

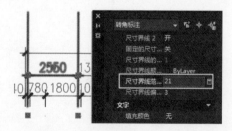

<table>
<tr><td>图 9-52　创建的轴标号属性块</td><td>图 9-53　修改轴线尺寸界限范围</td></tr>
</table>

　　（3）关闭"特性"对话框，按 Esc 键取消尺寸的夹点显示，按"MA"键激活"特性匹配"命令，选择被延长的轴线尺寸作为源对象，然后分别单击其他轴线尺寸，将其特性匹配给其他轴线尺寸，如图 9-54 所示。

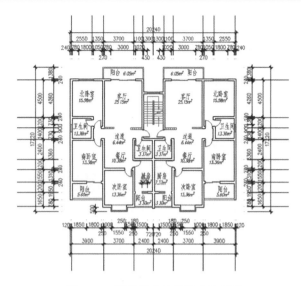

图 9-54 调整其他轴线尺寸的界限

9.5.2 插入轴标号并修改标号值

本节我们就来插入轴标号并修改标号的值。需要注意的是，轴标号必须插入到定位轴线上，定位轴线是用来控制建筑物尺寸和模数的基本手段，是墙体定位的主要依据，它能表达建筑物纵向和横向墙体的位置关系，而轴标号则是使用阿拉伯数字或者大写拉丁字母对定位轴线进行标注序号，用于对定位轴线进行识别和区分。

定位轴线有"纵向定位轴线"与"横向定位轴线"之分。"纵向定位轴线"自下而上用大写拉丁字母 A、B、C……进行编号表示（I、O、Z 3 个拉丁字母不能使用，避免与数字 1、0、2 混淆），而"横向定位轴线"由左向右使用阿拉伯数字 1、2、3……顺序进行编号表示。

（1）输入"I"，按 Enter 键激活"插入块"命令，选择我们创建的名为"轴标号"的属性块，并设置相关参数与选项，如图 9-55 所示。

（2）在绘图区捕捉左下方轴线尺寸的端点，将其插入，在打开的"编辑属性"对话框中修改其编号为 1，然后单击 确定 按钮，标注结果如图 9-56 所示。

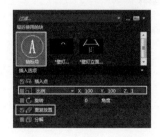

图 9-55 设置插入参数

图 9-56 插入并修改标号

（3）继续捕捉下方第 2 条轴线端点进行插入，在打开的"编辑属性"对话框中修改其编号为 3，然后单击 确定 按钮。

（4）使用相同的方法在纵向轴线端点插入轴线标号，并修改标号值，结果如图 9-57 所示。

（5）其局部放大图如图 9-58 所示。

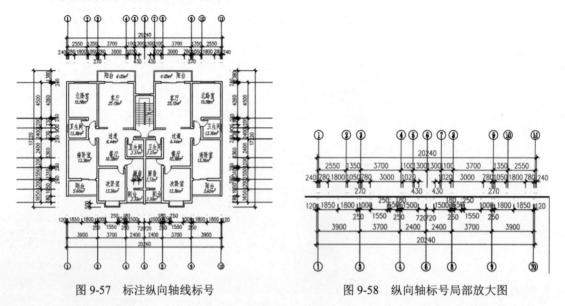

图 9-57　标注纵向轴线标号　　　　　　图 9-58　纵向轴标号局部放大图

（6）使用相同的方法，分别在左右两边横向轴线端点插入轴标号，并修改其值为 A、B、C、D、E、F、G、H、I，结果如图 9-59 所示。

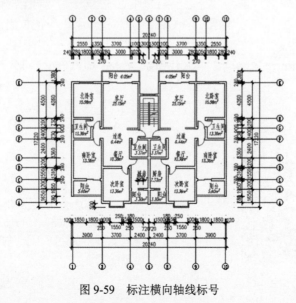

图 9-59　标注横向轴线标号

📋 **小贴士：**

标注轴标号时，有时十位数的标号值的字号太大，会溢出标号圆，这时可以双击轴标号，在打开的"增强属性编辑器"对话框中选择"文字选项"选项卡，修改文字的高度即可。

（7）调整轴标号的位置。设置"象限点"捕捉模式，然后输入"M"，按 Enter 键激活"移动"命令，分别以窗口方式选择上、下、左、右所有轴标号，捕捉轴标号圆的象限点作为基点，以轴线尺寸的端点为目标点进行位移，完成该建筑平面图轴标号的标注。

（8）最后执行"另存为"命令，将该文件存储为"综合练习——标注建筑平面图轴标号.dwg"文件。

9.6 职场实战——完善建筑墙体平面图

在建筑平面图中，门窗与楼梯是必不可少的建筑构件，打开"实例"/"第 5 章"/"职场实战——绘制建筑墙体平面图.dwg"文件，这是一个未完成的建筑墙体平面图，如图 9-60 所示。

本节我们向该墙体平面图中插入门窗以及楼梯构件，并对墙体进行镜像复制，对该建筑平面图进行完善，结果如图 9-61 所示。

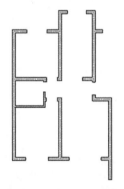
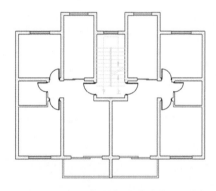

图 9-60 建筑墙体平面图 　　　　　图 9-61 完善后的建筑墙体平面图

9.6.1 创建单开门图块文件

本节首先绘制一个单开门的平面图，并将其创建为图块文件。

1. 绘制门垛

（1）在图层控制列表中将"其他层"设置为当前图层，输入"L"，按 Enter 键激活"直线"命令，在绘图区单击，拾取一点，水平向右引导光标，输入"60"，按 Enter 键，绘制水平线。

（2）继续垂直向上引导光标，输入"80"，按 Enter 键；水平向左引导光标，输入"40"，按 Enter 键；垂直向下引导光标，输入"40"，按 Enter 键；水平向左引导光标，输入"20"，按 Enter 键；输入"c"，按 Enter 键闭合图形，如图 9-62 所示。

2. 镜像复制门垛

（1）输入"MI"，按 Enter 键激活"镜像"命令，以窗口方式选择绘制的门垛，按 Enter 键确认。

（2）按住 Shift 键并右击，选择"自"选项，捕捉门垛的右下角点，输入"@-450,0"，按 Enter 键，指定镜像轴的第 1 点。

（3）输入"@0,1"，按两次 Enter 键，指定镜像轴的第 2 点并结束"镜像"操作，结果如图 9-63 所示。

3. 绘制门框轮廓线与门的开启方向线

（1）输入"REC"，按 Enter 键激活"矩形"命令，捕捉左侧门垛的右端点，捕捉右侧门垛的左端点，绘制矩形，如图 9-64 所示。

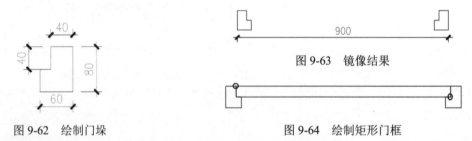

图 9-62 绘制门垛

图 9-63 镜像结果

图 9-64 绘制矩形门框

（2）输入"RO"，按 Enter 键激活"旋转"命令，单击绘制的矩形，按 Enter 键，捕捉矩形的右上角点，输入"-90"，按 Enter 键对矩形进行旋转，结果如图 9-65 所示。

（3）输入"ARC"，按 Enter 键激活"圆弧"命令，输入"C"，按 Enter 键激活"圆心"选项。

（4）捕捉矩形右下角点和右上角点，捕捉左门垛右上端点，绘制圆弧，结果如图 9-66 所示。

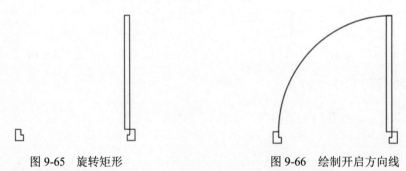

图 9-65 旋转矩形

图 9-66 绘制开启方向线

4. 创建单开门图块文件

（1）输入"B"，按 Enter 键激活"创建块"命令，打开"块定义"对话框，在"名称"文本框中输入"单开门"。

（2）单击"拾取点"按钮 返回绘图区，捕捉右侧门垛右垂直线的中点作为基点，再次返回"创建块"对话框，单击"选择对象"按钮 返回绘图区，以窗口方式选择单开门对象。

（3）按 Enter 键返回"块定义"对话框，单击 确定 按钮，完成单开门图块的创建。

9.6.2 插入单开门

本节将向建筑平面图中插入单开门，由于门洞大小和方向一样，插入时要注意图块比例的设置以及旋转角度的设置。

（1）输入"I"，按 Enter 键激活"插入"命令，勾选"重复放置"复选框，然后单击创建的"单开门"的图块文件，输入"S"，按 Enter 键激活"比例"选项。

（2）输入"860/900"，按 Enter 键确认，然后捕捉左上方第 1 个门洞右墙线的中点，将其插入，如图 9-67 所示。

📋 **小贴士：**

> 该门洞的宽度为 860mm，而单开门的宽度为 900mm，因此要设置插入比例为 860/900，这样才能正确插入该单开门。

（3）继续输入"S"，按 Enter 键激活"比例"选项，然后输入"1000/900"，按 Enter 键设置比例。继续输入"R"，按 Enter 键激活"旋转"选项，然后输入"90"，按 Enter 键确认，则捕捉右边门洞垂直墙线的中点，将其插入，如图 9-68 所示。

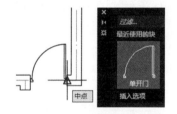

图 9-67 插入单开门（1）

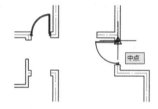

图 9-68 插入单开门（2）

📋 **小贴士：**

> 该门洞的宽度为 1000mm，而单开门的宽度为 900mm，因此要设置插入比例为 1000/900，这样才能正确插入该单开门。

（4）将左侧的单开门镜像复制到下面门洞位置。输入"MI"，按 Enter 键激活"镜像"命令，单击选择左边的单开门，按 Enter 键确认。

（5）按住 Shift 键并右击，执行"两点之间的中点"命令，捕捉该门洞的左下端点，再捕捉下方门洞的左上端点，如图 9-69 所示。

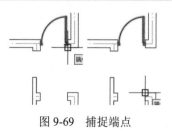

图 9-69 捕捉端点

（6）输入"@1,0"，按 Enter 键确认，镜像复制结果如图 9-70 所示。

（7）使用相同的方法继续插入左边单开门，并使用"矩形"绘制右上方推拉门，效果如图 9-71 所示。

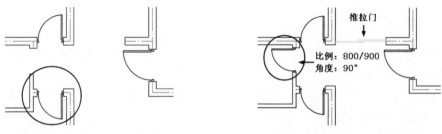

图 9-70　图形显示效果　　　　　　　　图 9-71　插入单开门并绘制推拉门

 小贴士：

推拉门的绘制比较简单，绘制两个相交叠的矩形即可，在此不再详细讲解。

9.6.3　完善建筑平面图

下面绘制阳台线和窗线，并将墙体平面图进行镜像复制，以完善建筑平面图。

（1）输入"ML"，按 Enter 键激活"多线"命令，设置"比例"为 120，"对正"为"上"。捕捉中间墙线的左下端点，向左引出矢量线，再由中间墙体定位线的下端点向下引出矢量线，捕捉矢量线的交点，如图 9-72 所示。

（2）继续向上引出矢量线，捕捉矢量线与墙线的交点，按 Enter 键确认，绘制阳台线，然后在阳台门位置绘制推拉门，结果如图 9-73 所示。

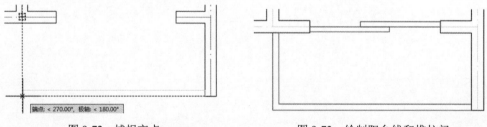

图 9-72　捕捉交点　　　　　　　　　图 9-73　绘制阳台线和推拉门

（3）执行"格式"/"多线样式"命令，将"墙线样式"设置为当前样式，然后设置多线"比例"为 240，以"无"对正方式在各窗洞位置绘制窗线，结果如图 9-74 所示。

（4）在无命令发出的情况下单击中间的墙线将其选择，输入"X"，按 Enter 键将其分解，如图 9-75 所示。

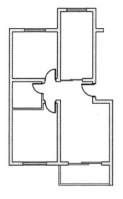

图 9-74 绘制窗线

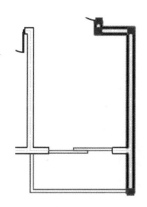

图 9-75 分解墙线

（5）输入"MI"，按 Enter 键激活"镜像"命令，选择除中间墙线之外的所有对象，如图 9-76 所示。

（6）按 Enter 键确认，然后分别捕捉中间墙线定位线的上、下两个端点，按两次 Enter 键对墙线进行镜像复制，结果如图 9-77 所示。

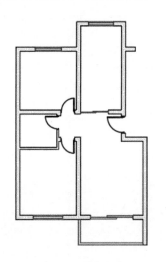

图 9-76 选择对象

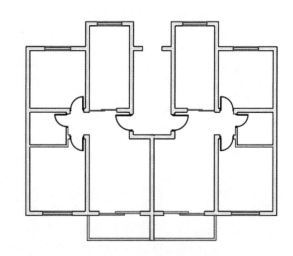

图 9-77 镜像复制结果

（7）打开"实例"/"第 4 章"/"职场实战——绘制楼梯平面图.dwg"文件，依照前面的方法，使用"写块"命令将其创建为"楼梯"的块文件，并保存在"图块"文件夹。

（8）回到建筑平面图文件，依照前面的方法，在楼梯位置补画窗线，然后在图层控制列表中将"楼梯层"设置为当前层，插入创建的"楼梯"的块文件，完成建筑平面图的完善，如图 9-78 所示。

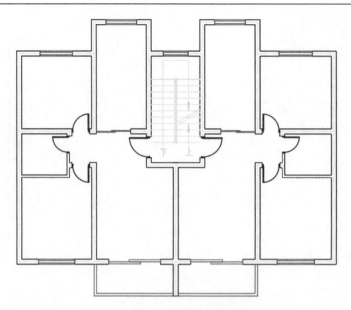

图 9-78　完善建筑平面图

（9）执行"另存为"命令，将该文件存储为"职场实战——完善建筑墙体平面图.dwg"文件。

📋 **小贴士:**

关于"写块"的详细操作，读者可以参阅本章 9.1.2 小节，在此不再详述。

第 10 章　边界、面域、夹点编辑与填充

本章导读

在 AutoCAD 2020 中，边界、面域，夹点编辑以及图案填充属于特殊命令，用于创建特殊的图形对象。本章我们就来学习边界、面域、夹点编辑以及图案填充的相关知识。

本章主要内容如下：

- ➘ 边界
- ➘ 面域
- ➘ 夹点编辑
- ➘ 填充
- ➘ 综合练习——填充建筑平面图地面材质
- ➘ 职场实战——绘制大厅地面拼花图

10.1　边　　界

边界是一个比较特殊的图形对象，在 AutoCAD 机械制图中应用比较多，本节来学习边界及其应用。

10.1.1　定义边界

边界实际上就是一条闭合的多段线，但与使用多段线创建的闭合图形不同的是，这种闭合图形并不是直接绘制，而是只需要从多个相交的闭合图形对象中定义即可。

打开"素材"/"基板主视图.dwg"文件，这是一个机械零件平面图，如图 10-1 所示。下面从该机械零件图中定义一个边界，如图 10-2 所示。

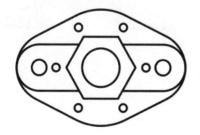

图 10-1　基板平面图

图 10-2　定义的边界

实例——定义边界

（1）在图层控制列表中将"尺寸层"和"点划线"层关闭，将"轮廓线"层设置为当前图层。

（2）执行"绘图"/"边界"命令，打开"边界创建"对话框，在"对象类型"列表中选择"多段线"，然后单击"拾取点"按钮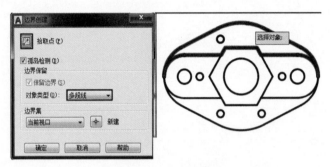返回绘图区，在零件图上方空白位置单击，确定边界区域，如图 10-3 所示。

图 10-3　拾取边界区域

（3）按 Enter 键确认，完成边界的定义。

定义边界后，定义的边界与原图形轮廓线重合，因此用户一般是看不到的，只有将边界从原图形中移出，用户才能看到。

（4）输入"M"，按 Enter 键激活"移动"命令，单击定义的边界，拾取一点，将其从原图形中移出，结果如图 10-2 所示。

📋 **小贴士：**

在"边界创建"对话框的"对象类型"列表中有"多段线"和"面域"两个选项，当选择"面域"选项时，会创建一个面域，如图 10-4 所示。

面域从表面上看与边界没什么区别，但在除"二维线框"视觉样式之外的其他视觉样式下观看会发现，面域其实是一个实心区域，具备三维实体模型的一些特征，如图 10-5 所示。

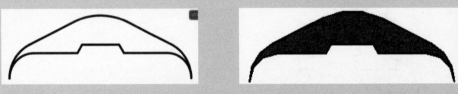

图 10-4　二维线框模式下的面域　　　　图 10-5　概念模式下的面域

有关面域的相关知识，在后面的章节中将进行详细讲解，在此不再赘述。

练一练

继续上一节的操作，从基板主视图中定义如图 10-6 所示的边界。

图 10-6　定义的边界

操作提示：

（1）打开"边界创建"对话框，设置"对象类型"为"多段线"，激活"拾取点"按钮，在零件图左右两边空位置处单击，确定边界区域。

（2）按 Enter 键确认，最后将定义的边界从基板平面图中移出。

10.1.2　边界的应用

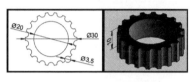

图 10-7　齿轮三维模型

边界在三维建模中非常重要，尤其是在创建机械零件三维方面不可或缺，本节我们就通过创建边界，来创建齿轮三维模型，如图 10-7 所示。

实例——边界的应用

1. 创建齿轮的边界图形

本节首先创建齿轮的边界图形，根据图示尺寸，边界的外圆直径为 30，内圆直径为 20，齿轮圆直径为 3.5，齿轮数为 18，下面创建边界。

（1）输入"C"，按 Enter 键激活"圆"命令，绘制直径为 30 和 20 的同心圆，并以直径为 30 的圆的上象限点为圆心，绘制直径为 3.5 的圆，如图 10-8 所示。

（2）输入"AR"，按 Enter 键激活"阵列"命令，选择直径为 3.5 的圆，按 Enter 键确认，再输入"PO"，按 Enter 键激活"极轴"选项。

（3）捕捉同心圆的圆心，输入"I"，按 Enter 键激活"项目"选项，然后输入"18"，按两次 Enter 键确认，将直径为 3.5 的圆环形阵列复制，结果如图 10-9 所示。

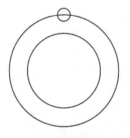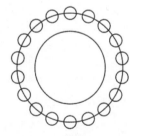

图 10-8　绘制圆　　　　　　　　　　图 10-9　阵列复制圆

（4）执行"绘图"/"边界"命令，打开"边界创建"对话框，在"对象类型"列表中选择"多段线"，然后单击"拾取点"按钮，返回绘图区，在半径为 30 和半径为 20 的两个圆之间的空白位置单击，如图 10-10 所示。

（5）按 Enter 键确认，创建两个边界图形，然后使用"M"激活"移动工具"，将这两个边界图形移动到旁边位置，结果如图 10-11 所示。

图 10-10　拾取边界区域

图 10-11　定义的边界

2. 创建齿轮三维模型

在创建三维模型时，只需要对边界进行拉伸即可，下面创建齿轮的三维模型。

（1）执行"绘图"/"建模"/"拉伸"命令，单击选择两个边界图形，如图 10-12 所示。

（2）按 Enter 键确认，输入齿轮的厚度为"10"，按 Enter 键确认，然后将视图切换到"西南等轴测"视图，效果如图 10-13 所示。

图 10-12　选择两个边界图形

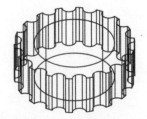

图 10-13　拉伸并调整视图

（3）对两个三维实体进行差集运算。执行"修改"/"实体编辑"/"差集"命令，单击外侧的齿轮模型，按 Enter 键，再单击内部的圆柱，按 Enter 键进行差集运算。

（4）在视图右上角的"视觉样式控件"按钮上单击，选择"概念"命令，设置齿轮的视觉样式为"概念"，完成齿轮三维模型的创建。

（5）将该文件存储为"实例"/"第 10 章"/"边界的应用——齿轮三维模型. dwg"文件。

练一练

根据图示尺寸，创建如图 10-14 所示的机械零件三维模型。

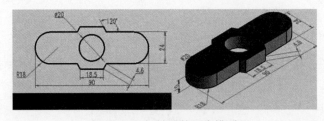

图 10-14　机械零件三维模型

操作提示：

（1）根据图示尺寸，应用所学知识绘制机械零件的二维平面图。

（2）将绘制的二维平面图定义为边界，然后进行拉伸和差集运算。

10.2　面　　域

在上一节中我们已经讲过，面域其实是一个没有厚度的二维实心区域，它具备实体模型的一切特性，不但含有边的信息，还有边界内的信息，可以利用这些信息计算工程属性，如面积、重心和惯性矩等，因此我们可以将其看作实体的表面。本节将学习面域的相关知识。

10.2.1　转换面域

与边界相同，面域同样不能绘制，而是要通过其他图形进行转换。面域的转换操作比较简单，可以在"边界创建"对话框中选择"对象类型"为"面域"选项，即可创建一个面域，另外，也可以直接执行"面域"命令进行转换。

用户可以通过以下方式激活"面域"命令。

➥　在"默认"选项卡下的"绘图"选项中单击"面域"按钮■。

➥　执行"绘图"／"面域"命令。

➥　在命令行输入"REGION"后按 Enter 键确认。

➥　使用快捷键 REG。

继续上一节的操作，将"基板平面图"中的外侧轮廓线转换为面域，如图 10-15 所示。

实例——转换面域

（1）输入"REG"，按 Enter 键激活"面域"命令，单击选择"基板平面图"的外轮廓线，如图 10-16 所示。

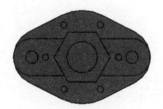

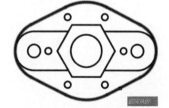

图 10-15　转换面域　　　　　　　图 10-16　选择外轮廓线

✎ **小贴士：**

"基板"零件的外轮廓线是由多个圆弧组成的，因此在选择时要分别单击各圆弧，将其全部选中。

（2）按 Enter 键确认，完成面域的转换。

📋 **小贴士：**

转换面域后，图形似乎没有什么变化，这是因为在二维线框视觉样式下，面域只显示线框，用户可以在视图的左上角单击"视觉样式控件"按钮，在弹出的列表中选择"概念"模式，此时面域将显示为实体模型，如图 10-17 所示。

练一练

继续上一节的操作，将"基板平面图"中的多边形转换为面域，如图 10-18 所示。

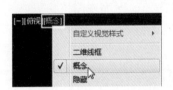

图 10-17　设置视觉样式

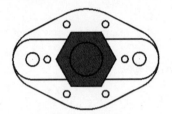

图 10-18　转换面域

操作提示：

（1）输入"REG"，按 Enter 键激活"面域"命令。

（2）单击多边形对象，按 Enter 键确认，然后设置视觉样式为"概念"样式。

10.2.2　面域的应用

与边界相同，面域在机械零件三维模型创建中至关重要，打开"素材"/"垫片 01. dwg"文件，这是一个垫片的二维平面图，如图 10-19 所示。

下面将该平面图转换为面域，并创建垫片零件的三维模型，如图 10-20 所示。

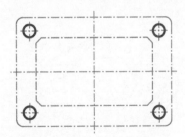

图 10-19　垫片零件二维平面图

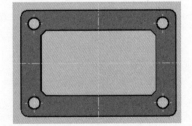

图 10-20　垫片三维模型

实例——面域的应用

（1）输入"REG"，按 Enter 键激活"面域"命令，分别单击两个圆角矩形和 4 个圆对象，如图 10-21 所示。

（2）按 Enter 键确认，完成 6 个面域的转换。

下面需要对这 6 个面域进行差集运算，制作垫片的三维模型。

（3）执行"修改"/"实体编辑"/"差集"命令，单击选择外侧的圆角矩形面域，按 Enter 键确认，再单击选择内部的圆角矩形面域和 4 个圆形面域，如图 10-22 所示。

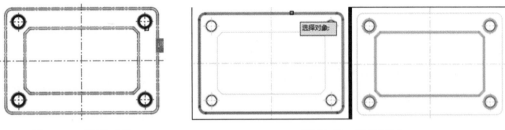

图 10-21　选择对象　　　　　　　图 10-22　选择面域

📋 **小贴士：**

在进行差集运算前，最好先不要设置视觉样式，这样，在进行差集运算时，方便选取面域对象，等差集运算结束后再设置视觉样式。如果先设置了视觉样式，那么在差集运算时，选择对象时容易出错。

（4）按 Enter 键进行差集运算，然后在视图的左上角单击"视觉样式控件"按钮，选择"概念"模式，完成垫片三维模型的创建。

（5）执行"另存为"命令，将该文件另存为"面域的应用——垫片三维模型.dwg"文件。

📋 **小贴士：**

设置视觉样式后，面域将显示当前图层的颜色特性。

练一练

再次打开"素材"/"基板平面图.dwg"素材文件，创建如图 10-23 所示的面域。

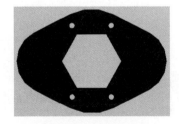

操作提示：

（1）执行"面域"命令，分别选择外轮廓线、内部的多边形和 4 个圆，按 Enter 键确认。

（2）执行"差集"命令，首先选择外轮廓面域，按 Enter 键，再依次选择多边形面域和 4 个圆形面域，按 Enter 键确认。

图 10-23　创建面域

10.3　夹　点　编　辑

夹点编辑是一种较为特殊的图形编辑方法，可以很方便地对二维图形进行编辑，本节将学习夹点编辑的相关知识。

10.3.1　关于夹点与夹点编辑

首先了解两个概念，即"夹点"和"夹点编辑"。所谓"夹点"是指在没有命令执行的前提下选择图形，图形上就会以蓝色实心的小方框显示图形的特征点，如直线的端点、中点、矩形的角点、圆和圆弧的圆心、象限点等，我们将其称为"夹点"，不同的图形对象，其夹点个数及位置也会不同，圆、直线、矩形、多边形的夹点显示效果如图 10-24 所示。

而"夹点编辑"就是通过图形的特征点来编辑图形对象，从而实现复制、旋转、缩放、移动等一系列操作。夹点编辑图形时，单击夹点，此时夹点显示红色，我们将其称为"夹基点"或者"热点"，此时单击鼠标右键，可打开夹点编辑菜单，通过执行相关菜单命令，即可实现对图形对象的编辑，如图 10-25 所示。

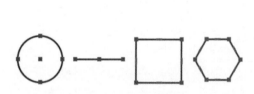

图 10-24　图形的夹点显示

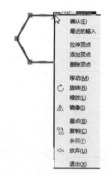

图 10-25　夹点编辑右键菜单

📋 小贴士：

> 按住 Shift 键单击各夹点，可以将这些夹点都转换为夹基点，并且能保持各夹点之间的几何图形完好如初。另外，如果要从显示夹点的选择集中删除特定对象也要按住 Shift 键。当进入夹点编辑模式后，可以在命令行输入各夹点命令及各命令选项，即可通过夹点来编辑图形，用户也可以通过连续按 Enter 键，系统即可在命令及各命令选项中循环执行，也可以通过键盘快捷键 "MI" "MO" "RO" "ST" "SC" 循环选取这些模式。

10.3.2　使用夹点编辑图形

通过夹点编辑菜单我们发现，夹点编辑其实就是对图形对象进行移动、复制、旋转、缩放、镜像等，其效果与使用相关修改命令无二，只是操作更简单方便。

绘制 15×15 的矩形，下面通过夹点来编辑该矩形，从而学习夹点编辑图形对象的相关方法。

实例——夹点编辑

1. 夹点拉伸

（1）单击矩形使其夹点显示，单击右垂直边中点位置的夹点，进入夹基点，如图 10-26 所示。

（2）右击选择"拉伸"命令，引出 0°方向矢量，输入"5"，按 Enter 键确认，然后按 Esc

键取消夹点显示，结果矩形被拉宽了 5 个绘图单位，如图 10-27 所示。

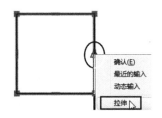

图 10-26　选择"拉伸"命令

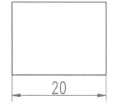

图 10-27　拉伸结果

📋 **小贴士：**

当选择矩形的顶点并右击后，出现"拉伸顶点"命令，执行该命令，则可以对该顶点进行拉伸而不影响其他顶点，如图 10-28 所示。

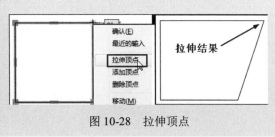

图 10-28　拉伸顶点

---

2. 夹点旋转

（1）再次以夹点显示矩形，单击右下角的夹点，进入夹基点，右击选择"旋转"命令，如图 10-29 所示。

（2）输入"-30"，按 Enter 键确认，并取消夹点显示，结果矩形旋转了-30°，如图 10-30 所示。

图 10-29　选择"旋转"命令

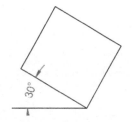

图 10-30　旋转结果

3. 夹点缩放

（1）再次以夹点显示矩形，单击右上角的夹点，进入夹基点，右击选择"缩放"命令，如图 10-31 所示。

（2）输入"1.5"，按 Enter 键确认，并取消夹点显示，结果矩形放大了 1.5 倍，如图 10-32 所示。

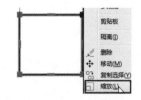

图 10-31　选择"缩放"命令

图 10-32　缩放结果

4. 夹点移动

夹点移动分两种情况：一种是移动夹点使图形变形；另一种是移动夹点，从而移动图形的位置。

（1）再次以夹点显示矩形，单击右上角的夹点并移动光标到合适的位置，单击确定该夹点的位置，对图形进行变形，如图 10-33 所示。

（2）继续单击右上角的夹点，进入夹基点，右击选择"移动"命令，如图 10-34 所示。

（3）移动光标到合适的位置，单击确定图形的位置，再按 Esc 键取消夹点显示，结果如图 10-35 所示。

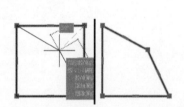

图 10-33　移动夹点变形图形

图 10-34　夹点移动图形

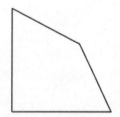

图 10-35　确定图形位置

5. 夹点镜像与镜像复制

（1）再次以夹点显示矩形，单击右上角的夹点进入夹基点，右击选择"镜像"命令，然后输入"@0,1"，按两次 Enter 键，确定镜像轴的另一端点坐标，结果如图 10-36 所示。

（2）继续单击右上角的夹点，进入夹基点，右击选择"镜像"命令，继续右击，选择"复制"命令，如图 10-37 所示。

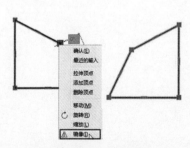

图 10-36　夹点镜像

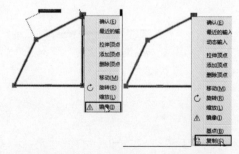

图 10-37　选择"镜像"与"复制"命令

（3）输入"@0,1"，按两次 Enter 键，确定镜像轴的另一端点坐标并镜像，最后按 Esc 键取消夹点显示，结果如图 10-38 所示。

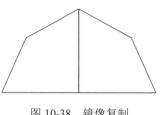

图 10-38　镜像复制

小贴士：

> 夹点编辑图形时，针对不同的图形对象以及特征点，其夹点命令也会不同，但其操作方法相同，在此不再对这些命令进行一一讲解，读者可以自己尝试进行操作。

练一练

绘制任意边数的多边形图形，尝试使用夹点编辑功能对其进行移动、复制、旋转、镜像以及变形等操作。

10.4　填　　充

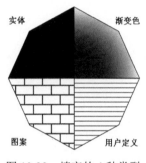

图 10-39　填充的 4 种类型

在 AutoCAD 中，可以对闭合图形进行填充，这就叫作"图案填充"，这些图案既可以是系统预设的一些由各种图线进行不同的排列组合而构成的一种图形元素，或者一种实色，也可以是用户自定义的一些图形元素，当使用图形元素或者实色填充闭合区域后，这些元素就会作为一个独立的整体，这就是图案填充。

图案填充具体包括"实体""渐变色""图案"以及"用户定义"4 种类型，如图 10-39 所示。

在 AutoCAD 建筑和机械制图中，常使用"图案"来填充建筑物地面以及机械零件剖面图中的剖面，填充时进入填充界面，用户可以设置填充的类型、颜色、比例、透明度等，如图 10-40 所示。

图 10-40　填充界面

用户可以通过以下方式进入填充界面。

➥　执行菜单栏中的"绘图"/"图案填充"命令。

➥　在"默认"选项卡下的"绘图"工具列表中单击"图案填充"按钮▥。

➥　在命令行输入"HATCH"，按 Enter 键确认。

➥　使用命令简写 H，按 Enter 键确认。

下面将学习图案填充的相关知识。

10.4.1　填充实体

实体其实是一种单色颜色，即向闭合区域填充一种颜色。继续上一节的操作，运用上一节所学知识，使用夹点编辑功能将图 10-38 所示的两个四边形进行垂直镜像复制，使其形成 4 个四边形对象，下面向左上角四边形对象内填充实体。

实例——填充实体

（1）输入"H"，按 Enter 键进入图案填充界面，在"类型"列表中选择"实体"，然后单击颜色按钮，在弹出的颜色表中选择一种颜色，如黄色，如图 10-41 所示。

（2）单击选择左上角的四边形，按 Enter 键，结果四边形被填充了黄色，如图 10-42 所示。

练一练

继续上一节的操作，在左上角四边形内部填充绿色，如图 10-43 所示。

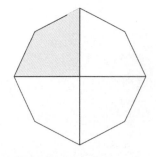
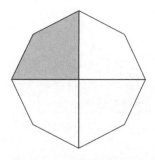

图 10-41　选择类型与颜色　　　图 10-42　填充结果（1）　　　图 10-43　填充结果（2）

10.4.2　填充渐变色

与实体不同，渐变色是由两种颜色组成，这两种颜色之间会形成一种自然过渡，用户既可以选择颜色，也可以选择过渡类型。

继续上一节的操作，向右上角的四边形内填充蓝黄色渐变色。

实例——填充渐变色

（1）输入"H"，按 Enter 键进入图案填充界面，在"类型"列表中选择"渐变色"类型，分别单击下方的两个颜色按钮，设置其颜色为蓝色和黄色，然后选择一种渐变方式，如图 10-44 所示。

（2）单击选择右上角的四边形对象，按 Enter 键确认，填充结果如图 10-45 所示。

图 10-44　选择类型、颜色与方式

练一练

继续上一节的操作，在右上角四边形内填充红色到黄色的渐变色，结果如图 10-46 所示。

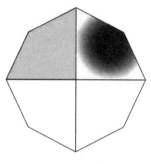
图 10-45　填充渐变色

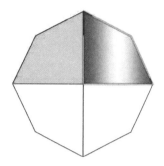
图 10-46　填充另一种渐变色

操作提示：

（1）输入"H"，按 Enter 键，选择"渐变色"类型，并分别设置两个颜色，然后选择渐变方式。

（2）单击选择右上角的四边形并确认。

10.4.3　填充图案

图案是系统预设的由多条图线交织组成的，这类图案是一个整体，继续上一节的操作，向左下角四边形中填充系统预设的一种图案。

实例——填充图案

（1）输入"H"，按 Enter 键进入图案填充界面，在"类型"列表中选择"图案"类型，单击下方的颜色按钮，选择黄色，设置"角度"为30，设置"比例"为 0.3，如图 10-47 所示。

（2）单击"图案填充图案"按钮，选择一种图案，然后单击左下方的四边形，按 Enter 键确认，填充结果如图 10-48 所示。

图 10-47　设置图案、颜色、角度和比例

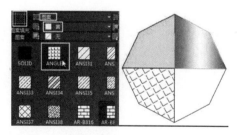
图 10-48　填充图案

练一练

继续上一节的操作，在左下角 4 边形内填充颜色为土黄色，名为"AR-BRSTD"的另一种图案，结果如图 10-49 所示。

操作提示：

（1）输入"H"，按 Enter 键，选择"图案"类型，设置颜色与图案。

（2）单击选择左下角的四边形并确认。

10.4.4 填充用户定义图案

用户定义图案其实也是系统预设的一种图案，这种图案是由无数平行线组成的，用户可以设置比例、颜色、间距等。

继续上一节的操作，继续向右下角的四边形中填充用户定义图案。

（1）输入"H"，按 Enter 键进入图案填充界面，在"类型"列表中选择"用户定义"类型，单击下方的颜色按钮，选择洋红色，设置"角度"为 30，设置"间距"为 1。

（2）单击右下方的四边形，按 Enter 键确认，填充结果如图 10-50 所示。

图 10-49　填充图案

图 10-50　填充用户定义图案

练一练

在填充用户定义图案时，单击"特性"按钮，在打开的下拉列表中激活"双"选项，即可使图形呈十字相交的图案效果。继续上一节的操作，在右下角四边形内重新填充"颜色"为绿色，"间距"为 2，"角度"为 30°的十字相交的用户定义图案，如图 10-51 所示。

操作提示：

（1）输入"H"，按 Enter 键，选择"用户定义"类型，设置颜色为绿色，"间距"为 2，"角度"为 30°，然后单击"特性"按钮，激活"双"选项。

（2）单击选择右下角的四边形并确认。

10.4.5 填充中的孤岛检测

在填充中，会有"孤岛"存在，所谓"孤岛"其实就是在一个闭合区域内，又定义了另一个闭合区域，这个闭合区域就叫"孤岛"。在填充时，可以对两个区域都填充，也可以对两个区域之间的区域进行填充，下面就来学习填充中的孤岛检测的相关知识。

首先绘制三个同心圆，激活"图案填充"命令，单击"选项"按钮，在弹出的下拉列表中单击"普通孤岛检测"选项。我们发现有 4 种孤岛检测方式，分别是"普通孤岛检测""外部孤岛检测""忽略孤岛检测"以及"无孤岛检测"，如图 10-52 所示。

图 10-51 填充结果　　　　　　　　　图 10-52 孤岛检测选项

1. 普通孤岛检测

这种方式是从最外层的外边界向内边界填充，第一层填充，第二层不填充，如此交替进行，如图 10-53 所示。

2. 外部孤岛检测

这种方式只填充从最外边界向内第一边界之间的区域，如图 10-54 所示。

3. 忽略孤岛检测

这种方式忽略最外层边界以内的其他边界，以最外层边界向内填充全部图形，如图 10-55 所示。

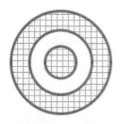

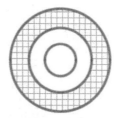

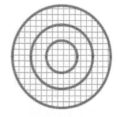

图 10-53 普通　　　　　　图 10-54 外部　　　　　　图 10-55 忽略

4. 无孤岛检测

这种方式是使用传统的孤岛检测方式。

10.5 综合练习——填充建筑平面图地面材质

在 AutoCAD 室内装饰设计中，室内地面材质经常会使用一种图案来表达。打开"效果"/"第 9 章"/"职场实战——完善建筑墙体平面图.dwg"文件，这是我们上一章绘制的一幅一梯两户的套二户型的建筑平面图，如图 10-56 所示。

本节我们为该建筑平面图的地面填充地面材质，结果如图 10-57 所示。

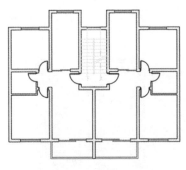

图 10-56　建筑平面图

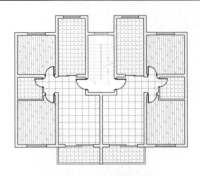

图 10-57　填充地面材质

10.5.1　填充室内地面材质

在该套二居室中，共有三种材质，一种是主卧和次卧的实木地板材质，一种是厨房和卫生间的防滑地板材质，还有一种是客厅和走廊的大理石材质，本节就来填充这三种材质。

1. 填充主卧和次卧实木地板材质

在室内设计中，卧室地面一般都使用实木地板进行铺装，这是因为实木地板不仅美观、保温，同时耐摩擦、易清洁。下面我们首先为该平面图中的主卧和次卧地面填充实木地板材质。

（1）在图层控制列表中将"剖面线"层重命名为"地面层"，并将其设置为当前图层。

（2）输入"H"，按 Enter 键进入图案填充界面，在"类型"列表中选择"图案"类型，单击下方的颜色按钮，选择"蓝色 ByLayer"随层颜色，设置"角度"为 90，设置"比例"为 30。然后单击"图案填充图案"按钮，选择名为"DOLMIT"的图案，如图 10-58 所示。

（3）激活左上角的"拾取点"按钮，在左上方和左下方两个卧室内单击拾取填充区域，按 Enter 键确认，填充结果如图 10-59 所示。

图 10-58　设置图案、颜色、角度和比例

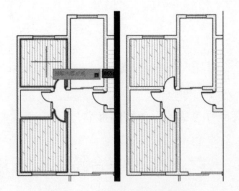

图 10-59　填充卧室地面材质

2. 填充卫生间、厨房和阳台防滑地板砖材质

卫生间、厨房和阳台地面既要做到防水又要做到防滑，因此，这三处地面一般都采用防滑地板砖进行铺装，下面继续为厨房与卫生间地面填充防滑地板砖材质。

（1）继续上一节的操作，按 Enter 键进入图案填充界面，在"类型"列表中选择"图案"类型，单击下方的颜色按钮，选择"蓝色 ByLayer"随层颜色，设置"角度"为 0，设置"比例"为 50，然后单击"图案填充图案"按钮■，选择名为"ANGLE"的图案，如图 10-60 所示。

（2）激活左上角的"拾取点"按钮■，在卫生间、厨房和阳台内单击拾取填充区域，按 Enter 键确认，填充结果如图 10-61 所示。

图 10-60　设置图案、颜色、角度和比例

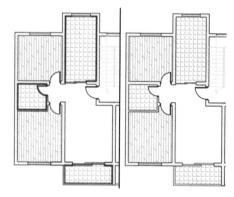

图 10-61　填充厨房、卫生间和阳台地面材质

3. 填充客厅和走廊地面大理石材质

客厅和走廊一般是人员流动性最频繁的区域，该区域地面一般多采用大理石瓷砖铺装，这是因为大理石瓷砖铺装地面不仅显得大气，最重要的是耐磨、易清洁，下面继续填充客厅地面和走廊地面的大理石瓷砖材质。

（1）继续上一节的操作，按 Enter 键进入图案填充界面，在"类型"列表中选择"用户定义"类型，单击下方的颜色按钮，选择"蓝色 ByLayer"随层颜色，设置"角度"为 0，设置"比例"为 600，然后单击"特性"按钮，激活"双"选项，如图 10-62 所示。

（2）激活左上角的"拾取点"按钮■，在客厅和走廊地面单击拾取填充区域，按 Enter 键确认，填充结果如图 10-63 所示。

图 10-62　设置颜色、角度和比例等

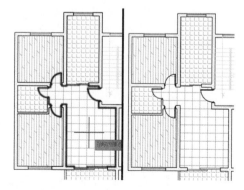

图 10-63　填充客厅和走廊地面材质

10.5.2　镜像复制地面材质

这是一个一梯两户户型的平面图，上一节我们填充了西向户型图的地面材质，下面我们再来填充东向户型地面材质。可以依照上一节的操作方法，为东向户型地面填充其他材质。本节我们就直接将西向户型中的材质镜像复制到东向户型地面上，完成该户型图地面材质的制作。

（1）输入"MI"，按 Enter 键激活"镜像"命令，分别单击各房间地面材质，将其选择，如图 10-64 所示。

（2）按 Enter 键确认，然后捕捉两个户型中间墙线定位线的上、下两个端点作为镜像轴的两个端点，如图 10-65 所示。

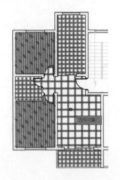

图 10-64　选择填充图案

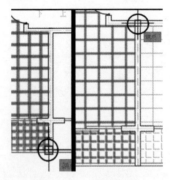

图 10-65　捕捉端点

（3）按 Enter 键确认，将西向房间地面材质镜像复制到东向户型地面上，结果如图 10-66 所示。

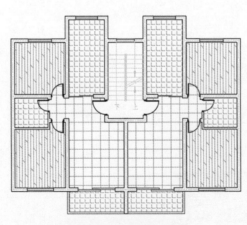

图 10-66　镜像复制结果

（4）执行"另存为"命令，将该文件存储为"综合练习——填充建筑平面图地面材质.dwg"文件。

10.6　职场实战——绘制大厅地面拼花图

图 10-67　大厅地面拼花

在 AutoCAD 建筑设计中，地面拼花是常见的一种地面装饰图案，尤其是在人流较多的区域，如大堂、楼梯间等地面，都会有拼花装饰图案。本节我们就来绘制某大厅地面拼花图，如图 10-67 所示。

10.6.1　绘制拼花图的基本图形

拼花图一般是由多个基本图形组成的，新建绘图文件，本节我们首先绘制拼花图的基本图形。

（1）输入"L"，按 Enter 键激活"直线"命令，拾取一点，引出 270°的方向矢量，输入"1200"，按 Enter 键，绘制一条垂直线。

（2）在无命令执行的前提下选择垂直线段，使其夹点显示，单击上侧夹点，使其成为热点，然后单击鼠标右键，选择"旋转"命令。

（3）再次右击，选择"复制"命令，然后输入"15"，按 Enter 键，继续输入"−15"，按两次 Enter 键，最后按 Esc 退出夹点模式，结果如图 10-68 所示。

（4）在无命令执行的前提下选择垂直线段，使其夹点显示，按 Delete 键将其删除，然后单击两条线段，使其呈现夹点显示。

（5）按住 Shift 键依次单击下侧两个夹点，将其转变为热点，然后单击左侧热点并右击，选择"镜像"命令。

（6）继续右击，选择"复制"命令，捕捉右侧热点，按 Enter 键确认，进行镜像复制，结果如图 10-69 所示。

（7）继续单击最下方的夹点，使其呈现热点，向上引导光标，输入"@0,800"，按 Enter 键进行拉伸，结果如图 10-70 所示。

图 10-68　夹点旋转复制

图 10-69　夹点镜像

图 10-70　夹点拉伸

10.6.2　组合拼花图

本节我们继续组合拼花图，组合时可以使用夹点旋转复制的方式。

（1）单击所有图线，使其夹点显示，再单击最下侧的夹点，使其变为热点，然后右击，选择"旋转"命令。

（2）继续右击，选择"复制"命令，输入"90"，按 Enter 键确认，继续输入"180"，按 Enter 键确认，再输入"270"，按两次 Enter 键确认，然后按 Esc 键取消夹点显示，结果如图 10-71 所示。

（3）继续单击所有图线使其夹点显示，单击中心位置的夹点，使其转换为热点，然后右击并选择"缩放"命令。

（4）继续右击并选择"复制"命令，输入"0.9"，按两次 Enter 键确认，最后按 Esc 键取消夹点显示，结果如图 10-72 所示。

（5）单击内部图形，使其夹点显示，单击中心位置的夹点，将其转换为热点，然后右击，选择"旋转"命令，如图 10-73 所示。

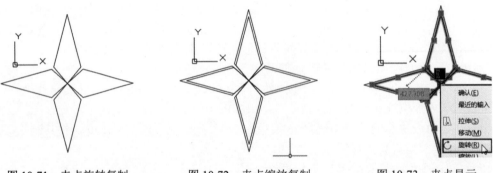

图 10-71　夹点旋转复制　　　　图 10-72　夹点缩放复制　　　　图 10-73　夹点显示

（6）输入"45"，按 Enter 键确认，再按 Esc 键取消夹点显示，结果如图 10-74 所示。

（7）输入"PL"，按 Enter 键激活"多段线"命令，分别捕捉各端点，绘制两个闭合图形，如图 10-75 所示。

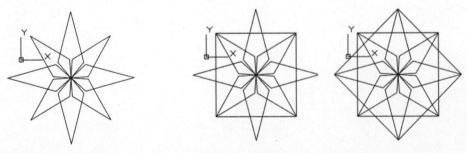

图 10-74　夹点旋转　　　　　　　　图 10-75　绘制闭合图形

（8）输入"O"，按 Enter 键激活"偏移"命令，然后输入"50"，按 Enter 键确认，将两条闭合图形向外偏移 50 个绘图单位，结果如图 10-76 所示。

（9）输入"TR"，按 Enter 键激活"修剪"命令，对两个闭合图形相交的位置进行相互修剪，完成地面拼花图形的组合，结果如图 10-77 所示。

图 10-76　偏移图形

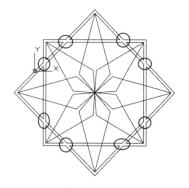

图 10-77　修剪图形

10.6.3　填充拼花图

本节我们来对拼花图进行填充，完成拼花图的绘制。

（1）输入"H"，按 Enter 键激活"图案填充"命令，在"类型"列表中选择"实体"类型，单击下方的颜色按钮，选择"天蓝色"颜色，其他默认。

（2）在两个修剪后的边框图形之间单击选择填充区域，按 Enter 键确认，进行填充，结果如图 10-78 所示。

（3）按 Enter 键重复执行"图案填充"命令，重新设置颜色为黄色（248,153,30），继续对内部区域进行填充，结果如图 10-79 所示。

图 10-78　填充边界区域

图 10-79　填充内部区域

（4）这样，大厅地面拼花图形绘制完毕，执行"另存为"命令，将该文件存储为"职场实战——绘制大厅地面拼花.dwg"文件。

第 11 章　资源的管理、共享与信息查询

本章导读

在 AutoCAD 中，会用到许多图形资源，有效管理和共享这些图形资源，不仅可以提高绘图速度，同时能保证绘图的精度。AutoCAD 提供了"设计中心"和"工具选项板"两个窗口来查看、管理和共享图形资源，本章我们就来学习管理和共享图形资源的相关知识。

本章主要内容如下：

➥ "设计中心"窗口
➥ "工具选项板"面板
➥ 信息查询
➥ 综合练习——绘制沙发与电视柜平面图
➥ 职场实战——绘制三居室平面布置图

11.1　"设计中心"窗口

"设计中心"窗口与 Windows 的资源管理器功能相似，用户可以方便地在该窗口查看、共享图块资源。本节将学习通过"设计中心"窗口查看、管理和共享图形资源的相关方法。

11.1.1　认识"设计中心"窗口

用户可以通过以下方式打开"设计中心"窗口。

➥ 执行菜单栏中的"工具"/"选项板"/"设计中心"命令。
➥ 在"视图"选项卡下单击"选项板"列表中的　"设计中心"按钮▥。
➥ 在命令行输入"Adcenter"后按 Enter 键确认。
➥ 使用快捷键 ADC。
➥ 按 Ctrl+2 组合键。

采用任意方法打开"设计中心"窗口，该窗口分为 3 个部分，分别是"工具栏""树状管理视窗"和"控制面板"。

1. 工具栏

工具栏位于窗口上方，放置了用于操作窗口的相关工具，这些工具不常用。

2. 树状管理视窗

树状管理视窗位于"设计中心"窗口的左边，用于显示计算机或网络驱动器中文件和文件夹

的层次关系，共有"文件夹""打开的图形"以及"历史记录"3 个选项卡。

　　激活"文件夹"选项卡，在左侧"树状管理视窗"中显示了计算机或网络驱动器中文件和文件夹的层次关系，在右侧"控制面板"中显示了在左侧树状视窗中选定文件的内容，如图 11-1 所示。

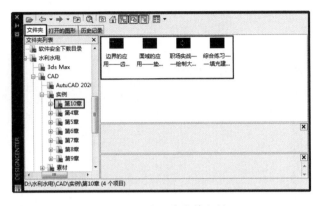

图 11-1　显示选定的文件

　　激活"打开的图形"选项卡，在左侧"树状管理视窗"中显示了当前任务文件及其相关信息，在右侧"控制面板"中显示了任务中所有打开的图形，包括最小化的图形，如图 11-2 所示。

图 11-2　显示打开的图形

　　单击"历史记录"选项卡，其中显示了最近在"设计中心"打开的文件的列表，最多显示 20 条地址记录。

　　3．控制面板

　　控制面板用于显示在左侧树状管理视窗中选定文件的内容。

11.1.2　查看与打开图形资源

　　通过"设计中心"窗口可以很方便地查看本机或网络上的 AutoCAD 资源，还可以单独将选择的 CAD 文件打开。下面通过简单的实例来学习相关知识。

实例——查看与打开图形资源

（1）查看文件夹资源。单击"文件夹"选项卡，在左侧"树状管理视窗"中单击需要查看的文件夹，在右侧控制面板中即可查看该文件夹中的所有图形资源，如图 11-1 所示。

（2）查看文件内部资源。在左侧树状管理视窗中单击需要查看的文件，在右侧窗口中即可查看该文件内部的所有资源，如图 11-3 所示。

图 11-3　查看文件内部资源

（3）查看文件块资源。在左侧树状管理视窗中单击文件名前面的"+"号将其展开，在下拉列表中选择"块"选项，在右侧控制面板中查看该文件的所有图块，如图 11-4 所示。

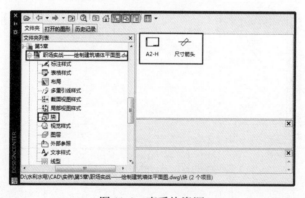

图 11-4　查看块资源

（4）打开文件资源。在左侧树状管理视窗中选择要打开的文件所在的文件夹，在右侧控制面板中选择该文件并右击，然后单击"在应用程序窗口中打开"命令，如图 11-5 所示。

小贴士：

> 按住 Ctrl 键在右侧控制面板中定位文件，将其直接拖到绘图区域，释放鼠标可将其打开。另外，在右侧控制面板中直接将图形图标拖曳到应用程序窗口，以插入的方式，可将文件插入当前文件中。

练一练

继续上一节的操作，在"设计中心"窗口中查看并打开"实例"/"第 10 章"/"职场实战——绘制大厅地面拼花.dwg"图形，如图 11-6 所示。

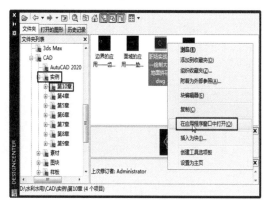
图 11-5　选择要打开的文件

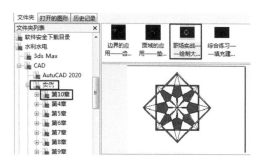
图 11-6　查看并打开图形

操作提示：

（1）在左侧树状管理视窗中展开"实例"文件夹，在其下方选择"第 10 章"文件夹。

（2）在右侧控制面板中选择并右击"职场实战——绘制大厅地面拼花.dwg"图形，再单击"在应用程序窗口打开"命令。

11.1.3　共享图形资源

在"设计中心"窗口中不但可以查看本机上的所有设计资源，还可以将图形资源以及图形的一些内部资源应用到当前的图纸中。

"共享图形资源"包括"共享图块资源"和"共享图块内部资源"两方面。下面通过一个具体的实例，来学习共享图形资源的相关方法。

实例——共享图形资源

1. 共享图块资源

（1）在左侧树状管理视窗中选择"实例"文件夹下的"第 10 章"文件夹，在右侧"控制面板"中选择"职场实战——完善建筑墙体平面图.dwg"文件并右击，然后单击"在应用程序窗口中打开"命令，打开该文件，如图 11-7 所示。

（2）选择平面图中的楼梯图形，按 Delete 键将其删除。

（3）下面重新插入楼梯图块。继续在左侧树状管理视窗中单击"图块"文件夹，在右侧控制面板中选择"楼梯.dwg"文件并右击，选择"插入为块"选项，如图 11-8 所示。

图 11-7　选择文件并打开

图 11-8　选择"插入为块"选项

（4）打开"插入"对话框，设置参数或采用默认设置，如图 11-9 所示。

（5）单击 确定 按钮回到绘图区，在楼梯间位置单击，将其以块的形式共享到当前文件中，如图 11-10 所示。

图 11-9　设置"插入"对话框参数

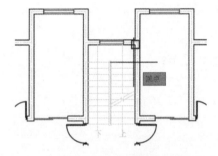
图 11-10　共享图块

2. 共享图形内部资源

内部资源是指文件内的文字样式、尺寸样式、图层以及线型等其他的图形资源，可以将这些资源共享。下面继续通过具体实例，学习共享图形内部资源的相关知识。

（1）在左侧树状管理视窗中选择"图块"文件夹，并单击名称前面的"+"号按钮将其展开。

（2）选择"壁柜.dwg"文件，并单击前面的"+"号按钮将其展开，然后选择列表下的"块"选项。

（3）在右侧控制面板中选择该图块中"高柜"的内部资源文件并右击，选择"插入块"选项，如图 11-11 所示。

图 11-11　选择内部资源

（4）打开"插入"对话框，设置参数或采用默认设置，如图 11-12 所示。

（5）单击 确定 按钮回到绘图区，捕捉楼梯右侧房间的左下角点，将该内部资源以块的形式共享到当前文件中，如图 11-13 所示。

图 11-12　设置"插入"对话框参数

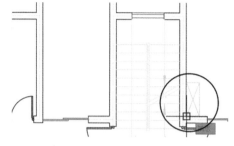

图 11-13　共享内部资源

练一练

继续上一节的操作，删除墙体平面图中的楼梯图块文件，然后在"设计中心"窗口中将"实例"/"第 10 章"/"职场实战——绘制大厅地面拼花.dwg"图形以块的形式共享到该平面图楼梯间地面，如图 11-14 所示。

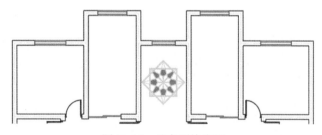

图 11-14　共享图块资源

操作提示：

（1）在左侧树状管理视窗中展开"实例"文件夹，在其下方选择"第 10 章"文件夹。

（2）在右侧控制面板中选择并右击"职场实战——绘制大厅地面拼花.dwg"图形，选择"插入为块"命令，在打开的"插入"对话框中设置比例为 0.7，其他参数默认。

（3）确认回到绘图区，在楼梯间地面位置单击拾取一点，将其插入。

11.2　"工具选项板"面板

"工具选项板"是 AutoCAD 又一个用于组织、共享图形资源以及高效执行命令的面板该面板包含一系列选项板，这些选项板以选项卡的形式分布在"工具选项板"面板中，用户进入各选项卡，即可查看、共享图形资源。

用户可以通过以下方式打开"工具选项板"面板。

➥ 执行菜单"工具"/"选项板"/"工具选项板"命令。

➥ 在"视图"选项卡下的"选项板"选项中单击"工具选项板"按钮图。

➥ 在命令行输入"Toolpalettes"后按 Enter 键。

➥ 按组合键 Ctrl+3。

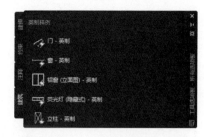

图 11-15　"工具选项板"面板

通过以上任意方式即可打开"工具选项板"面板，如图 11-15 所示。

本节将学习通过"工具选项板"面板查看、共享图形资源的相关方法。

11.2.1　查看内部图形资源

在"工具选项板"面板中，系统提供了一些通用的图形资源，内容包括建筑、机械、建模、电力、土木工程、结构、注释、约束等多个领域，我们将这些资源称为"内部图形资源"，简单来说就是系统自带的图形资源。下面通过简单的操作，来学习查看内部图形资源的相关方法。

实例——查看内部图形资源

（1）单击"工具选项板"面板左边的选项卡，在右侧即可查看相关行业的通用的图形资源，如图 11-16 所示。

📋 **小贴士：**

> 有时内部图形资源并不能全部显示，这时可以移动光标到面板右侧的黑色竖条位置并上下拖曳鼠标，即可查看所有内部资源。

（2）在"工具选项板"面板的左下方单击，在弹出的面板菜单中选择相关选项，在面板右侧即可查看相关内部图形资源，如图 11-17 所示。

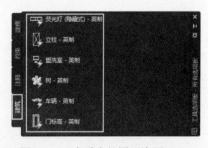

图 11-16　查看内部图形资源（1）

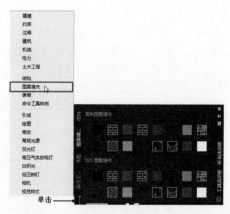

图 11-17　查看内部图形资源（2）

11.2.2 共享内部图形资源

用户可以将"工具选项板"面板中的各内部图形资源共享到当前文件中。打开"实例"/"第 5 章"/"职场实战——绘制建筑墙体平面图.dwg"文件，这是我们在前面章节绘制的建筑墙体平面图，如图 11-18 所示，下面将"建筑"选项卡中的"窗-公制"内部图形资源共享到建筑墙体平面图的窗洞中，结果如图 11-19 所示。

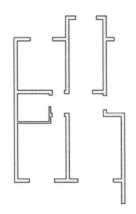
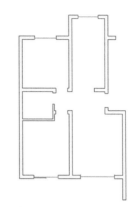

图 11-18 墙体平面图　　　　　　　　　图 11-19 共享窗内部资源

实例——共享内部图形资源

（1）在图层控制列表中将"门窗层"设置为当前图层，单击"工具选项板"面板左边的"建筑"选项卡，在右侧单击名为"窗-公制"的内部图形资源，如图 11-20 所示。

（2）输入"S"，按 Enter 键激活"比例"选项，输入"1.78"，按 Enter 键，然后捕捉建筑墙体平面图左上方窗洞的左端点，将其共享到建筑墙体平面图中，如图 11-21 所示。

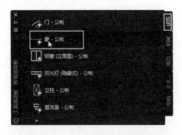
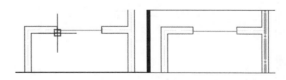

图 11-20 选择内部图形资源　　　　　图 11-21 共享内部窗图形资源

（3）使用相同的方法，继续将"窗-公制"内部图形资源共享到楼梯间以及下面两个房间的 2 个窗洞位置，结果如图 11-22 所示。

练一练

继续上一节的操作，将"门-公制"内部资源共享到平面图的门洞位置，如图 11-23 所示。

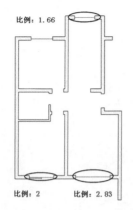

比例: 1.66

比例: 2　　比例: 2.83

图 11-22　共享窗内部资源

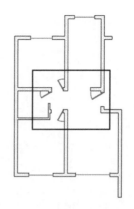

图 11-23　共享门内部资源

操作提示：

在"建筑"选项卡中单击"门-公制"内部资源，根据不同门洞大小设置比例，将其共享到各门洞位置。

11.2.3　自定义"工具选项板"

用户可以将自己的图形资源自定义为工具选项板，以方便使用。下面我们就将"图块"文件夹自定义为工具选项。

实例——将"图块"文件夹自定义为工具选项板

（1）打开"设计中心"窗口，选择"图块"文件夹并右击，选择"创建块的工具选项板"命令，如图 11-24 所示。

（2）此时系统将此文件夹中的所有图形文件在"工具选项板"面板中创建为新的工具选项板，选项板名称为该文件夹的名称，如图 11-25 所示。

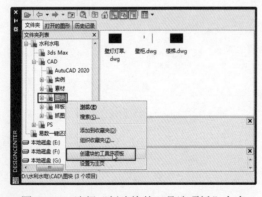

图 11-24　选择"创建块的工具选项板"命令

图 11-25　创建名为"图块"的工具选项板

小贴士：

用户也可以将单个图形文件添加到"工具选项板"面板中。首先在"设计中心"左侧"树状管理器"窗口中选择文件所在的文件夹，在右侧"控制面板"窗口选择要添加到"工具选项板"中的图形文件，将其直接拖到"工具选项板"面板中，释放鼠标，该文件就会被添加到"工具选项板"面板中。在添加的文件上右击，在弹出的右键菜单中选择相关命令，即可对该文件进行重命名、复制、删除等操作。

11.3 信息查询

信息查询包括距离、面积、半径、角度、体积等的查询，在菜单栏的"工具"/"查询"子菜单下有相关的菜单命令。另外，在"查询"工具栏中也有相关的工具按钮，执行相关命令或激活相关工具按钮，即可实现相关的查询工作，本节就来学习信息查询。

11.3.1 查询距离

距离就是两点之间的距离，或者两个对象之间的距离，打开"效果"/"第 5 章"/"职场实战——绘制建筑墙体平面图.dwg"文件，这是我们在前面章节中绘制的一个建筑墙体平面图，如图 11-26 所示。

下面查询该平面图上窗洞的宽度。

实例——查询窗洞宽度

（1）输入"MEA"，按 Enter 键激活"查询"命令；输入"D"，按 Enter 键激活"距离"选项。

（2）捕捉左上角窗洞的左端点，再捕捉窗洞的右端点，即可查询该窗洞的宽度为 1600mm，如图 11-27 所示。

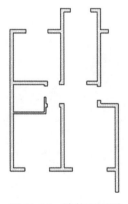

图 11-26 墙体平面图

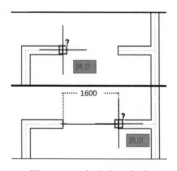

图 11-27 查询窗洞宽度

（3）输入"X"，按 Enter 键退出操作。

🗂 小贴士：

系统默认下采用的是快速查询方式，就是系统会自动进行快速查询，当输入"MEA"，按 Enter 键激活"查询"命令后，门系统进入了快速查询模式，用户只需移动光标到要查询的对象之间，即可快速自动查询对象之间的距离，如图 11-28 所示。

练一练

继续上一节的操作，查询左上角房间的宽度，如图 11-29 所示。

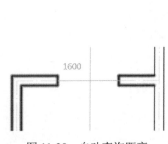

图 11-28　自动查询距离

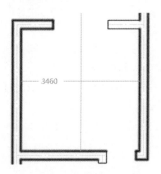

图 11-29　查询房间宽度

操作提示：

（1）输入"MEA"，按 Enter 键激活"查询"命令；移动光标到左上方房间内，此时系统自动查询房间宽度为 3460mm。

（2）输入"X"，按 Enter 键退出操作。

11.3.2　查询面积

面积就是物体的平面大小，在建筑设计中，需要查询房间的面积并进行标注，这是建筑设计图中不可缺少的内容。继续上一节的操作，查询墙体平面图左上方房间的面积。

实例——查询房间面积

（1）输入"MEA"，按 Enter 键激活"查询"命令；输入"AR"，按 Enter 键激活"面积"选项。

（2）分别捕捉左上角房间的 4 个内角点，如图 11-30 所示。

（3）按 Enter 键，光标下方将显示查询结果，包括面积和周长，如图 11-31 所示。

🗂 小贴士：

"区域"即图形区域的面积，在标注面积时，要根据绘图精度进行四舍五入，然后再标注。

（4）输入"X"，按 Enter 键退出操作。

练一练

继续上一节的操作，查询右上角房间的面积，如图 11-32 所示。

图 11-30　捕捉房间 4 个内角点

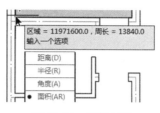

图 11-31　查询结果

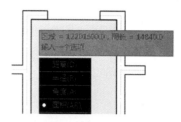

图 11-32　查询房间面积

操作提示：

（1）输入"MEA"激活"查询"命令，输入"AR"激活"面积"选项，然后捕捉右上角房间的 4 个内角点。

（2）按 Enter 键确认查询，输入"X"，按 Enter 键退出操作。

11.3.3　查询半径

可以查询圆以及圆弧的半径。首先绘制一个半径为 10 的圆和半径为 15 的圆弧，下面查询该圆和圆弧的半径。

实例——查询圆和圆弧的半径

（1）输入"MEA"，按 Enter 键激活"查询"命令；输入"R"，按 Enter 键激活"半径"选项。

（2）单击圆，此时可查询圆的半径和直径，如图 11-33 所示。

（3）按 Enter 键，单击圆弧，可查询圆弧的半径和直径，如图 11-34 所示。

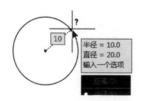

图 11-33　查询圆的半径和直径

图 11-34　查询圆弧的半径和直径

（4）输入"X"，按 Enter 键退出操作。

11.3.4　查询角度

继续上一节的操作，以圆的圆心为起点，以圆上的任意一点作为端点，在圆内绘制成夹角的两条半径，然后查询该角度。

实例——查询角度

（1）输入"MEA"，按 Enter 键激活"查询"命令；输入"A"，按 Enter 键激活"角度"选项。

（2）单击第 1 条边，再单击第 2 条边，此时即可查询两条线形成的夹角角度，如图 11-35 所示。

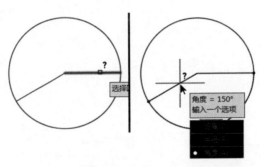

图 11-35　查询角度

（3）输入"X"，按 Enter 键退出操作。

11.3.5　快速查询

快速查询主要用于查询对象的距离和角度，其操作非常简单，执行"查询"命令，将光标移动到要查询的对象上，系统会自动查询对象的距离和角度。

继续上一节的操作，快速查询圆的半径长度以及半径形成的夹角角度，如图 11-36 所示。

实例——快速查询长度和角度

（1）输入"MEA"，按 Enter 键激活"查询"命令，移动光标到半径上，查询半径的长度，如图 11-37 所示。

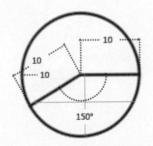

图 11-36　快速查询长度和角度

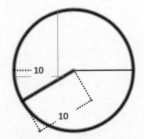

图 11-37　查询长度

（2）依次移动光标到两个半径上，然后沿角度方向引导光标，即可查询该角度，如图 11-38 所示。

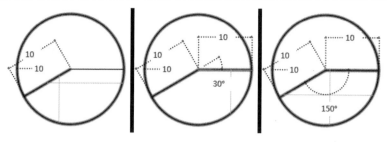

图 11-38　查询角度

📋 小贴士：

如果想关闭快速查询功能，可以在激活"查询"命令后输入"M"，按 Enter 键激活"模式"选项，输入"N"，按 Enter 键，将快速查询功能关闭。

11.3.6　查询体积

可以查询三维物体的体积，打开"实例"/"第 10 章"/"边界的应用——齿轮三维模型.dwg"文件，这是一个齿轮的三维模型，下面来查询该齿轮的体积。

实例——查询体积

（1）输入"MEA"，按 Enter 键激活"查询"命令；输入"V"，按 Enter 键激活"体积"选项。

（2）输入"O"，按 Enter 键激活"对象"选项，单击齿轮三维模型，即可查询该齿轮的体积，如图 11-39 所示。

（3）输入"X"，按 Enter 键退出操作。

练一练

打开"素材"/"体积查询示例.dwg"素材文件，这是一个球体和一个立方体，下面查询这两个三维模型的体积，如图 11-40 所示。

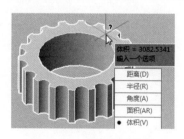

图 11-39　查询齿轮体积

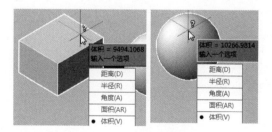

图 11-40　查询体积

操作提示：

（1）输入"MEA"激活"查询"命令，输入"V"激活"体积"选项，输入"O"，按 Enter

键激活"对象"选项，分别单击球体和立方体，查询两个对象的体积。

（2）输入"X"，按 Enter 键退出操作。

11.3.7 查询面域/质量特性

在前面的章节中我们讲过，面域是一个特殊的图形对象，它具有三维模型的特征，因此，通过查询可以得知面域的面积、周长、边界框、质心以及惯性矩等信息。下面通过一个简单的实例，来学习查询面域相关信息的方法。

实例——查询面域的信息

（1）输入"REC"，按 Enter 键激活"矩形"命令，绘制任意大小的矩形，然后执行"绘图"/"面域"命令，选择矩形并确认，将其转换为面域，如图 11-41 所示。

（2）执行"工具"/"查询"/"面域/质量特性"命令，选择转换的面域，按 Enter 键确认，此时弹出文本框，在文本框中列出了查询面域的相关信息，如图 11-42 所示。

图 11-41　转换的面域

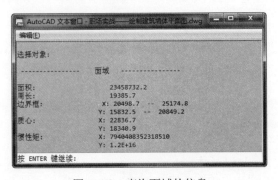

图 11-42　查询面域的信息

11.3.8 列表

列表是一个综合性的查询命令，可以查询对象的许多信息，其操作非常简单，下面我们使用"列表"来查询立方体的相关信息。

实例——使用"列表"查询立方体的信息

（1）执行"工具"/"查询"/"列表"命令，单击立方体，然后按 Enter 键确认。

（2）此时弹出"AutoCAD 文本窗口"，在该窗口中显示了立方体的大多数信息，如图 11-43 所示。

📋 **小贴士：**

> 除了以上介绍的查询内容外，用户还可以查询点的坐标、时间、状态等，这些操作都比较简单，在此不再赘述，读者可以自己尝试操作。

图 11-43　AutoCAD 文本窗口

11.4　综合练习——绘制沙发与电视柜平面图

在 AutoCAD 室内装饰设计中，经常会用到许多图形资源，例如，室内各种家具以及电器、卫生用具等，这些图形资源都需要设计师事先根据具体要求绘制好，并将其制作为图块文件，然后再将其插入室内场景中，本节我们就来绘制室内常见的沙发与电视柜平面图。

11.4.1　绘制拐角沙发与茶几平面图

沙发与茶几是室内客厅必备的用具，沙发一般有三人沙发、双人沙发、单人沙发等，样式有拐角沙发、组合沙发等，沙发材质一般有布艺、实木、金属等，本节我们来绘制三人拐角布艺沙发与茶几组合平面图，如图 11-44 所示。

1. 绘制沙发平面图轮廓

本节首先绘制沙发的轮廓线，该沙发是布艺拐角沙发，所谓拐角，其实就是 "L" 形沙发，因此可以使用直线绘制 L 形线段，然后编辑成为沙发轮廓线。

（1）新建绘图文件，新建"轮廓线"和"填充层"2 个图层，设置"填充层"的颜色为绿色，其他设置默认，将"轮廓线"层设置为当前图层，如图 11-45 所示。

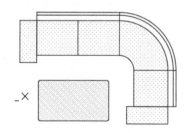

图 11-44　沙发茶几组合平面图

图 11-45　新建图层

（2）输入 "L"，按 Enter 键激活 "直线" 命令，拾取一点，输入 "@1623,0"，按 Enter 键，继续输入 "@0,-827"，按两次 Enter 键结束操作，如图 11-46 所示。

（3）输入"F"，按 Enter 键激活"圆角"命令，输入"R"，按 Enter 键激活"半径"选项，输入"240"，按 Enter 键设置半径，输入"T"，按 Enter 键激活"修剪"选项，再次输入"T"，按 Enter 键设置"修剪"模式，分别单击水平线和垂直线进行圆角处理，结果如图 11-47 所示。

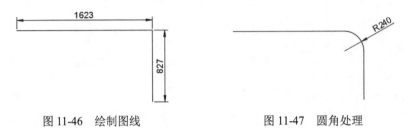

图 11-46　绘制图线　　　　　　　　　图 11-47　圆角处理

2. 偏移完善沙发轮廓线

下面对编辑后的图线进行偏移，以偏移出沙发面和靠背轮廓线。

（1）输入"O"，按 Enter 键激活"偏移"命令，输入"566"，按 Enter 键，选择水平直线，在水平线上方单击，选择圆弧，在圆弧外单击，选择垂直直线，在垂直直线右边单击，按 Enter 键确认，偏移效果如图 11-48 所示。

（2）继续使用"偏移"命令，将偏移后的图形各线段向外偏移 88 和 134，结果如图 11-49 所示。

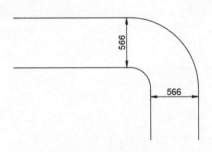 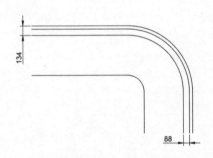

图 11-48　偏移图线　　　　　　　　　图 11-49　继续偏移图线

（3）输入"L"，按 Enter 键激活"直线"命令，配合"端点"和"中点"捕捉功能，捕捉沙发轮廓线的端点和中点，补画沙发轮廓线，如图 11-50 所示。

3. 绘制沙发扶手与茶几轮廓

本节将补画沙发轮廓线，主要是沙发坐垫和靠背两端轮廓线以及坐垫隔断线和扶手轮廓线。

（1）输入"REC"，按 Enter 键激活"矩形"命令，捕捉沙发左端轮廓线的端点，输入"@-285，-685"，按 Enter 键确认，绘制效果如图 11-51 所示。

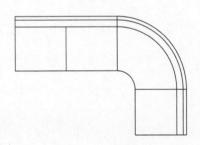

图 11-50　补画轮廓线

（2）按 Enter 键重复执行"矩形"命令，捕捉沙发右下端轮廓线的端点，输入"@-685，-285"，按 Enter 键确认，绘制效果如图 11-52 所示。

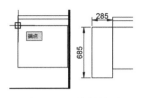

图 11-51　绘制扶手

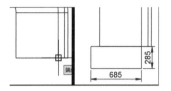

图 11-52　绘制另一个扶手

（3）按 Enter 键重复执行"矩形"命令，输入"F"，按 Enter 键激活"圆角"选项，输入"35"，按 Enter 键，在沙发下方合适位置拾取一点，输入"@1180,660"，按 Enter 键确认，绘制效果如图 11-53 所示。

4. 填充沙发和茶几材质并定义图块

该沙发为布艺材质，茶几为实木材质，因此填充时可以选择能体现布艺质感以及实木质感的材质。

（1）在图层控制列表中将"填充层"设置为当前图层。输入"H"，按 Enter 键进入图案填充界面，在"类型"列表中选择"图案"类型，设置"角度"为 0，设置"比例"为 5，然后单击"图案填充图案"按钮▓，选择名为"CROSS"的图案，如图 11-54 所示。

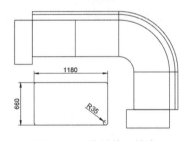

图 11-53　绘制茶几轮廓

图 11-54　设置图案、颜色、角度和比例

（2）激活左上角的"拾取点"按钮▓，在沙发面和扶手区域单击拾取填充区域，按 Enter 键确认，填充结果如图 11-55 所示。

（3）继续使用相同的方法选择名为"JIS_STN_1E"的图案，设置"比例"为 50，对茶几进行填充，完成沙发茶几平面图的绘制，如图 11-56 所示。

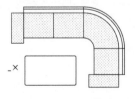

图 11-55　填充沙发材质

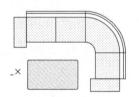

图 11-56　填充茶几

5. 定义图块文件

下面将其定义为图块，方便以后使用。

（1）输入"B"，按 Enter 键激活"定义块"命令，将其命名为"拐角沙发茶几组合"，单击"拾取点"按钮 ✚ 返回绘图区，捕捉沙发靠背的右下端点作为插入点，如图 11-57 所示。

（2）返回"块定义"对话框，再次单击"选择对象"按钮 ✚ 返回绘图区，以窗口方式选择沙发和茶几对象，如图 11-58 所示。

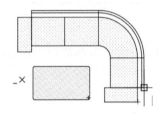

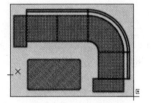

图 11-57　捕捉点　　　　　　　　　　图 11-58　选择对象

（3）按 Enter 键返回"块定义"对话框，勾选"删除"复选框，如图 11-59 所示。

（4）单击 确定 按钮，将该图形定义为图块。

（5）输入"W"，按 Enter 键打开"写块"对话框，勾选"块"复选框，选择定义的沙发图块，并为其选择存储路径，如图 11-60 所示。

图 11-59　"块定义"对话框设置　　　　图 11-60　写块设置

（6）单击 确定 按钮，将该图块定义为外部图块并保存，最后执行"另存为"命令，将该图形存储为"综合练习——绘制拐角沙发茶几组合.dwg"文件。

11.4.2　绘制电视柜与电视平面图

电视柜与电视也是室内装饰设计中不可或缺的图形之一，电视柜的材质包括实木、有机玻璃和金属灯，本节我们将绘制一个电视柜与电视的平面图，如图 11-61 所示。

1. 绘制电视柜轮廓线

（1）新建绘图文件，输入"L"，按 Enter 键激活"直线"命令，配合坐标输入功能，在绘图区绘制图形，如图 11-62 所示。

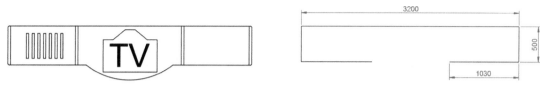

图 11-61　电视柜与电视平面图　　　　　　　　图 11-62　绘制图形

（2）输入"O"，按 Enter 键激活"偏移"命令，将两边的垂直边分别向内偏移 35、885 和 920 个绘图单位，将水平线向下偏移 695 个绘图单位，结果如图 11-63 所示。

（3）输入"ARC"，按 Enter 键激活"圆弧"命令，捕捉电视柜轮廓线的左端点，捕捉下方水平线的中点，再捕捉电视柜轮廓线的右端点绘制圆弧，结果如图 11-64 所示。

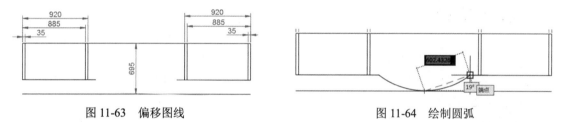

图 11-63　偏移图线　　　　　　　　　　图 11-64　绘制圆弧

（4）选择下方的水平线，将其删除。

2. 修饰并绘制电视柜装饰图案

（1）输入"REC"，按 Enter 键激活"矩形"命令，按住 Shift 键并右击，选择"自"功能，捕捉电视柜左下角的端点；输入"@205,85"，按 Enter 键，继续输入"@30,320"，按 Enter 键绘制矩形，结果如图 11-65 所示。

（2）输入"AR"，按 Enter 键激活"阵列"命令，选择矩形，按 Enter 键，输入"R"，按 Enter 键激活"矩形阵列"选项。

（3）输入"COU"，按 Enter 键激活"计数"选项，然后输入"7"，按 Enter 键设置列数，输入"1"，按 Enter 键设置行数；输入"S"，按 Enter 键激活"间距"选项，然后输入"75"，按 3 次 Enter 键结束操作，效果如图 11-66 所示。

 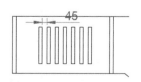

图 11-65　绘制矩形　　　　　　　　　　图 11-66　阵列复制

（4）输入"F"，按 Enter 键激活"圆角"命令；输入"R"，按 Enter 键激活"半径"选项，然后输入"20"，按 Enter 键，对电视柜的 4 个角进行圆角处理，结果如图 11-67 所示。

3. 绘制电视平面图

（1）输入"L"，按 Enter 键激活"直线"命令，在绘图区拾取一点，输入"@130,0"，按 Enter 键，继续输入"@160,129"，按 Enter 键，输入"@130,0"，按 Enter 键，输入"@160,-129"，按 Enter 键，输入"@130,0"，按 Enter 键，输入"@0,-415"，按 Enter 键，输入"@-710,0"，按 Enter 键，输入"C"，按 Enter 键结束操作，效果如图 11-68 所示。

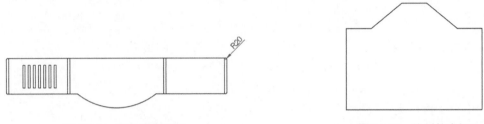

图 11-67　圆角处理效果　　　　　　　　图 11-68　绘制的电视

（2）输入"MT"，按 Enter 键激活"多行文字"命令，在电视上拖曳创建一个输入区域，然后输入"TV"字样，并设置文字大小为 300，确认后效果如图 11-69 所示。

（3）输入"M"，按 Enter 键激活"移动"命令，将电视移动到电视柜中间位置，完成电视柜和电视平面图的绘制，效果如图 11-70 所示。

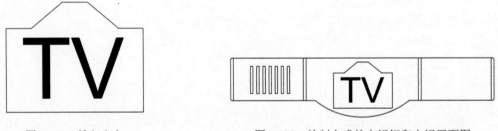

图 11-69　输入文字　　　　　　　　图 11-70　绘制完成的电视柜和电视平面图

（4）执行"另存为"命令，将该文件存储为"综合练习——绘制电视柜与电视平面图.dwg"文件。

11.5　职场实战——绘制三居室平面布置图

在 AutoCAD 室内设计中，平面布置图用于表达室内装饰的平面效果。打开"素材"/"三居室墙体结构图.dwg"素材文件，这是一个三居室墙体图，如图 11-71 所示。

本节我们来绘制某三居室平面布置图，如图 11-72 所示。

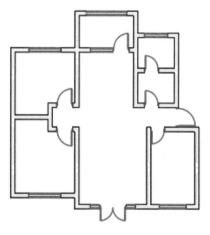

图 11-71　三居室墙体平面图

图 11-72　三居室平面布置图

11.5.1　布置卧室

卧室主要有双人床、床头柜等家具，布置时可以使用"插入"命令或者"设计中心"面板，以及镜像操作。

（1）在图层控制列表中将"图块层"设置为当前图层，然后设置"中点"和"最近点"捕捉模式。

（2）执行"工具"/"选项板"/"设计中心"命令，打开"设计中心"面板，选择"图块"文件夹，并展开此文件夹中的所有图块资源，如图 11-73 所示。

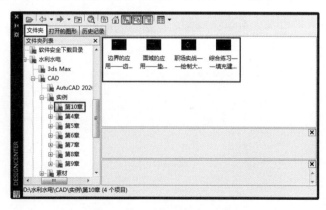

图 11-73　"设计中心"面板

（3）向下拖动右侧窗格中的滑块，找到"双人床.dwg"图形文件，直接将其拖到绘图区，然后释放鼠标，捕捉卧室左侧内墙线的中点，如图 11-74 所示。

（4）按两次 Enter 键，输入"90"，按 Enter 键确认，插入"双人床"图块，如图 11-75 所示。

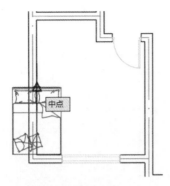

图 11-74　捕捉中点

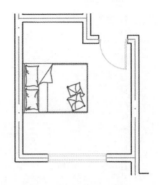

图 11-75　插入结果

（5）继续在"设计中心"选项板中选择名为"床头柜.dwg"的图块文件，单击鼠标右键，选择"复制"选项，如图 11-76 所示。

（6）在绘图区右击，选择"剪切板"/"粘贴"命令，配合"最近点"捕捉功能，在双人床的一侧墙线上捕捉插入点，按 3 次 Enter 键将其插入，如图 11-77 所示。

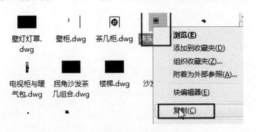

图 11-76　选择"复制"选项

图 11-77　粘贴床头柜

（7）输入"MI"，按 Enter 键激活"镜像"命令，配合中点捕捉功能，以双人床的中点为镜像轴，将床头柜镜像复制到双人床的另一边，效果如图 11-78 所示。

（8）依照相同的方法，继续选择"储藏柜.dwg"和"植物-03.dwg"图块文件，并以粘贴、复制的方式插入卧室，完成卧室室内用具的布置，效果如图 11-79 所示。

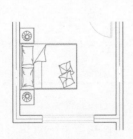

图 11-78　镜像床头柜

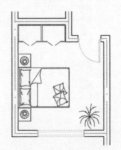

图 11-79　插入储藏柜和植物

11.5.2　布置客厅用具

客厅与卧室不同，客厅是公共区域，主要有电视、沙发、植物等相关图块，本节继续布置客厅用具。

（1）输入"I"，按 Enter 键打开"插入"对话框，选择"图块"/"电视柜与暖气包.dwg"文件，如图 11-80 所示。

（2）单击该图块文件，输入"S"，按 Enter 键激活"比例"选项，然后输入 525/500，按 Enter 键确认，捕捉客厅左墙线的中点，将其插入，如图 11-81 所示。

图 11-80　选择图块文件

图 11-81　插入电视柜与暖气包

（3）使用相同的方法，继续选择"小隔断.dwg"文件，设置"比例"为 525/500，将其插入客厅右上墙角位置，如图 11-82 所示。

（4）继续使用相同的方法，在客厅右上角位置插入"茶几柜.dwg"和"沙发.dwg"图块文件，其中"茶几柜.dwg"图块的"比例"为 525/500，插入结果如图 11-83 所示。

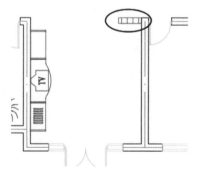

图 11-82　插入隔断图块

图 11-83　插入茶几和沙发

（5）输入"RO"，按 Enter 键激活"旋转"命令，选择插入的沙发，以沙发上中点为基点，输入"C"，激活"复制"命令，输入"-90"，按 Enter 键确认，对沙发进行旋转复制，效果如图 11-84 所示。

（6）输入"M"激活"移动"命令，将旋转复制的沙发移动到茶几柜的下方位置，然后输入"AR"，激活"阵列"命令，将旋转复制的沙发图块文件进行矩形阵列，列数为 3，间距为525，效果如图 11-85 所示。

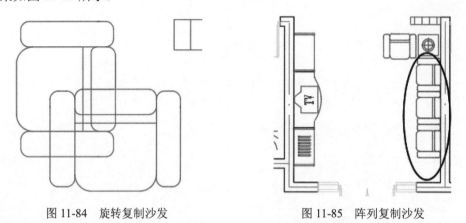

图 11-84　旋转复制沙发　　　　　　　　　图 11-85　阵列复制沙发

（7）输入"MI"，激活"镜像"命令，将上方沙发和茶几柜镜像复制到下方位置，结果如图 11-86 所示。

（8）绘制 760×1450 的矩形作为茶几，然后将"电话.dwg"图块插入客厅，完成客厅家具的布置，结果如图 11-87 所示。

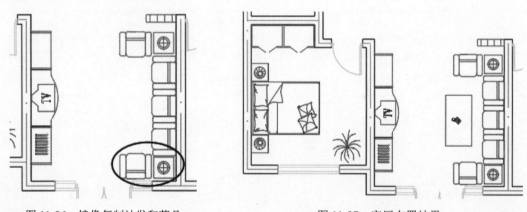

图 11-86　镜像复制沙发和茶几　　　　　　　图 11-87　客厅布置结果

11.5.3　布置其他房间用具

其他房间用具的布置方法与卧室和客厅房间的用具布置方法相同，读者可以使用"插入"命令或"设计中心"面板进行布置，所需图块文件均放置在"图块"文件夹下，在此不再赘述，其布置完成的效果如图 11-88 所示。

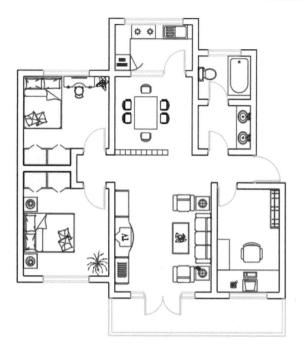

图 11-88 室内平面布置图最终效果

最后将该布置图存储为"职场实战——绘制三居室平面布置图.dwg"文件。

第 12 章　标注图形尺寸

本章导读

在 AutoCAD 绘图中，尺寸标注是图形参数化的重要依据，也是 AutoCAD 绘图中不可或缺的重要内容，这一章我们就来学习标注图形尺寸的相关知识。

本章主要内容如下：

- ❯ 新建标注样式
- ❯ 设置标注样式
- ❯ 标注尺寸
- ❯ 编辑标注
- ❯ 综合练习——新建"机械标注"样式
- ❯ 职场实战——标注三居室平面布置图尺寸

12.1　新建标注样式

本节首先了解新建尺寸标注样式，尺寸标注的对象、内容以及尺寸标注样式的含义等相关知识，这对后期进行尺寸标注非常重要。

12.1.1　了解标注的对象与内容

在 Auto CAD 中，标注的对象是图形中的所有对象，包括直线、圆、圆弧、矩形等，其标注内容包括直线长度尺寸、圆、圆弧的半径、直径、角的度数、倒角的距离、圆角的半径等，如图 12-1 所示。

一般情况下，尺寸标注是由"标注文字""尺寸线""尺寸界线"和"尺寸起止符号"4 部分元素组成，如图 12-2 所示。

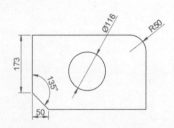

图 12-1　尺寸标注的内容

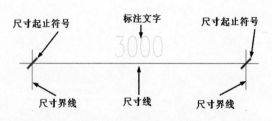

图 12-2　尺寸标注示例

这些元素表明了尺寸标注的内容,是图形参数化的重要体现,各部分内容如下。

- 标注文字:用于表明对象的实际测量值,一般由阿拉伯数字与相关符号表示。
- 尺寸线:用于表明标注的方向和范围,一般使用直线表示。
- 尺寸起止符号:用于指出测量的开始位置和结束位置。
- 尺寸界线:是从被标注的对象延伸到尺寸线的短线。

12.1.2 标注样式的概念与作用

所谓"标注样式",是指标注的尺寸线、尺寸界线的线型、线宽、颜色,起止符号和箭头的样式、标注文字的字体、颜色、高度,标注单位、精度以及公差等其他设置。不同的对象以及图纸类型,需要使用不同的标注样式进行标注。例如,在建筑设计中,尺寸标注的尺寸起止符号为斜线,而在机械制图中,尺寸标注的起止符号为箭头,如图 12-3 所示。

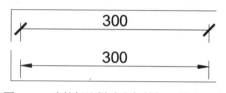

图 12-3 建筑标注样式和机械标注样式比较

因此,在标注尺寸前,首先需要根据标注对象,设置标注样式,这样不仅可以使尺寸标注变得更方便、简单,同时也能保证尺寸标注的完整、统一和精确。

12.1.3 新建标注样式

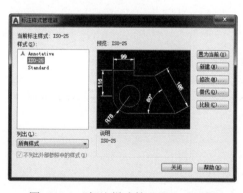

图 12-4 "标注样式管理器"对话框

新建标注样式是尺寸标注的第一步,新建标注样式是在"标注样式管理器"对话框中进行的,用户可以通过以下方式打开"标注样式管理器"对话框。

- 执行菜单栏中的"标注"或"格式"/"标注样式"命令。
- 在"默认"选项卡中单击"注释"选项,激活"标注样式"按钮 ┡━┩。
- 在命令行输入"Dimstyle"后按 Enter 键确认。
- 使用快捷键 D。

"标注样式管理器"对话框如图 12-4 所示。

在该对话框中,用户可以完成标注样式的新建与设置等一系列操作,下面通过简单的实例,来学习新建标注样式的方法。

实例——新建标注样式

(1)在"标注样式管理器"对话框中单击 新建(N)... 按钮,打开"创建新标注样式"对话框。

(2)在"新样式名"文本框中输入新样式的名称,例如输入"建筑标注",如图 12-5 所示。

📋 **小贴士：**

> 新样式名：该文本框用来为新样式命名，一般情况下，可以根据标注的对象进行命名。例如，标注建筑设计图纸的样式可以将其命名为"建筑标注"，标注机械图纸的样式可以将其命名为"机械标注"等。
>
> 基础样式：该下拉列表框用于设置新样式的基础样式，选择基础样式后，对于新建的样式，只需更改与基础样式特性不同的特性即可。
>
> 注释性：该复选项用于为新样式添加注释。
>
> 用于：该下拉列表框用于设置新样式的适用范围，一般情况下，选择"所有标注"选项即可，表示对所有对象进行标注。

（3）单击"创建新标注样式"对话框中的 继续 按钮，新建名为"建筑标注"的新样式，同时打开"新建标注样式：建筑标注"对话框，在该对话框中可以对新样式进行一系列的设置，包括线型、符号、文字、主单位、换算单位等，如图 12-6 所示。

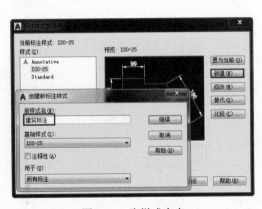

图 12-5　为样式命名

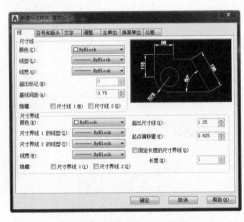

图 12-6　新建的标注样式

12.2　设置标注样式

新建标注样式之后，还需要对其进行设置，这样才能得到一个符合标注要求的标注样式，本节将学习设置标注样式的相关知识。

12.2.1　设置"线"

"线"是指标注样式的尺寸线和尺寸界限两个内容。在"新建标注样式：建筑标注"对话框中进入"线"选项卡，设置尺寸线与尺寸界线的线型、颜色以及超出尺寸线的距离等相关参数，下面讲解相关知识。

1. 尺寸线

用于表明标注的方向和范围的线就是尺寸线，其设置包括颜色、线型、线宽以及超出标记、基线间距等。

其中，"颜色""线型"和"线宽"用于设置尺寸线的颜色、线型和线宽，一般情况下采用系统默认设置即可。

 小贴士：

"ByBlock"，即系统默认的设置，指"随块"，表示该颜色、线型、线宽将沿用块的颜色、线型和线宽，在其列表中还有"ByLayer"选项，表示"随层"，意思是将使用图层的颜色、线型和线宽，一般情况下可以选择"ByLayer"。

"超出标记"微调按钮用于设置尺寸线超出尺寸界限的长度，当尺寸箭头为建筑标注样式的箭头时，"超出标记"微调按钮才处于可用状态。单击"基线间距"微调按钮，设置在基线标注时两条尺寸线之间的距离。

勾选"隐藏"复选框中的"尺寸线 1（M）"和"尺寸线 2（M）"两个选项，则会隐藏尺寸标注的尺寸线，如图 12-7 所示。

300

图 12-7　隐藏尺寸线

2. 尺寸界线

尺寸界线是指从被标注的对象延伸到尺寸线的短线，其设置内容与尺寸线相同，一般情况下采用默认设置。下面通过简单的操作，讲解"超出尺寸线""起点偏移量"以及"固定长度的尺寸界线"3 个选项的设置。

超出尺寸线：设置尺寸界线超出尺寸线的距离，图 12-8 所示为默认设置与设置值为 10 的效果。

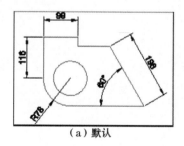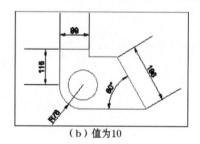

（a）默认　　　　　　　　　　　　　（b）值为10

图 12-8　超出尺寸线效果比较

起点偏移量：设置尺寸界线起点与被标注对象间的距离，图 12-9 所示为默认设置与值为 5 时的效果比较。

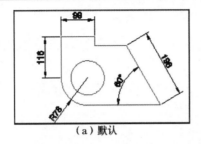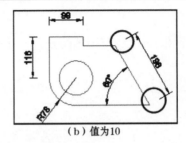

图 12-9　起点偏移量效果比较

固定长度的尺寸界线：勾选该复选框，可以设置一个固定长度的尺寸界线值。

12.2.2　设置"符号和箭头"

进入"符号和箭头"选项卡，可设置箭头、圆心标记、折断标注和弧长符号等参数，如图 12-10 所示。

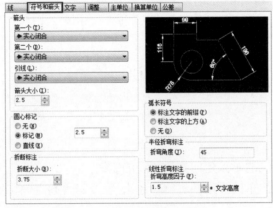

图 12-10　"符号和箭头"选项卡

1. 箭头

箭头其实就是尺寸起止符号，用于指出测量的开始位置和结束位置，不同的标注对象采用不同的箭头。一般情况下，建筑标注使用一种短线作为箭头，而机械标注使用实心闭合的箭头。

在"第一个""第二个"和"引线"下拉列表中选择尺寸标注与引线标注的起止符号的类型，如图 12-11 所示。

📋 小贴士：

选择"用户箭头"选项，打开"选择自定义箭头块"对话框，用户可以选择自定义的一个箭头，如图 12-12 所示。

另外，选择箭头后，可以在"箭头大小"文本框中设置箭头的大小。

图 12-11 选择箭头

图 12-12 选择用户定义的箭头

2. 圆心标记

设置圆心标记，其中 "无"选项表示不添加圆心标记；"标记"选项用于为圆添加十字形标记，在微调框中设置标记大小；"直线"选项用于为圆添加直线型标记。

3. 折断标注

用于设置打断标注的大小。

4. 弧长符号

"弧长"是指标注圆弧的弧长，"弧长符号"是指标注弧长时是否添加弧长符号。选择"标注文字的前缀"单选按钮，表示弧长符号添加在标注文字的前面；选择"标注文字的上方"单选按钮，表示弧长符号添加在文字的上方；选择"无"单选按钮，表示不添加弧长符号，如图 12-13 所示。

图 12-13 "弧长"选项设置

5. "半径折弯标注"与"线性折弯标注"

"半径折弯标注"用于设置半径折弯的角度，"线性折弯标注"用于设置线性折弯的高度因子。

12.2.3 设置"文字"

"文字"是指标注中的尺寸文字，用于表明对象的实际测量值，一般由阿拉伯数字与相关符号表示。"文字"选项卡如图 12-14 所示。

1. 文字外观

文字外观是设置文字的样式、颜色、填充颜色、文字高度等，其中，"文字样式"是指所使用的文字字体样式，在类别中选择一种文字样式，或者单击右侧的 按钮打开"文字样式"对话框，设置一种文字样式，如图 12-15 所示。

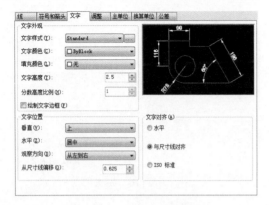

图 12-14　"文字"选项卡

图 12-15　"文字样式"对话框

有关文字样式的设置，将在后面章节进行讲解。

2. 文字位置

文字位置是设置文字相对于尺寸线的水平、垂直位置以及文字的观察方向和文字与尺寸线之间的距离。

3. 文字对齐

文字对齐是设置标注文字水平放置或者与尺寸线对齐放置，如图 12-16 所示。

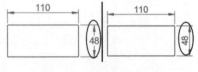

图 12-16　文字对齐方式

📋 **小贴士：**

选择"ISO 标准"单选按钮，当文字在尺寸界线内时，文字与尺寸线对齐；当文字在尺寸界线外时，文字水平排列。

12.2.4　设置"调整"

"调整"用于设置标注文字与尺寸线、尺寸界线等之间的位置，进入"调整"选项卡，如图 12-17 所示。

1. 调整选项

选择"文字或箭头（最佳效果）"选项，系统自动调整文字与箭头的位置，使二者达到最佳效果；选择"箭头"单选按钮，将箭头移到尺寸界线外；选择"文字"单选按钮，将文字移到尺寸界线外，如图 12-18 所示。

选择"文字和箭头"单选按钮，将文字与箭头都移到尺寸界线外；选择"文字始终保持在尺寸界线之间"单选按钮，将文字始终放置在尺寸界线之间；选择"若箭头不能放在尺寸界线内，则将其消除"复选框，如果尺寸界线内没有足够的空间，则不显示箭头，如图 12-19 所示。

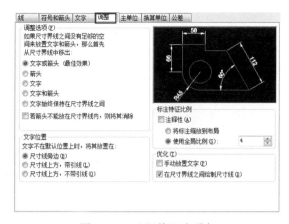

图 12-17 "调整"选项卡

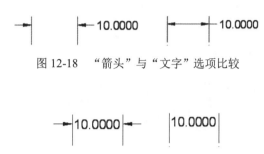

图 12-18 "箭头"与"文字"选项比较

图 12-19 文字在尺寸线之间与取消尺寸界线

2. 设置文字位置

选择"尺寸线旁边"单选按钮，将文字放置在尺寸线旁边；选择"尺寸线上方，带引线"单选按钮，将文字放置在尺寸线上方，并加引线：选择"尺寸线上方，不带引线"单选按钮，将文字放置在尺寸线上方，但不加引线，如图 12-20 所示。

3. 设置标注特征比例

选择"注释性"复选框，设置标注为注释性标注；单击"使用全局比例"单选按钮，设置标注的比例因子，比例因子为 5 和 10 时的效果如图 12-21 所示。

图 12-20 文字位置效果比较

图 12-21 比例因子效果比较

选择"将标注缩放到布局"单选按钮，系统会根据当前模型空间的视口与布局空间的大小来确定比例因子。

4. 优化

勾选"手动放置文字"复选框，将手动放置标注文字；勾选"在尺寸界线之间绘制尺寸线"复选框，在标注圆弧或圆时，尺寸线始终在尺寸界线之间。

12.2.5 设置"主单位""换算单位"与"公差"

1. 设置"主单位"

"主单位"是标注时的单位精度以及格式，这与绘图单位设置比较相似，在此不再详述，下面主要讲解"消零"选项。

所谓"消零"，是取消或保留小数点后面或前面的 0，例如，0.500，消零后将成为 0.5 或者.5000。勾选"前导"复选框，消除小数点前面的零。当标注文字小于 1 时，如为"0.5"，勾选此复选框后，则"0.5"将变为".5"，即消除了前面的零。勾选"后续"复选框，消除小数点后面的零，当标注文字小于 1 时，如为"0.5000"，勾选此复选框后，此"0.5000"将变为"0.5"，即消除了后面的零。

📋 **小贴士：**

勾选"0 英尺"复选框，消除零英尺前的零。只有将"单位格式"设为"工程"或"建筑"时，此复选框才可被激活；勾选"0 英寸"复选框，消除英寸后的零。

2. 设置"换算单位"与"公差"

"换算单位"用于显示和设置标注文字的换算单位、精度等变量，而"公差"用于设置尺寸的公差的格式和换算单位，有关"公差"的设置，将在后面章节中进行详解，在此不再赘述。

当所有设置完成后，单击 确定 按钮返回"标注样式管理器"对话框，选择新建的标注样式，单击 置为当前(U) 按钮，将新建的标注样式设置为当前样式，这样才能在当前文件中使用设置的标注的样式，如图 12-22 所示。

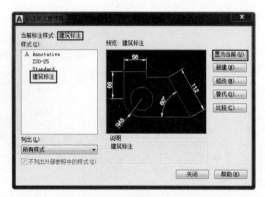

图 12-22 设置当前样式

📋 **小贴士：**

如果需要对新建的标注样式进行修改，则选择样式，单击 修改(M)... 按钮进入"修改标注样式"对话框进行修改，其方法与设置标注样式的方法相同，在此不再赘述。另外，单击 替代(O)... 按钮，可以创建一个当前样式的临时替代样式，临时替代值是指临时修改当前标注样式的某一些值，但不会影响源标注样式的其他设置，它与修改标注样式不同。通过修改标注样式的临时替代值，可以使用一个标注样式对不同的图形文件进行标注。

12.3 标 注 尺 寸

AutoCAD 提供了多种标注尺寸的方法，如线性、连续、对齐、快速、角度、半径、直径等，在标注尺寸时，针对不同的图形，用户可以采用不同的标注方法。需要说明的是，在标注尺寸前，首先需要选择一种标注样式，本节将学习标注尺寸的相关知识。

12.3.1　"线性"标注

"线性"标注是一种较常用的标注方法，用于标注水平或垂直的尺寸，例如直线的长度、矩形的长度和宽度等。

用户可以通过以下方式激活"线性"标注命令。

- ➡ 单击"标注"工具栏中的"线性"按钮 ⊟。
- ➡ 执行菜单栏中的"标注"/"线性"命令。
- ➡ 在"默认"选项卡下的"注释"选项中单击"线性"按钮 ⊟。
- ➡ 在命令行输入"Dimlinear"或"Dimlin"后按 Enter 键确认。
- ➡ 输入"DIML"，按 Enter 键确认。

绘制边长为 100 的六边形图形，下面使用"线性"标注方法标注六边形的边长。

实例——标注六边形的边长

（1）输入"DIML"，按 Enter 键激活"线性"命令，配合"端点"捕捉功能捕捉 6 边形下水平边的左端点，继续捕捉右端点，如图 12-23 所示。

（2）向下引导光标，在适当的位置单击确定尺寸线的位置，标注结果如图 12-24 所示。

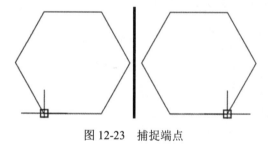

图 12-23　捕捉端点

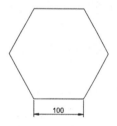

图 12-24　标注结果

📖 **知识拓展：**

线性标注时，当分别指定了尺寸界限的第 1 个原点和第 2 个原点后，命令行出现命令提示，如图 12-25 所示。

⊟ ▾ **DIMLINEAR** [多行文字(M) 文字(T) 角度(A) 水平(H) 垂直(V) 旋转(R)]：

图 12-25　命令提示

输入"M"激活"多行文字"，进入"文字编辑器"面板，可为标注的尺寸添加符号或更改尺寸内容；输入"T"激活"文字"选项，输入标注文字；输入"A"激活"角度"选项，设置标注文字的旋转角度；输入"R"激活"旋转"选项，设置标注尺寸的旋转角度，如图 12-26 所示。

练一练

继续上一节的操作，标注六边形的宽度，结果如图 12-27 所示。

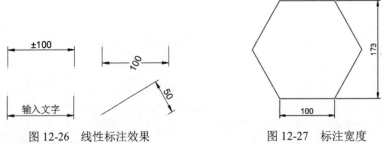

图 12-26　线性标注效果　　　　　　　　图 12-27　标注宽度

操作提示：

输入"DIML"，按 Enter 键激活"线性"命令，分别捕捉六边形的右下端点和右上端点，然后向右引导光标，在适当的位置单击确定尺寸线的位置。

12.3.2　"对齐"标注

对于非水平或垂直的线段长度尺寸，标注时不能使用"线性"标注，而是要使用"对齐"标注，该命令会将尺寸线平行于所标注的对象放置，已标注非水平或垂直的线段的长度尺寸。

用户可以通过以下方式激活"对齐"标注命令。

- ❯ 单击"标注"工具栏中的"对齐"按钮 。
- ❯ 执行菜单栏中的"标注"/"对齐"命令。
- ❯ 在"默认"选项卡的"注释"选项中单击"对齐"按钮 。
- ❯ 在命令行输入"Dimaligned"或"Dimali"，按 Enter 键确认。
- ❯ 输入"DIMA"，按 Enter 键确认。

继续上一节的操作，标注六边形左边线的长度尺寸。

实例——标注六边形左边线的长度尺寸

（1）输入"DIMA"，按 Enter 键激活"对齐"命令，配合"端点"捕捉功能捕捉六边形左边线的下端点，继续捕捉左边线的上端点，如图 12-28 所示。

（2）向左下引导光标，在适当的位置单击确定尺寸线的位置，标注结果如图 12-29 所示。

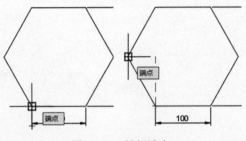
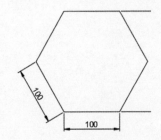

图 12-28　捕捉端点　　　　　　　　图 12-29　标注结果

练一练

继续上一节的操作，标注六边形左上方边线的长度尺寸，如图 12-30 所示。

操作提示：

输入"DIMA"激活"对齐"命令，捕捉左上方边线的两个端点，然后沿该线的平行方向引导光标，确定尺寸线的位置。

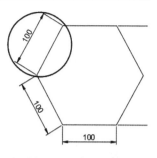

图 12-30 标注结果

12.3.3 "角度"标注

"角度"用于标注图形中角的度数。用户可以通过以下方式激活"角度"标注命令。

↘ 单击"标注"工具栏中的"角度"按钮▲。

↘ 执行菜单栏中的"标注"/"角度"命令。

↘ 在"默认"选项卡下的"注释"选项中单击"角度"按钮▲。

↘ 在命令行输入"Dimangular"或"Angular"，按 Enter 键确认。

↘ 输入"DIMAN"，按 Enter 键确认。

继续上一节的操作，标注六边形内角的角度。

实例——标注六边形的内角度

（1）输入"DIMAN"，按 Enter 键激活"角度"命令，单击多边形的一条边，再单击另一条边，如图 12-31 所示。

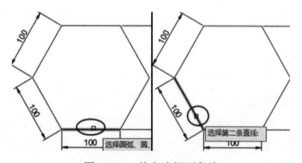

图 12-31 单击选择两条边

（2）向多边形内部引导光标，在适当的位置单击，确定尺寸线的位置，标注结果如图 12-32 所示。

练一练

继续上一节的操作，标注六边形外角度，如图 12-33 所示。

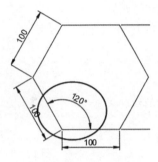

图 12-32　标注内角度

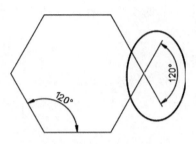

图 12-33　标注外角度

操作提示：

输入"DIMAN"激活"角度"命令，捕捉多边形的两条相邻边，向外引导光标，确定尺寸线的位置。

12.3.4　"半径""直径"标注

"半径""直径"标注用于标注圆或圆弧的半径和直径，其操作非常简单，用户可以通过以下方式激活"半径"和"直径"标注命令。

- 单击"标注"工具栏中的"半径" 或"直径" 按钮。
- 执行菜单栏中的"标注"/"半径"或"直径"命令。
- 在"默认"选项卡下的"注释"选项中单击"半径" 或"直径" 按钮。
- 在命令行输入"Dimradius"或"Dimrad"以及"Dimdiameter"或"Dimdia"，按 Enter 键确认。
- 输入"DIMD"或"DIMR"，按 Enter 键确认。

绘制半径为 50 的圆，下面标注该圆的半径和直径。

实例——标注圆的半径和直径

（1）输入"DIMR"，按 Enter 键激活"半径"命令，单击圆并向外引导光标，在合适的位置单击确定尺寸线的位置，如图 12-34 所示。

（2）输入"DIMD"，按 Enter 键激活"直径"命令，单击圆并向外引导光标，在合适的位置单击确定尺寸线的位置，如图 12-35 所示。

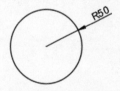

图 12-34　标注半径

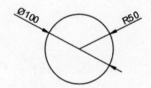

图 12-35　标注直径

12.3.5　"基线"标注

"基线"标注是在现有尺寸的基础上，以现有尺寸界线作为基准线，快速标注其他尺寸。该标注命令用于标注相邻的多个尺寸。

用户可以通过以下方式激活"基线"标注命令。

➷　单击"标注"工具栏中的"基线"按钮┠。

➷　执行菜单栏中的"标注"/"基线"命令。

➷　在命令行输入"Dimbaseline"或"Dimbase"，按 Enter 键确认。

➷　输入"DIMB"，按 Enter 键确认。

打开"素材"/"基线标注示例.dwg"素材文件，然后标注基线尺寸。

注意： 基线尺寸是在现有尺寸的基础上标注的，因此要首先标注一个线性尺寸，然后才能标注基线尺寸。

实例——标注基线尺寸

（1）输入"DIML"，按 Enter 键激活"线性"命令，标注一个线性尺寸，如图 12-36 所示。

（2）输入"DIMB"，按 Enter 键激活"基线"命令，然后分别捕捉各直线的下端点，标注基线尺寸，如图 12-37 所示。

（3）按两次 Enter 键结束操作。

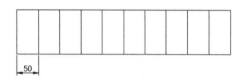

图 12-36　标注"线性"尺寸

✎ **小贴士：**

> 标注"基线"尺寸时，当激活"基线"标注后，输入"S"激活"选择"选项，可以选择一个"线性"尺寸，以该尺寸为基准来标注基线尺寸。

练一练

继续上一节的操作，在该图形上方标注基线尺寸，如图 12-38 所示。

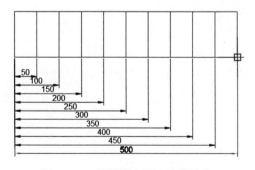

图 12-37　捕捉端点标注基线尺寸

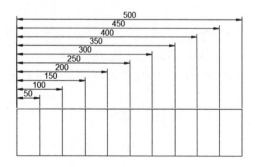

图 12-38　标注基线尺寸

操作提示：

（1）输入"DIML"激活"线性"命令，在图形上方标注一个线性尺寸。

（2）输入"DIMB"激活"基线"命令，捕捉各直线的上端点，标注基线尺寸。

12.3.6 "连续"标注

与"基线"标注相同，"连续"标注也是在现有的尺寸基础上创建连续的尺寸标注，二者的区别在于，"连续"标注所创建的连续尺寸位于同一个方向矢量上。

用户可以通过以下方式激活"连续"标注命令。

➥ 单击"标注"工具栏中的"连续"按钮 ⊞。

➥ 执行菜单栏中的"标注"/"连续"命令。

➥ 在命令行输入"Dimcontinue"或"Dimcont"，按 Enter 键确认。

➥ 输入"DIMC"，按 Enter 键确认。

继续上一节的操作，标注图形的连续尺寸。

实例——标注连续尺寸

（1）输入"DIML"激活"线性"命令，在图形左边标注一个线性尺寸。

（2）输入"DIMC"，按 Enter 键激活"连续"命令，依次捕捉图线的各端点，标注连续尺寸，如图 12-39 所示。

（3）按两次 Enter 键结束操作。

练一练

继续上一节的操作，在该图形下方标注连续尺寸，如图 12-40 所示。

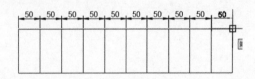

图 12-39 标注连续尺寸（1）

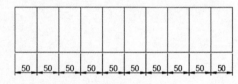

图 12-40 标注连续尺寸（2）

操作提示：

（1）输入"DIML"激活"线性"命令，在图形左下方标注一个线性尺寸。

（2）输入"DIMC"，按 Enter 键激活"连续"命令，依次捕捉图线的各端点，标注连续尺寸。

（3）按两次 Enter 键结束操作。

12.3.7 "快速"标注

使用"快速"标注命令可快速标注对象上同一方向的多个对象的水平尺寸或垂直尺寸，这是一种比较常用的复合标注工具，用户可以通过以下方式激活"快速"标注命令。

　　➥　单击"标注"工具栏中的"快速"按钮 🔏。

　　➥　执行菜单栏中的"标注"/"快速标注"命令。

　　➥　在命令行输入"Qdim"按 Enter 键确认。

　　➥　输入"QD"，按 Enter 键确认。

继续上一节的操作，快速标注图形的尺寸。

实例——快速标注图形尺寸

　　（1）输入"QD"，按 Enter 键激活"快速标注"命令，以窗交方式选择要标注的图线，如图 12-41 所示。

　　（2）按 Enter 键确认，然后向下引导光标，如图 12-42 所示。

　　（3）在合适的位置单击，确定尺寸线的位置，如图 12-43 所示。

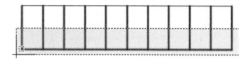

图 12-41　窗交选择图线

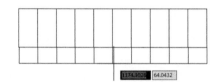

图 12-42　向下引导光标

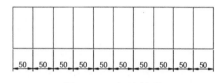

图 12-43　标注结果

📓 **小贴士：**

"快速标注"命令是一个综合性的标注工具，激活该命令并进入快速标注模式时，命令行会出现相关命令选项，如图 12-44 所示。

> ▼ QDIM 指定尺寸线位置或 [连续(C) 并列(S) 基线(B) 坐标(O) 半径(R) 直径(D) 基准点(P) 编辑(E) 设置(T)] <连续>:

图 12-44　命令选项

激活相关选项，即可进行其他快速标注，例如快速连续、快速并列、快速半径、快速直径等，这些操作方法与快速标注的方法相同，在此不再赘述，读者可以自己尝试。

另外，除了以上讲解的各种标注之外，还有其他标注，例如坐标标注、弧长标注、圆心标注等，这些标注的操作方法都非常简单，读者可以自己尝试操作。

12.4　编 辑 标 注

标注的尺寸有时不能符合图形的绘图要求，这时需要对标注的尺寸进行编辑，例如，调整尺寸标注的间距、打断标注、编辑标注文字等，本节将学习相关知识。

12.4.1 打断标注

在标注尺寸时，有时尺寸标注线会与图形轮廓线相交，这不符合绘图要求，这时就需要将尺寸标注线在图形轮廓线位置打断，这就是"打断标注"。

用户可以通过以下方式激活"标注打断"命令。

- ➥ 单击"标注"工具栏中的"折断标注"按钮 ⊢╫。
- ➥ 执行菜单栏中的"标注" / "标注打断"命令。
- ➥ 在命令行输入"DIMBREAK"，按 Enter 键确认。
- ➥ 输入"DIMBR"，按 Enter 键确认。

打开"素材" / "打断标注示例.dwg"素材文件，该文件内部矩形的宽度尺寸标注线与外侧的矩形轮廓线相交，这不符合图形的绘图要求，如图 12-45 所示。下面将该尺寸线在外侧矩形轮廓线位置打断，结果如图 12-46 所示。

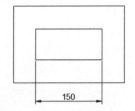

图 12-45　标注结果

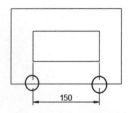

图 12-46　打断效果

"打断标注"的操作非常简单，激活"打断标注"命令，单击标注的尺寸线，按 Enter 键确认即可，需要说明的是，系统默认下自动设置打断的距离，用户也可以自行设置一个打断距离，方法是：选择尺寸线后，输入"M"，按 Enter 键激活"手动"选项，然后输入一个合适的打断值。

12.4.2 编辑标注与编辑标注文字

除了以上讲解的编辑尺寸标注的相关知识之外，还有"编辑标注"以及"编辑标注文字"两个命令，用于编辑标注尺寸。其中，"编辑标注"用于设置尺寸标注中的文字的旋转角度以及尺寸界线的倾斜角度，这与"线性"标注命令行中的选项设置功能相同。而"编辑标注文字"命令用于调整尺寸标注中文字的位置，下面对其进行简单介绍。

编辑标注：执行菜单栏中的"标注" / "倾斜"命令，或者单击"标注"工具栏中的"编辑标注"按钮 激活该命令，在选择栏中选择相关选项，即可实现对尺寸标注的编辑，其操作简单，在此不再赘述。

编辑标注文字：执行菜单栏中的"标注" / "对齐文字"命令，或单击"标注"工具栏中的"编辑标注文字"按钮 激活该命令，单击要编辑文字的尺寸标注，此时在命令行将显示相关选项，如图 12-47 所示。

DIMTEDIT 为标注文字指定新位置或 [左对齐(L) 右对齐(R) 居中(C) 默认(H) 角度(A)]:

图 12-47 命令行提示

直接调整文字的位置或激活相关选项，即可对尺寸标注的文字进行调整，其操作简单，读者可以自己尝试操作。

12.5 综合练习——新建"机械标注"样式

在 AutoCAD 机械制图中，机械零件图的标注非常重要，它是机械零件加工的重要依据，本节我们就来新建名为"机械标注"的标注样式。

（1）输入"D"，按 Enter 键打开"标注样式管理器"对话框，单击 新建(N)... 按钮打开"创建新标注样式"对话框。

（2）在"新样式名"文本框中输入"机械标注"，如图 12-48 所示。

（3）单击 继续 按钮，打开"新建标注样式：机械标注"对话框，进入"线"选项卡，设置"尺寸线"与"尺寸界线"，如图 12-49 所示。

图 12-48 为样式命名

（4）进入"符号和箭头"选项卡，设置"箭头""箭头大小""圆心标记""弧长符号"和"半径标注"等参数，如图 12-50 所示。

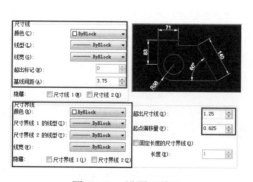

图 12-49 设置"线"

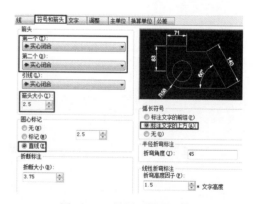

图 12-50 设置"符号和箭头"

（5）进入"文字"选项卡，设置机械标注的"文字外观""文字位置"以及"文字对齐方式"等参数，如图 12-51 所示。

（6）进入"调整"选项卡，设置机械标注的"调整选项""文字位置"以及"标注特征比例"等参数，如图 12-52 所示。

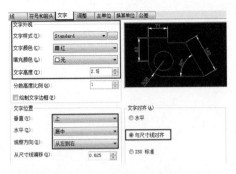

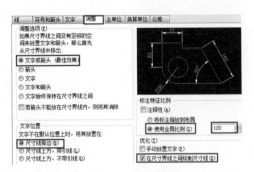

图 12-51　设置"文字"　　　　　　　　　图 12-52　设置"调整"

（7）进入"主单位"选项卡，设置机械标注的"线性标准"等参数，如图 12-53 所示。

（8）单击 确定 按钮，返回"标注样式管理器"对话框，选择新建的"机械标注"的标注样式，单击 置为当前(U) 按钮，将新建的标注样式设置为当前样式，如图 12-54 所示。

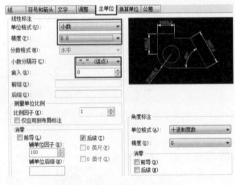

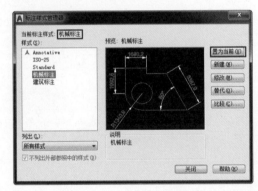

图 12-53　设置"主单位"　　　　　　　　图 12-54　设置为当前样式

（9）单击 关闭 按钮关闭该对话框，完成机械标注样式的设置。最后将该文件存储为"综合练习——新建'机械标注'样式.dwg"文件。

12.6　职场实战——标注三居室平面布置图尺寸

打开"效果"/"第 11 章"/"职场实战——绘制三居室平面布置图.dwg"文件，这是在上一章中绘制的三居室平面布置图，如图 12-55 所示。

本节就来为该三居室平面布置图标注尺寸。在标注尺寸前，首先要设置标注样式，如果图形已经有了设置好的标注样式，可以将该样式设置为当前样式，使用该样式进行标注。如果没有标注样式，需要新建一个标注样式。在该平面布置图中，已经设置好了一个名为"平面标注"的标注样式，下面将该样式设置为当前样式进行标注，结果如图 12-56 所示。

图 12-55　三居室平面布置图

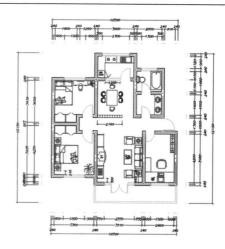

图 12-56　标注尺寸的效果

12.6.1　设置图层、选择标注样式并绘制尺寸标注参考线

在标注尺寸之前，首先要将"尺寸层"设置为当前图层，然后选择标注样式，最后绘制尺寸标注参考线，尺寸标注参考线是用于定位尺寸线的一条辅助线，一般使用构造线绘制。

（1）在图层控制列表中将"尺寸层"设置为当前图层，然后设置"端点""交点"捕捉模式，并启用"极轴追踪"以及"对象捕捉追踪"功能。

（2）输入"D"，按 Enter 键打开"标注样式管理器"对话框，选择"平面标注"的标注样式，将其设置为当前标注样式，如图 12-57 所示。

（3）输入"XL"，按 Enter 键激活"构造线"命令，配合端点捕捉功能，在平面图四周绘制4 条构造线。

（4）输入"O"，按 Enter 键激活"偏移"命令，将 4 条构造线向外偏移 800 个绘图单位，并删除原构造线，结果如图 12-58 所示。

图 12-57　设置当前标注样式

图 12-58　绘制并偏移构造线

小贴士：

绘制并偏移构造线的操作比较简单，在此不再赘述，读者可以参阅前面章节中有关绘制构造线和偏移图线的相关内容。

12.6.2　标注平面图下方的轴线尺寸、墙线尺寸和总尺寸

1. 标注轴线尺寸

轴线尺寸其实就是墙体定位线的尺寸，它是墙体放样的依据，本节来标注轴线尺寸。

（1）在图层控制列表中显示被隐藏的"轴线层"，然后输入"DIML"，按 Enter 键激活"线性"命令，由左墙线定位线的下端点向下引出矢量线，捕捉矢量线与下方定位线的交点，再由窗户左端点向下引出矢量线，捕捉矢量线与定位线的交点，如图 12-59 所示。

（2）向下引导光标，输入"650"，按 Enter 键确定尺寸线的位置，结果如图 12-60 所示。

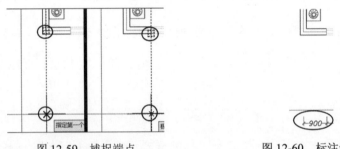

图 12-59　捕捉端点　　　　　　　　　图 12-60　标注结果

（3）输入"DIMC"，按 Enter 键激活"连续"标注命令，依次由平面图下方的轴线各端点和门窗端点向下引出矢量线，捕捉矢量线与下方定位线的交点，标注轴线尺寸，如图 12-61 所示。

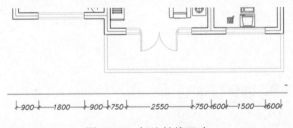

图 12-61　标注轴线尺寸

2. 标注墙线尺寸与总尺寸

下面继续标注墙线尺寸与总尺寸，以确定房间的实际面积。

（1）依照前面的方法，激活"线性"标注，由左下方墙线的外端点向下引出矢量线，捕捉矢量线的交点，再由内墙线的下端点向下引出矢量线，捕捉矢量线的交点，如图 12-62 所示。

（2）向下引导光标，输入"1000"，按 Enter 键确认，标注结果如图 12-63 所示。

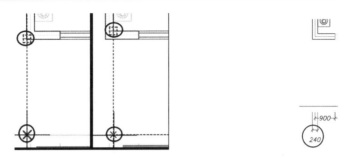

图 12-62 捕捉交点 　　　　　　　图 12-63 标注结果

（3）输入"DIMC"，按 Enter 键激活"连续"标注命令，依次由平面图下方各墙线的下端点向下引出矢量线，捕捉矢量线与下方定位线的交点，标注墙线尺寸，如图 12-64 所示。

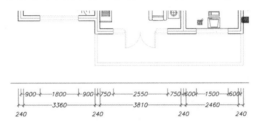

图 12-64 标注墙线尺寸

（4）输入"DIML"，按 Enter 键激活"线性"标注命令，捕捉左墙线的左下端点，捕捉右墙线的右下端点，向下引导光标，输入"4050"，按 Enter 键确认，标注总尺寸，结果如图 12-65 所示。

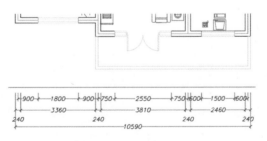

图 12-65 标注总尺寸

12.6.3 标注其他面的尺寸与内部细部尺寸

本节继续标注其他面的轴线尺寸、墙线尺寸以及总尺寸，最后标注平面图内部的细部尺寸，以完成三居室平面图尺寸的标注。

（1）依照前面的操作方法，分别使用"线性"和"连续"标注命令标注平面图其他 3 个面的轴线尺寸、墙线尺寸以及总尺寸，结果如图 12-66 所示。

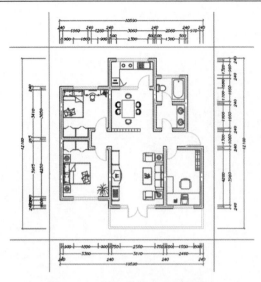

图 12-66　标注其他 3 个面的尺寸

（2）继续使用"线性"标注命令标注平面图内部的细部尺寸，最后将 4 条尺寸定位线删除，完成平面图尺寸的标注，结果如图 12-67 所示。

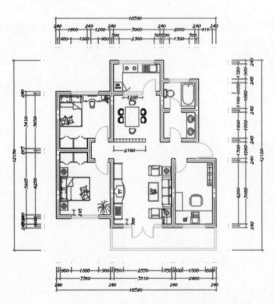

图 12-67　尺寸标注最终效果

（3）执行"另存为"命令，将该文件存储为"职场实战——标注三居室平面布置图尺寸.dwg"文件。

第 13 章　文字注释、引线注释、公差与参数化绘图

本章导读

在 AutoCAD 绘图中，图形的一些信息并不能通过尺寸标注来表达，例如在建筑设计中房间的功能，机械设计中的绘图要求、室内装饰装潢设计中的装饰材料等，这时就需要通过文字注释来表达，这一章我们就来学习文字注释的相关知识。

本章主要内容如下：
- ➥ 文字注释
- ➥ 引线注释与公差标注
- ➥ 创建表格与参数化绘图
- ➥ 综合练习——标注三居室平面布置图房间功能与面积
- ➥ 职场实战——标注阀体零件尺寸、公差、粗糙度与技术要求

13.1　文　字　注　释

文字注释就是通过文字说明来表达图形中尺寸标注无法表达的图形信息。本节将学习文字注释的相关知识。

13.1.1　文字注释的类型与文字样式

在 Auto CAD 中，有两种类型的文字注释，一种是单行文字注释，是指使用"单行文字"工具创建的文字注释，这种文字注释的每一行都是一个独立的对象，常用于标注内容简短的文字内容，例如，建筑设计中对房间功能的注释说明，如图 13-1 所示。

另一种是多行文字注释，这种文字注释由"多行文字"命令创建，无论该文字包含多少行、多少段，系统都将其看作一个独立的对象。这种文字注释常用于标注内容较多，且文字中包含特殊符号的文字内容，例如，建筑设计中对房间面积的注释，如图 13-2 所示。

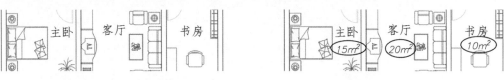

图 13-1　单行文字标注　　　　　　　　图 13-2　多行文字注释

无论是标注单行文字注释还是标注多行文字注释，在标注时都需要一个文字样式，所谓"文

字样式"就是标注文字的字体、大小、旋转角度、外观效果等。

　　文字样式是在"文字样式"对话框中设置的，用户可以通过以下方式打开"文字样式"对话框。

- ➥ 执行菜单栏中的"格式"/"文字样式"命令。
- ➥ 单击"文字"工具栏中的"文字样式"按钮**A**。
- ➥ 在"默认"选项卡下的"注释"列表中单击"文字样式"按钮**A**。
- ➥ 在命令行输入"Style"后按 Enter 键确认。
- ➥ 使用快捷键 ST。

采用以上任意方式均可打开"文字样式"对话框，如图 13-3 所示。

下面新建名为"宋体"的文字样式。

实例——新建名为"宋体"的文字样式

（1）单击 新建(N)... 按钮打开"新建文字样式"对话框，输入"样式名"为"宋体"，如图 13-4 所示。

图 13-3　"文字样式"对话框

图 13-4　输入样式名

（2）单击 确定 按钮返回"文字样式"对话框，在"字体名"下拉列表中选择"宋体"，如图 13-5 所示。

图 13-5　选择字体

（3）单击 应用(A) 按钮应用设置，然后单击 置为当前(C) 按钮将新样式设置为当前样式，最后单击 关闭(C) 按钮关闭该对话框。

📝 **小贴士：**

"高度"文本框用于设置文字字体的高度。一般情况下，建议在此不设置字体的高度，在输入文字时，直接输入文字的高度即可。

另外，勾选"颠倒"复选框可以设置文字为倒置状态。勾选"反向"复选框，可设置文字为反向状态。勾选"垂直"复选框，可控制文字呈垂直排列状态。在"宽度因子"选项中可以设置文字的宽度因子，国标规定工程图样中的汉字应采用长仿宋体，宽高比为 0.7，当此比值大于 1 时，文字宽度放大，否则将缩小。"倾斜角度"文本框用于控制文字的倾斜角度，如图 13-6 所示。

図 13-6　设置文字的颠倒、反向以及倾斜

练一练

设置名为"仿宋体"的文字样式，如图 13-7 所示。

图 13-7　"仿宋体"文字样式

操作提示：

（1）打开"文字样式"对话框，单击 新建(N)... 按钮，新建名为"仿宋体"的文字样式。

（2）在"字体名"列表中选择"仿宋"，然后确认。

13.1.2　创建单行文字注释

单行文字注释是通过"单行文字"命令来创建的，用户可以通过以下方式激活"单行文字"命令。

➤　执行菜单栏中的"绘图"/"文字"/"单行文字"命令。

➤　在"默认"选项卡下单击"注释"选项，激活"单行文字"按钮 A。

- ↳ 单击"文字"工具栏中的 "单行文字"按钮 **A**。
- ↳ 在命令行输入"Dtext"后按 Enter 键确认。
- ↳ 使用快捷键 DT。

继续上一节的操作，创建文字样式为"宋体"、文字内容为"单行文字注释""文字高度"为 100 的单行文字注释。

实例——创建单行文字注释

（1）输入"DT"，按 Enter 键激活"单行文字"命令，在绘图区单击，输入文字高度为"100"，按两次 Enter 键确认。

（2）输入"单行文字注释"，按两次 Enter 键确认，结果如图 13-8 所示。

📋 **小贴士：**

> 在设置文字样式时，如果设置了文字高度，则在输入文字时，命令行不出现设置文字高度的提示。另外，在标注文字时，首先需要选择一种文字样式，可以在"默认"选项卡中单击"注释"选项，在弹出的列表中单击"文字样式" **A** 按钮，选择一种文字样式，如图 13-9 所示。
>
> 如果"文字样式"列表中没有合适的文字样式，则需要新建一个文字样式。

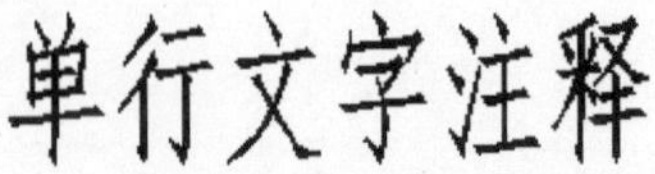

单行文字注释

图 13-8 单行文字注释

图 13-9 选择文字样式

 疑问解答

疑问：标注单行文字注释时为什么没有文字颜色设置？单行文字注释采用的是什么颜色？

解答：在标注单行文字注释时不需要设置文字颜色，这是因为单行文字一般使用的是"随层"颜色。所谓"随层颜色"，是指在哪个图层标注单行文字，单行文字就使用该层的颜色。

练一练

标注内容为"AutoCAD 微课视频版"、字体样式为"仿宋体"、文字"高度"为 50 的单行文字注释，如图 13-10 所示。

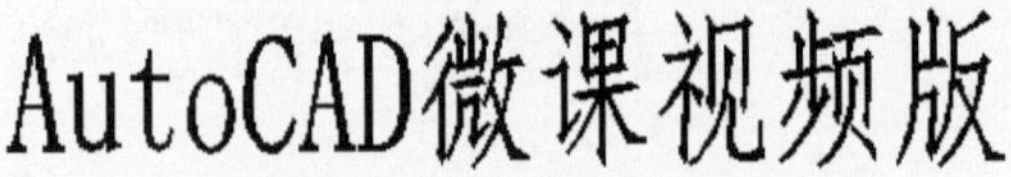

AutoCAD微课视频版

图 13-10 单行文字注释示例

操作提示：

（1）新建"仿宋体"的文字样式，并将其设置为当前文字样式。

（2）输入"DT"激活"单行文字"命令，在绘图区单击，输入文字高度为"50"，按两次 Enter 键。

（3）输入文字内容，再按两次 Enter 键确认并结束操作。

知识拓展：

"对正"是指文字在输入时与插入点的对齐方式，它是基于"顶线""中线""基线"以及"底线"4 条参考线而言的，其中"中线"是大写字符高度的水平中心线，如图 13-11 所示。

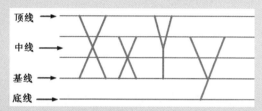

图 13-11　4 条参考线

当执行"单行文字"命令后，输入"J"并按 Enter 键激活"对正"选项，命令行将出现对正的命令选项，如图 13-12 所示。

A▼ TEXT 输入选项 [左(L) 居中(C) 右(R) 对齐(A) 中间(M) 布满(F) 左上(TL) 中上(TC) 右上(TR) 左中(ML) 正中(MC) 右中(MR) 左下(BL) 中下(BC) 右下(BR)]:

图 13-12　"对正"的命令选项

"左（L）"选项用于提示用户拾取一点作为文字串基线的左端点。

"居中（C）"选项用于提示用户拾取文字的中心点，此中心点就是文字串基线的中点，即以基线的中点对齐文字。

"右（R）"选项用于提示用户拾取文字的右端点，此端点就是文字串基线的中点，即以基线的右端点对齐文字。

"对齐（A）"选项用于提示拾取文字基线的起点和终点，系统会根据起点和终点的距离自动调整字高。

"中间（M）"选项用于提示用户拾取文字的中间点，此中间点就是文字串基线的垂直中线和文字串高度的水平中线的交点。

"布满（F）"选项用于提示用户拾取文字基线的起点和终点，系统会以拾取的两点之间的距离自动调整宽度系数，但不改变字高。

"左上（TL）"选项用于提示用户拾取文字串的左上点，此左上点就是文字串顶线的左端点，即以顶线的左端点对齐文字。

"中上（TC）"选项用于提示用户拾取文字串的中上点，此中上点就是文字串顶线的中点，即以顶线的中点对齐文字。

"右上（TR）"选项用于提示用户拾取文字串的右上点，此右上点就是文字串顶线的右端点，即以顶线的右端点对齐文字。

"左中（ML）"选项用于提示用户拾取文字串的左中点，此左中点就是文字串中线的左端点，即以中线的左端点对齐文字。

"正中（MC）"选项用于提示用户拾取文字串的中间点，此中间点就是文字串中线的中点，即以中线的中点对齐文字。

需要注意的是，"正中"和"中间"两种对正方式拾取的都是中间点，但这两个中间点的位置并不一定完全重合，只有输入的字符为大写或汉字时，此两点才重合。

"右中（MR）"选项用于提示用户拾取文字串的右中点，此右中点就是文字串中线的右端点，即以中线的右端点对齐文字。

"左下（BL）"选项用于提示用户拾取文字串的左下点，此左下点就是文字串底线的左端点，即以底线的左端点对齐文字。

"中下（BC）"选项用于提示用户拾取文字串的中下点，此中下点就是文字串底线的中点，即以底线的中点对齐文字。

"右下（BR）"选项用于提示用户拾取文字串的右下点，此右下点就是文字串底线的右端点，即以底线的右端点对齐文字。

单行文字的各"对正"方式如图 13-13 所示。

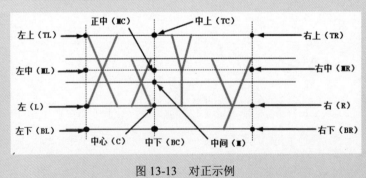

图 13-13　对正示例

13.1.3　编辑单行文字注释

编辑单行文字注释不仅可以编辑其注释内容，同时还可以为其添加一些特殊符号，如直径符号、正负符号、度数符号等。

打开"素材"/"编辑单行文字示例.dwg"文件，这是使用单行文字标注的某机械零件图的技术要求，如图 13-14 所示。

下面通过编辑该单行文字注释，为其标注内容添加度数符号、正负符号等。

1. 未注倒角2x45。
2. 调质HB=241~269HB。
3. 分度圆180，齿轮宽度偏差为0.05。

图 13-14　素材文件

实例——编辑单行文字注释

（1）输入"TED"，按 Enter 键激活"编辑文字"命令，单击第 1 行文字内容使其反白显示。

（2）将光标定位在"45"后，输入"%%D"，此时在"45"后面添加了度数符号，如图 13-15 所示。

（3）继续将光标定位在句号后面，按 Enter 键退出编辑。

（4）使用相同的方法，选择第 3 行文字，并定位光标在 0.05 数字前面，输入"%%P"，为其添加正负符号，然后退出操作，结果如图 13-16 所示。

1. 未注倒角2x45°。
2. 调质HB=241~269HB。
3. 分度圆180，齿轮宽度偏差为0.05。

图 13-15　添加度数符号

1. 未注倒角2x45°。
2. 调质HB=241~269HB。
3. 分度圆180，齿轮宽度偏差为±0.05

图 13-16　添加正负符号

小贴士：

双击单行文字内，也可以进入编辑状态，在进入单行文字的编辑状态后，不仅可以为单行文字添加特殊符号，还可以重新输入单行文字的注释内容。另外，%%P 为正负符号的代码，%%D 为度数符号的代码，%%C 为直接符号的代码，输入这些代码，就可为文字添加相关的符号。

1. 未注倒角2x45°。
2. 调质HB=241~269HB。
3. 分度圆180°，齿轮厚度偏差为±0.05。

图 13-17　修改零件图技术要求

练一练

继续上一节的操作，在零件技术要求第 3 行的"180"内容中添加度数符号，并将"齿轮宽度"修改为"齿轮厚度"，结果如图 13-17 所示。

操作提示：

（1）双击第 3 行单行文字注释进入编辑状态，定位光标到"180"后面，输入"%%D"添加度数符号。

（2）选择"高"文字，重新输入"厚"，然后退出操作。

13.1.4　创建多行文字注释

与创建单行文字注释不同,创建多行文字注释相对来说比较复杂,创建多行文字注释是在"文字格式编辑器"中进行的,用户可以通过以下方式打开"文字格式编辑器"。

➥ 执行菜单"绘图"/"文字"/"多行文字"命令。

➥ 单击"绘图"工具栏中的"多行文字"按钮 **A**。

➥ 在"默认"选项卡下单击"注释"选项，激活"多行文字"按钮 **A**。

➥ 在命令行输入"Mtext"后按 Enter 键确认。

➥ 使用快捷键 T。

打开"文字格式编辑器"面板，可以选择文字样式，设置文字大小、文字对正方式等，然后输入多行文字注释内容。下面创建文字样式为"仿宋体"、文字"高度"为 100、内容为"多行文字注释"的多行文字。

实例——创建多行文字注释

（1）输入"T"，按 Enter 键激活"多行文字"命令，在绘图区拖出如图 13-18 所示的矩形输入框。

图 13-18　拖出矩形区域

（2）释放鼠标，系统进入文字格式编辑器，如图 13-19 所示。

图 13-19　文字格式编辑器

（3）单击左边的"文字样式"按钮，选择文字样式为"仿宋体"，然后设置文字高度为 100，如图 13-20 所示。

（4）在下方的文本框中输入"多行文字注释"的文字内容，如图 13-21 所示。

　　　　　　　　　　　　　　　　　　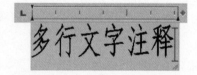

图 13-20　选择文字样式并设置文字高度　　　　　图 13-21　输入多行文字

（5）单击文字格式编辑器右侧的"关闭"按钮，完成多行文字的输入，如图 13-22 所示。

多行文字注释

图 13-22　多行文字注释

知识拓展：

文字格式编辑器不仅是输入多行文字的唯一工具，而且也是编辑多行文字的唯一工具，它包括"样式""格式""段落""插入""拼写检查""工具"以及"选项"几部分。

样式：用于设置文字样式以及输入文字高度，如图 13-23 所示。

格式：用于设置多行文字的文字外观效果，如字体、颜色、大小写等，如图 13-24 所示。

段落：用于设置多行文字的段落，包括文字对齐方式、对正方式、行距、项目符号等，如图 13-25 所示。

图 13-23　设置多行文字的样式与文字高度　　图 13-24　设置文字外观效果　　图 13-25　设置多行文字的段落

插入：向多行文字中插入特殊符号、字段等，如图 13-26 所示。

"拼写检查""工具""选项"以及"关闭"：分别指检查多行文字内容的语法、查找、其他选项以及退出，如图 13-27 所示。

图 13-26　插入特殊符号以及段落文字　　　图 13-27　查找、检查以及退出等

 小贴士：

在"格式"选项中有一个"堆叠"按钮 ，它用于为输入的文字或选定的文字设置堆叠格式。需要说明的是，要使文字堆叠，文字中需包含插入符（＾）、正向斜杠（/）或磅符号（＃）。堆叠字符左侧的文字将堆叠在字符右侧的文字之上，例如，输入"0.02-0.02^",选择"-0.02^"，单击"堆叠"按钮 ，堆叠后的效果如图 13-28 所示。

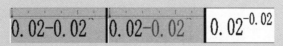

图 13-28　堆叠效果

另外，多行文字注释的编辑非常简单，双击多行文字注释，进入文字格式编辑器，选择多行文字注释，即可编辑文字内容、文字外观以及添加特殊符号等，在此不再赘述，读者可以自行尝试操作。

13.2　引线注释与公差标注

与其他标注不同，引线注释是一端带有箭头的引线和多行文字相结合的一种标注。一般情况下，箭头指向要标注的对象，标注文字则位于引线的另一端，这种标注多用于标注倒角度、零件的编组序号以及建筑装饰材料的名称等。而公差标注是机械制图中非常重要的标注内容，本节将学习引线注释以及公差标注的相关知识。

13.2.1　创建快速引线注释

快速引线注释常用于标注具有指向性的文字注释，例如，在机械设计中，零件序号常使用引线注释标注。下面学习创建一个标注内容为"快速引线"的快速引线注释，如图 13-29 所示。

下面通过一个简单的实例，来学习创建快速引线注释的相关方法。

实例——创建快速引线注释

（1）输入"LE"，按 Enter 键激活"快速引线"命令，在绘图区单击拾取一点，指定引线的第 1 点，向右上方引导光标，在合适的位置单击拾取一点，指定引线的第 2 点，继续水平向右引导光标，在合适的位置单击拾取一点，指定引线的第 3 点，如图 13-30 所示。

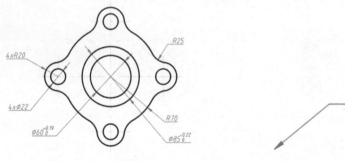

图 13-29　引线注释　　　　　　　　　　　　　图 13-30　绘制引线

（2）按两次 Enter 键，打开文字格式编辑器。选择文字样式，设置文字高度、字体、颜色等，如图 13-31 所示。

（3）在文本框中输入"快速引线"文字内容，单击"关闭"按钮，完成快速引线的注释，如图 13-32 所示。

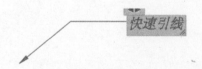

图 13-31　设置引线文字　　　　　　　　　　　图 13-32　输入引线文字

13.2.2　快速引线的设置

在标注快速引线注释前，需要进行相关设置，以满足不同标注要求。快速引线的设置是在"引线设置"对话框中完成的。输入"LE"，按 Enter 键激活"快速引线"命令，输入"S"，按 Enter 键打开"引线设置"对话框，如图 13-33 所示。

该对话框有"注释""引线和箭头"以及"附着" 3 个选项卡，分别用于设置快速引线的文字内容、引线样式以及文字附着方式，下面就来学习设置引线的方法。

实例——设置快速引线注释

1. "注释"选项卡

"注释"选项卡包括"注释类型""多行文字选项"以及"重复使用注释" 3 个选项，用于设置注释的类型、是否提示输入多行文字的宽度、多行文字的对齐方式、是否为多行文字添加边框以及是否重复使用注释等。

（1）选择"多行文字"单选按钮，在创建引线注释时打开文字格式编辑器，用以在引线末端创建多行文字注释，如图 13-32 所示。

（2）选择"复制对象"单选按钮，使用已有的注释进行其他引线注释的内容。

（3）选择"公差"单选按钮，打开"形位公差"对话框，设置形位公差各参数，对机械零件的公差进行标注，有关机械零件公差标注的相关知识，在后面章节将进行单独讲解。

（4）选择"块参照"单选按钮，将以内部块作为注释对象。需要说明的是，使用内部块标注时，一定要首先创建内部块。

（5）选择"无"单选按钮，创建无注释的引线。

2. "引线和箭头"选项卡

进入"引线和箭头"选项卡，设置引线的类型、点数、箭头以及引线段的角度约束等参数，如图 13-34 所示。

图 13-33　"引线设置"对话框

图 13-34　"引线和箭头"选项卡

（1）选择"直线"单选按钮，将在指定的引线点之间创建直线段；选择"样条曲线"单选按钮，将在引线点之间创建样条曲线，即引线为样条曲线。

（2）在"箭头"下拉列表中可选择引线箭头的形式，如图 13-35 所示。

（3）勾选"无限制"复选框，表示系统不限制引线点的数量，用户可以通过按 Enter 键，手动结束引线点的设置过程。

（4）在"最大值"文本框中可设置引线点数的最多数量，一般情况下设置为 3，然后在"角度约束"选项组中设置第一条引线与第二条引线的角度约束，如图 13-36 所示。

图 13-35　选择箭头　　　　　　　　　图 13-36　设置角度约束

3. "附着"选项卡

进入"附着"选项卡，从中可设置引线和多行文字注释之间的附着位置，如图 13-37 所示。

📋 小贴士：

只有在"注释"选项卡内选择了"多行文字"单选按钮时，此选项卡才可用。

（1）选择"第一行顶部"单选按钮，将引线放置在多行文字第一行的顶部。

（2）选择"第一行中间"单选按钮，将引线放置在多行文字第一行的中间。

图 13-37　"附着"选项卡

（3）选择"多行文字中间"单选按钮，将引线放置在多行文字的中部。

（4）选择"最后一行中间"单选按钮，将引线放置在多行文字最后一行的中间。

（5）选择"最后一行底部"单选按钮，将引线放置在多行文字最后一行的底部。

（6）勾选"最后一行加下划线"复选框，为最后一行文字添加下划线。

（7）设置完成后，单击 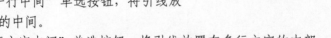 按钮回到绘图区，进行快速引线的标注。

13.2.3 公差与公差标注

"公差"是指机械零件在极限尺寸内的最大、最小包容量以及设置形位公差的包容条件。"公差标注"包括"尺寸公差"和"形位公差"两部分,是机械制图中非常重要的内容,它关系到机械零件的加工和制造。下面通过简单实例,学习公差标注的相关知识。

实例——公差标注与设置

(1)输入"LE",按 Enter 键激活"引线"命令,输入"S",按 Enter 键打开"引线设置"对话框,在"注释"选项卡中选择"公差"单选按钮,如图 13-38 所示。

(2)单击 确定 按钮返回绘图区,单击拾取一点,引导光标到合适的位置,单击拾取第 2 点,继续在合适的位置单击,拾取第 3 点,如图 13-39 所示。

图 13-38 勾选"公差"选项

图 13-39 拾取三点确定引线

(3)打开"形位公差"对话框,单击"符号"选项组中的颜色块,打开"特征符号"对话框,如图 13-40 所示。

(4)单击相应的形位公差符号,例如,单击"直径特征"符号◎以添加特征符号,然后输入公差值,例如输入 0.03,如图 13-41 所示。

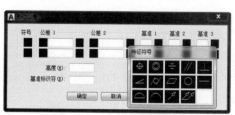

图 13-40 "形位公差"及"特征符号"对话框

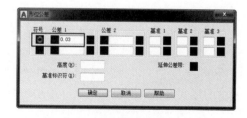

图 13-41 添加特殊符号并输入值

小贴士:

单击"特征符号"对话框中的特征符号,即可添加特征符号,单击"特征符号"对话框中的无符号按钮,取消添加的特征符号。另外,单击"公差 1""公差 2"下方的颜色按钮,即可添加一个直径符号,然后在文本框中输入公差值。

（5）继续单击"公差 1"或"公差 2"选项组中右侧的颜色块，打开"附加符号"对话框，单击附加符号，并输入值，如图 13-42 所示。

小贴士：

"附加符号"对话框用于添加附加符号，这些符号的含义如下。

Ⓜ：表示最大包容条件，规定零件在极限尺寸内的最大包容量。

Ⓛ：表示最小包容条件，规定零件在极限尺寸内的最小包容量。

Ⓢ：表示不考虑特征条件，不规定零件在极限尺寸内的任意几何大小。

（6）继续为"公差 2"添加符号并设置值，设置完成后单击 确定 按钮，在绘图区单击，标注公差，如图 13-43 所示。

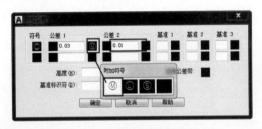

图 13-42　添加附加符号并输入值

图 13-43　公差标注

小贴士：

执行"标注"/"公差"命令打开"形位公差"对话框，添加符号并输入形位公差的值，需要说明的是，在标注形位公差时，要首先设置引线样式，然后添加形位符号与值。有关形位公差的具体应用，在后面章节将通过具体案例进行详细讲解。

13.3　创建表格与参数化绘图

在 AutoCAD 中，通过尺寸标注以及文字注释并不能完全传递图形的所有信息，这时就可以通过表格的形式来传递。另外，AutoCAD 新增的参数化绘图功能，可以说完全颠覆了传统绘图的一切操作，使我们的绘图变得更加方便简单，本节我们就来学习创建表格以及参数化绘图的相关知识。

13.3.1　创建表格

在 AutoCAD 中，创建表格是一件非常简单的事情，它与其他办公软件中创建表格的方法类似，用户可以根据需要创建任意表格，并对表格进行相关内容的填充。本节我们就通过创建列数为 3、列宽为 20、数据行为 3 的表格的实例，学习创建表格的相关方法。

实例——创建列数为 3、列宽为 20、数据行为 3 的表格

（1）在"默认"选项卡下的"注释"选项中单击"表格"按钮打开"插入表格"对话框。

（2）在"列和行设置"设置组设置表格的"列数"和"数据行数"均为 3，并设置"列宽"为 20，其他设置默认，如图 13-44 所示。

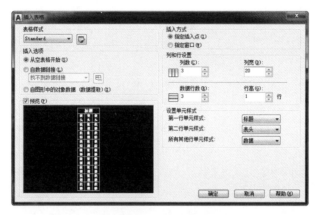

图 13-44　设置表格参数

✎ **小贴士：**

> 使用默认设置创建的表格，不仅包含标题行，还包含表头行、数据行，用户可以根据实际情况进行取舍。

（3）单击 确定 按钮返回绘图区，拾取一点插入表格，同时打开文字格式编辑器，如图 13-45 所示。

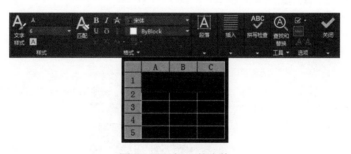

图 13-45　插入的表格

（4）在文字格式编辑器中设置"文字样式"为"Standard 标准"，"文字高度"为"4.5"，"字体"为"宋体"，其他设置默认。

（5）定位光标到表格的上方表格内，输入"标题"文字内容，然后按右方向键，将光标跳至左下侧的列标题栏中，在反白显示的列标题栏中填充"表头"的文字内容。

（6）继续按右方向键，分别在其他列标题栏中输入"表头"的表格文字，如图 13-46 所示。

（7）单击文字格式编辑器右侧的"关闭"按钮退出，创建结果如图 13-47 所示。

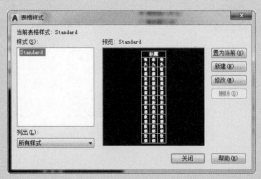

图 13-46　填充表格　　　　　　　　　图 13-47　创建的表格

📚 知识拓展：

在"插入表格"对话框中有相关的选项设置，具体如下。

"表格样式"选项组用于设置、新建或修改当前表格样式，还可以对样式进行预览。其中，"插入选项"选项组用于设置表格的填充方式，包括"从空表格开始""自数据链接"和"自图形中的对象数据（数据提取）"3 种方式。

"插入方式"选项组用于设置表格的插入方式。它提供了"指定插入点"和"指定窗口"两种方式，默认方式为"指定插入点"。

如果使用"指定窗口"方式，系统将表格的行数设为自动，即按照指定的窗口区域自动生成表格的数据行，而表格的其他参数仍使用当前的设置。

"列和行设置"选项组用于设置表格的列参数、行参数以及列宽和行宽参数。系统默认的列参数为 5，行参数为 1。

"设置单元样式"选项组用于设置第一行、第二行或其他行的单元样式。

单击"表格样式"按钮 📇，打开如图 13-48 所示的"表格样式"对话框，此对话框用于设置、修改表格样式，或设置当前表格样式。

图 13-48　"表格样式"对话框

另外，执行"表格样式"命令，也可以打开"表格样式"对话框，用于新建表格样式、修改现有表格样式和删除当前文件中无用的表格样式；执行菜单"格式"/"表格样式"命令、单击"样式"工具栏或"表格"面板上的 按钮、在命令行输入"Tablestyle"后按 Enter 键、使用快捷键 TS 等都可以打开"表格样式"对话框。

练一练

创建列数为 9、列宽为 20、数据行为 3 的表格，并为其填充内容，结果如图 13-49 所示。

标				题				
表头	表头	表头	表头	表头	表头	表头	表头	表头

图 13-49　创建并填充表格

操作提示：

（1）输入"TS"打开"表格样式"对话框，设置行数、列数以及列宽等参数。

（2）确认并将其插入绘图区，然后设置文字样式、字体、文字高度等进行填充。

13.3.2　参数化绘图——几何约束

什么是"参数化"呢？所谓"参数化"其实就是对几何绘图添加相关约束，使绘图更简单方便。参数化包括 3 部分内容，分别是"几何""标注"以及"管理"，进入"参数化"选项卡，显示其控制栏，如图 13-50 所示。

![参数化选项卡]

图 13-50　"参数化"选项卡

"几何"约束是指为几何对象添加各种约束，以实现平行、垂直、相切、相等、对称等效果，类似于"对象捕捉"设置。绘制两条互相不平行的直线，下面通过简单操作，学习"几何"约束的相关操作。

实例——"几何"约束

（1）激活"平行"按钮 ，分别单击两条线段为其添加平行约束，结果这两条直线相互平行，如图 13-51 所示。

（2）激活"垂直"按钮 ，分别单击两条线段为其添加垂直约束，结果这两条直线相互垂直，如图 13-52 所示。

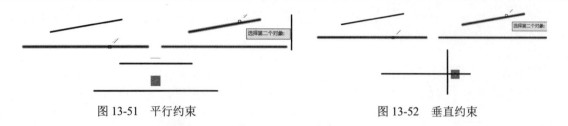

图 13-51　平行约束　　　　　　　　　　　图 13-52　垂直约束

（3）激活"水平"按钮，单击倾斜线段，使其水平；激活"竖直"按钮，单击水平线段，使其竖直，如图 13-53 所示。

（4）激活"相对"按钮，分别单击倾斜线段和水平线段，结果两条线段相等，如图 13-54 所示。

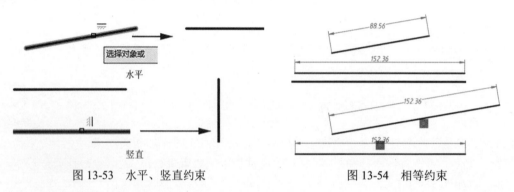

图 13-53　水平、竖直约束　　　　　　　　图 13-54　相等约束

📋 **小贴士：**

几何约束的操作比较简单，其他约束在此不再介绍，读者可以自己尝试操作。另外，当添加约束后，对象上会出现约束符号，右击约束符号，选择相关选项，可以隐藏、删除约束，如图 13-55 所示。

练一练

绘制两个圆和一条任意直线，使两个圆同心，并使直线与外圆相切，如图 13-56 所示。

图 13-55　隐藏、删除约束　　　　　　　图 13-56　同心与相切约束

操作提示：

（1）激活"同心"按钮，分别选择两个圆，使其同心。

（2）激活"相切"按钮，分别单击圆和直线，使直线与圆相切。

13.3.3 参数化绘图——标注约束

"标注"约束与尺寸标注不同，当为对象添加"标注"约束后，可以随时改变对象的尺寸，把卡长度、角度、半径、直径等。

绘制半径为 50 的圆、长度为 50 的直线以及 30°角，如图 13-57 所示。

实例——"标注"约束

（1）激活"线性"按钮🔒，分别捕捉直线的两个端点，为其添加线性约束，按 Enter 键确认，为其添加"线性"约束。

（2）双击"线性"约束进入编辑模式，修改线性参数为 120，按 Enter 键，结果直线长度被改变，如图 13-58 所示。

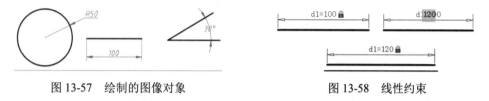

图 13-57　绘制的图像对象　　　　　图 13-58　线性约束

（3）激活"半径"按钮🔒，单击圆，为其添加半径约束，按 Enter 键确认。

（4）双击"半径"约束进入编辑模式，修改半径参数为"60"，按 Enter 键，结果圆的半径被改变，如图 13-59 所示。

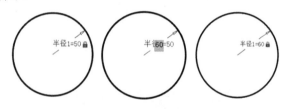

图 13-59　半径约束

（5）激活"角度"按钮🔒，分别选择角的两条线，为其添加角度约束。

（6）双击"角度约束"进入编辑模式，修改角度为"60"，按 Enter 键，结果角度被改变，如图 13-60 所示。

✎ **小贴士：**

标注约束的操作也比较简单，读者可以自己尝试。另外，激活"转换"按钮🔲，单击一般的尺寸标注，可以将其转换为"标注"约束，以方便修改几何对象的尺寸。当为对象添加约束后，可以对这些约束进行管理，例如隐藏、显示约束或删除约束。单击"参数管理器"按钮*f(x)*打开"参数管理器"面板，以方便对约束进行统一管理，如图 13-61 所示。

有关参数管理也非常简单，在此不再讲解，读者可以自己尝试。

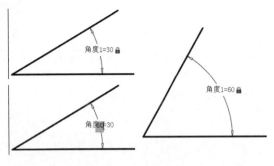

图 13-60　角度约束

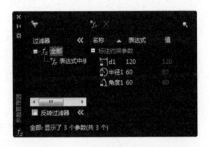

图 13-61　"参数管理器"面板

13.4　综合练习——标注三居室平面布置图房间功能与面积

在建筑室内装饰装潢设计中，在平面布置图中除了标注尺寸之外，还需要标注房间功能与面积。打开"实例"/"第 12 章"/"职场实战——标注三居室平面布置图尺寸.dwg"文件，这是在上一章标注了尺寸的三居室平面布置图，本章将为该平面布置图标注房间功能与面积，结果如图 13-62 所示。

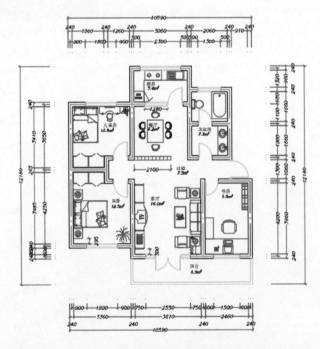

图 13-62　标注三居室平面布置图的房间功能与面积的效果

1. 标注房间功能

（1）在"图层"控制列表中将"文本层"设置为当前层，执行"格式"/"文字样式"命令，将"宋体"设置为当前文字样式。

（2）输入"TEXT"激活"单行文字"命令，在左上角房间内单击，然后设置文字高度为"180"，输入"儿童房"字样，按两次 Enter 键结束操作，如图 13-63 所示。

（3）输入"CO"执行"复制"命令，选择输入的"儿童房"文字，将其复制到其他房间，效果如图 13-64 所示。

图 13-63　输入房间功能　　　　图 13-64　复制房间功能

（4）双击最上方厨房房间内的文字，进入编辑状态，修改文字内容为"厨房"，按 Enter 键确认，如图 13-65 所示。

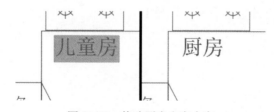

图 13-65　修改厨房文字内容

（5）再次单击餐厅中的文字，进入编辑模式，修改文字内容为"餐厅"，按 Enter 键确认。

（6）使用相同的方法，分别修改其他房间的标注内容，按两次 Enter 键退出操作，结果如图 13-66 所示。

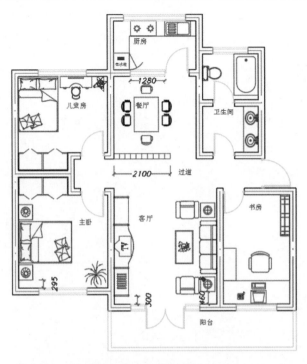

图 13-66　修改房间功能文字内容

2. 标注房间面积

（1）打开"图层特性管理器"对话框，新建名为"面积"的新图层，并将其设置为当前图层。

（2）执行"工具"/"查询"/"面积"命令，分别捕捉儿童房的各个墙角点，查询该房间的面积，如图 13-67 所示。

（3）打开"文字样式"对话框，将"字母"的文字样式设置为当前文字样式，然后使用"MT"激活"多行文字"命令，在"儿童房"文字下方拖出文本框，然后设置文字高度为"150"，输入"10.5m2^"的文字内容，如图 13-68 所示。

（4）选择"2^"的文字内容，单击"堆叠"按钮 进行堆叠，然后确认，标注儿童房面积的效果如图 13-69 所示。

图 13-67　查询儿童房面积

图 13-68　输入儿童房面积

儿童房
$10.5m^2$

图 13-69　标注儿童房面积

（5）输入"CO"激活"复制"命令，将儿童房面积复制到其他房间，然后依照前面的方法查询各房间的面积，之后双击复制的面积，进入编辑模式，根据查询结果修改其他房间的面积，完成房间面积的标注，结果如图 13-70 所示。

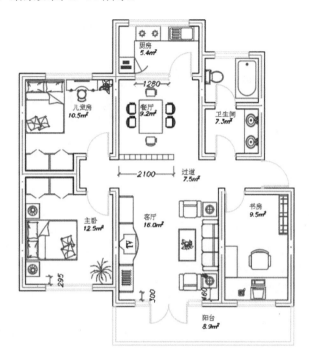

图 13-70　修改房间面积

小贴士：

有关面积的查询以及修改请参阅前面章节相关内容的详细讲解，在此不再详述。

（6）执行"文件"/"另存为"命令，将该文件存储为"综合练习——标注三居室平面布置图房间功能与面积.dwg"文件。

13.5　职场实战——标注阀体零件尺寸、公差、粗糙度与技术要求

在 AutoCAD 机械制图中，标注机械零件图的尺寸、公差以及技术要求是非常重要的注释内容。打开"素材"/"阀体零件图.dwg"素材文件，这是阀体零件的三视图与 A 向视图。本节来学习标注该零件图的尺寸、公差、粗糙度与技术要求，其标注结果如图 13-71 所示。

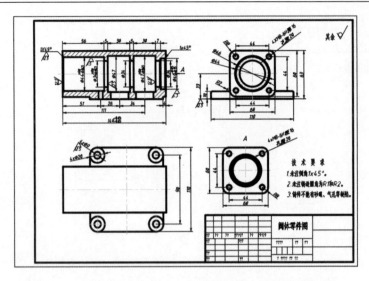

图 13-71　标注阀体零件尺寸、公差、粗糙度与技术要求的效果

 13.5.1　标注阀体零件图尺寸

首先标注阀体零件图的尺寸。

1. 标注直线尺寸

（1）在"图层"控制列表中将"尺寸线"层设置为当前层，在"标注样式"列表中将"机械样式"设置为当前标注样式。

（2）输入"DIML"激活"线性"命令 ，配合"端点"捕捉功能，标注主视图第 1 个长度尺寸，如图 13-72 所示。

（3）输入"DIML"激活"连续"命令 ，配合"端点"捕捉功能，继续标注主视图其他长度尺寸，如图 13-73 所示。

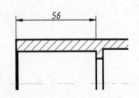

图 13-72　标注长度尺寸

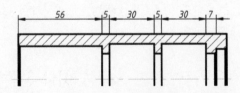

图 13-73　标注连续尺寸

（4）继续输入"DIML"激活"线性"命令 ，配合"端点"捕捉功能捕捉标注右侧内孔的两个端点，输入"T"，激活"文字"选项，输入"%%C34"，向右引导光标，在合适的位置单击，确定尺寸线的位置，标注直径尺寸，如图 13-74 所示。

（5）按 Enter 键重复执行"线性"命令，依照相同的方法继续标注零件的圆孔直径尺寸，如图 13-75 所示。

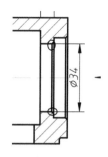

图 13-74　标注内孔直径尺寸

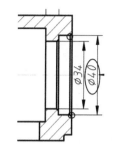

图 13-75　标注外孔直径尺寸

（6）参照上述操作，重复执行"线性""连续"等命令，分别标注零件图其他位置的直线尺寸与直径尺寸，结果如图 13-76 所示。

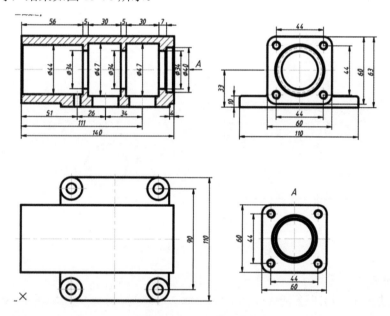

图 13-76　标注其他尺寸

2. 标注直径与半径尺寸

（1）在"标注样式"列表中将"角度标注"样式设置为当前标注样式，并修改其标注比例为 1.3。

（2）输入"DIMD"，按 Enter 键激活"直径"命令，单击左视图右上角的圆孔圆，输入"M"打开文字格式编辑器，输入"4×M8-6H 深 16 孔深 20"，然后确认并单击，标注圆孔直径，如图 13-77 所示。

（3）输入"DIMR"，按 Enter 键激活"半径"命令，单击左视图左上角的圆角，标注该圆角的半径，如图 13-78 所示。

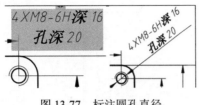

图 13-77　标注圆孔直径

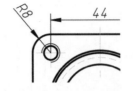

图 13-78　标注圆角半径

（4）使用相同的方法，继续标注其他视图上的直径和圆角半径，结果如图 13-79 所示。

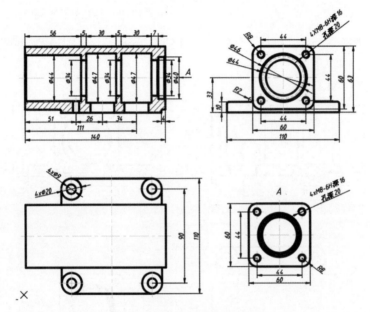

图 13-79　标注其他直径与半径

3. 标注倒角尺寸

（1）使用快捷键"LE"激活"快速引线"命令，设置引线参数，如图 13-80 所示。

图 13-80　设置引线参数

（2）确认后返回绘图区，捕捉主视图右侧的倒角，向右上引导光标，输入"1×45°"，标注右侧倒角尺寸，如图 13-81 所示。

（3）使用相同的方法，继续标注主视图左侧的倒角尺寸，结果如图 13-82 所示。

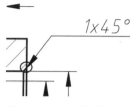

图 13-81　右侧标注倒角

图 13-82　左侧标注倒角

（4）到此零件图的尺寸标注完毕。

 小贴士：

关于尺寸标注的详细操作，请参阅前面章节相关内容的详细讲解，在此不再详细介绍。

13.5.2　标注阀体零件的公差并插入粗糙度符号

标注好零件尺寸后，需要为尺寸标注公差，本节我们将标注阀体零件的公差。

1. 输入公差

（1）使用快捷键"ED"激活"编辑文字"命令，选择主视图下侧的总尺寸，打开文字格式编辑器，将光标定位在尺寸后，输入"+0.05^-0.05"，如图 13-83 所示。

（2）选择输入的文字，单击"堆叠"按钮 进行堆叠，然后确认，如图 13-84 所示。

图 13-83　输入文字

图 13-84　堆叠效果

（3）参照上述步骤，重复执行"编辑文字"命令，继续标注主视图其他位置的尺寸公差，结果如图 13-85 所示。

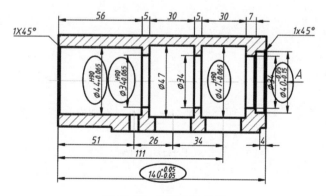

图 13-85　标注其他公差

2. 插入阀体零件的粗糙度

（1）在"图层"控制列表中将"细实线"设置为当前层，使用快捷键"I"打开"插入块"对话框，选择"图块"／"粗糙度.dwg"属性块，并设置相关参数，如图 13-86 所示。

（2）移动光标到绘图区，在主视图左侧轮廓线上单击鼠标左键插入，在打开的"编辑属性"对话框中设置粗糙度值为 12.5，如图 13-87 所示。

图 13-86　设置相关参数

图 13-87　设置粗糙度值

（3）单击 继续 按钮，在主视图左边插入粗糙度值，如图 13-88 所示。

（4）输入"MI"激活"镜像"命令，将插入的粗糙度符号进行水平镜像复制，然后将镜像复制的粗糙度符号再进行垂直镜像，结果如图 13-89 所示。

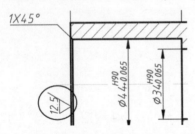

图 13-88　插入粗糙度符号

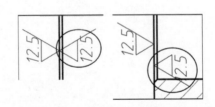

图 13-89　镜像复制粗糙度符号

📋 小贴士：

镜像复制与镜像是两个不同的概念，镜像复制是指将对象在镜像的同时进行复制，而镜像是将对象进行镜像而不复制。有关镜像与镜像复制的详细操作，请参阅前面章节相关内容的讲解，在此不再详述。

（5）输入"M"激活"移动"命令，将镜像复制的粗糙度符号位移到主视图中间合适的位置，结果如图 13-90 所示。

（6）输入"RO"激活"旋转"命令，将刚才镜像复制的粗糙度符号旋转-90°并复制，然后旋转复制的符号并移动到主视图左上角倒角标注尺寸下方位置，如图 13-91 所示。

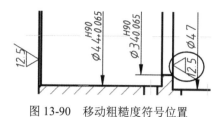

图 13-90 移动粗糙度符号位置   图 13-91 粗糙度符号位置

📋 **小贴士：**

旋转复制是指将对象在旋转的同时进行复制，有关旋转复制的详细操作，请参阅前面章节相关内容的讲解，在此不再详述。

（7）综合应用"复制""镜像"以及"移动"命令，在其他位置添加粗糙度符号，结果如图 13-92 所示。

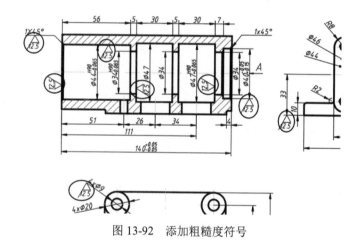

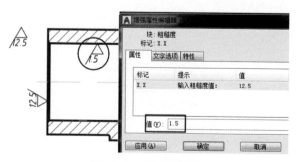

图 13-92 添加粗糙度符号

（8）双击主视图中间位置的粗糙度符号，打开"增强属性编辑器"对话框，修改其"值"为 1.5，如图 13-93 所示。

图 13-93 修改属性值

（9）单击 [应用(A)] 按钮，再激活"增强属性编辑器"对话框右上角的 ⊕ "选择块"按钮返回绘图区，选择主视图右下角的粗糙度符号，修改其"值"为 6.3，然后确认。

13.5.3 插入图框并标注零件图技术要求

本节继续插入图框、标注阀体零件图的技术要求并填充图框。

（1）输入"I"，激活"插入"命令，选择"图块"/"A3-H.dwg"图块文件，设置"比例"为"1.1"，将其插入零件图中，然后在图框右上角插入"素材"/"粗糙度 02.dwg"的属性块，插入比例为 1.8，如图 13-94 所示。

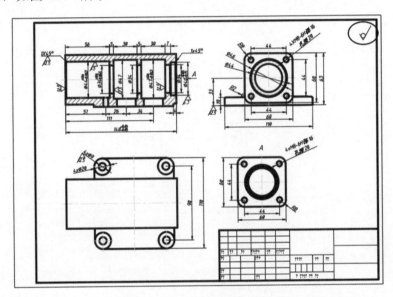

图 13-94　插入图框与属性块符号

（2）使用快捷键 T 激活"多行文字"命令，在图框右下角位置拖出文本框并打开文字格式编辑器，选择"字母与文字"的文字样式，设置文字高度为"9"，然后在文本框顶部输入"技术要求"，如图 13-95 所示。

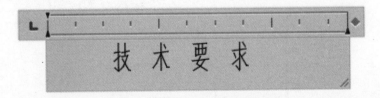

图 13-95　输入"技术要求"

（3）按 Enter 键换行，修改文字高度为"8"，继续输入其他技术要求内容，如图 13-96 所示。

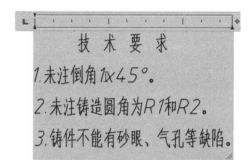

图 13-96　输入其他技术要求内容

（4）重复执行"多行文字"命令，在视图右上侧粗糙度符号前面标注"其余"字样，设置字体高度为"9"。

（5）再次重复执行"多行文字"命令，在右下角图框位置的图名内拖出文本框，然后选择文字样式为"仿宋体"，设置文字高度为"8"，输入图名为"阀体零件图"，如图 13-97 所示。

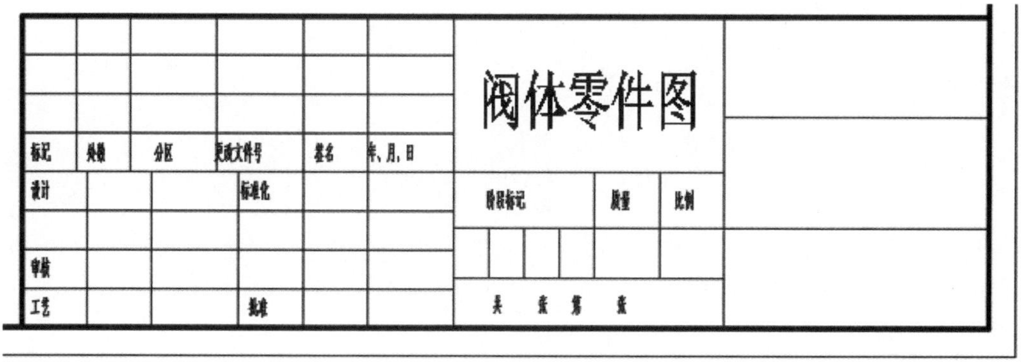

标记	处数	分区	更改文件号	签名	年、月、日	阀体零件图		
设计			标准化					
						阶段标记	质量	比例
审核								
工艺			批准			共　张　第　张		

图 13-97　输入图名

（6）到此，阀体零件图的粗糙度与技术要求标注完毕，将该文件存储为"职场实战——标注阀体零件尺寸、公差、粗糙度与技术要求.dwg"文件。

第 14 章　轴测图与三维基础

本章导读

在 AutoCAD 绘图中，轴测图是既不同于二维平面图，又不同于三维模型的另一种类型的图形，它常用于快速表达对象的三维效果。本章我们将学习绘制轴测图，并掌握三维建模的基础知识。

本章主要内容如下：
- ↘ 绘制轴测图
- ↘ 三维视图的基本操作
- ↘ 创建三维模型
- ↘ 综合练习——创建传动轴零件三维实体模型
- ↘ 职场实战——绘制壳体零件轴测图

14.1　绘制轴测图

"轴测图"是一种在二维空间内快速表达三维形体最简单的方法，通过轴测图，可以快速获得物体的外形特征信息，本节将学习绘制轴测图的相关知识。

14.1.1　关于轴测图

1. 轴测图的类型

轴测图分为"正轴测图"和"斜轴测图"两大类，每类按轴向变形系数又分为 6 种，即"正等轴测图""正二等轴测图""正三等轴测图""斜等轴测图""斜二等轴测图"和"斜三等轴测图"。国家标准规定，轴测图一般采用"正等轴测图""正二等轴测图"和"斜二等轴测图" 3 种类型，必要时允许使用其他类型的轴测图。

2. 轴测图的绘图方法

"轴侧图"的绘制方法一般有"坐标法""切割法"和"组合法"。
- ↘ 坐标法：用于绘制完整的三维形体，一般可以使用沿坐标轴方向测量，然后按照坐标轴画出顶点位置，最后连线绘图。
- ↘ 切割法：常用于绘制三维形体的剖面图，一般是先画出完整的三维形体，然后利用切割的方法画出不完整的部分。
- ↘ 组合法：常用于较复杂的三维形体的组合，一般是将其分成若干个基本形状，在相应的位置将其画出，然后将各部分组合起来。

3. 轴测图的绘图环境与轴测面

与绘制二维图形不同，"轴测图"必须在轴测图专用的绘图环境下进行绘制。在具体绘制过程中，可以根据需要切换不同的轴侧面，下面介绍轴测图绘图环境的设置和等轴测面的切换方法。

实例——设置轴测图绘图环境与切换轴测面

（1）激活状态栏上的"等轴测草图"按钮 ，即可切换到轴测图绘图环境，此时光标显示轴测图绘图光标。

（2）按键盘上的 F5 键切换轴测面，分别为"<等轴测平面 俯视>""<等轴测平面 右视>"和"<等轴测平面 左视>"，如图 14-1 所示。

14.1.2　绘制等轴测线

与在二维绘图空间绘制直线不同，在等轴测绘图环境下绘制直线时需要配合"正交"功能，同时需要切换不同的轴测平面。下面通过绘制边长为 100 的等轴测立方体，如图 14-2 所示，学习在等轴测绘图环境绘制直线的方法。

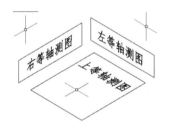

图 14-1　等轴测绘图环境

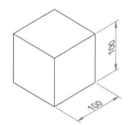

图 14-2　轴测立方体

实例——绘制边长为 100 的等轴测立方体

1. 绘制立方体底平面

（1）激活状态栏上的"等轴测草图"按钮 ，按键盘上的 F5 键切换到"<等轴测平面 俯视>"，按 F8 键激活"正交"功能。

（2）输入"L"，按 Enter 键激活"直线"命令，在绘图区单击拾取一点，向右上引导光标，输入"100"，按 Enter 键确认。

（3）继续向左上引导光标，输入"100"，按 Enter 键确认，向左下引导光标，输入"100"，按 Enter 键确认，输入"C"，按 Enter 键闭合图形，结果如图 14-3 所示。

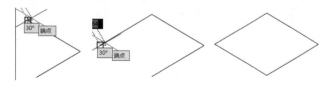

图 14-3　绘制立方体底面

2. 绘制立方体左平面

（1）按键盘上的 F5 键切换到"<等轴测平面 左视>"，按 Enter 键重复"直线"命令，捕捉顶平面左端点，向下引导光标，输入"100"，按 Enter 键确认。

（2）向右下引导光标，输入"100"，按 Enter 键确认，垂直向上引导光标，捕捉顶平面的端点，按两次 Enter 键确认，结果如图 14-4 所示。

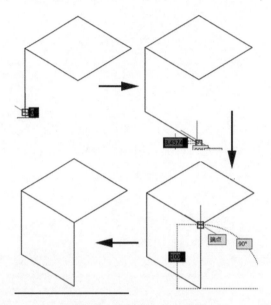

图 14-4　绘制立方体左平面

3. 绘制立方体右平面

（1）按键盘上的 F5 键切换到"<等轴测平面 右视>"，按 Enter 键重复"直线"命令，捕捉左平面右下端点，向右上引导光标，输入"100"，按 Enter 键确认。

（2）向上引导光标，捕捉顶平面右端点，按两次 Enter 键结束操作，结果如图 14-5 所示。

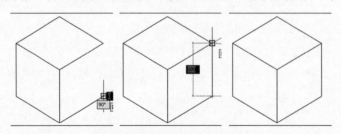

图 14-5　绘制立方体右平面

练一练

绘制长 80、宽 60、高 40 的立方体，如图 14-6 所示。

操作提示：

（1）激活状态栏上的"等轴测草图"按钮，进入轴测绘图环境，按 F8 键激活"正交"功能。

（2）按键盘上的 F5 键切换轴测面，激活"直线"命令，绘制轴测立方体。

14.1.3　绘制等轴测圆

等轴测圆与传统意义上的圆不同，它是在轴测图绘图环境下绘制的圆，绘制时不能使用"圆"命令，而要使用"椭圆"命令，并配合"等轴测圆"功能来绘制。下面我们在上一节绘制的立方体的左平面、右平面和上平面内绘制半径为 40 的等轴测圆，结果如图 14-7 所示。

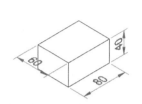

图 14-6　绘制轴测立方体

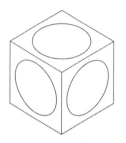

图 14-7　等轴测圆

实例——绘制等轴测圆

1. 绘制上等轴测圆

（1）激活状态栏中的"等轴测草图"按钮，进入轴测绘图环境，按 F3 和 F10 键启用极轴追踪和对象捕捉追踪功能，并设置"中点"和"交点"捕捉模式。

（2）按 F5 功能键切换轴测面为"<等轴测平面　俯视>"，输入"EL"，按 Enter 键激活"椭圆"命令，输入"I"，按 Enter 键激活"等轴测圆"选项，由上等轴测面的两条边的中点引出矢量线，捕捉矢量线的交点，确定圆心，如图 14-8 所示。

（3）输入"40"，按 Enter 键确认，绘制半径为 40 的等轴测圆，如图 14-9 所示。

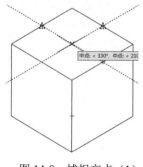

图 14-8　捕捉交点（1）

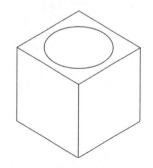

图 14-9　绘制轴测圆（1）

2. 绘制左等轴测圆

（1）按 F5 功能键切换轴测面为"<等轴测平面 左视>"，输入"EL"，按 Enter 键激活"椭圆"命令；输入"I"，按 Enter 键激活"等轴测圆"选项。

（2）由左等轴测面的两条边的中点引出矢量线，捕捉矢量线的交点，确定圆心，如图 14-10 所示。

（3）输入"40"，按 Enter 键，绘制半径为 40 的等轴测圆，如图 14-11 所示。

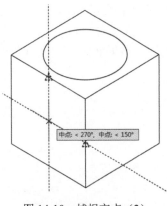

图 14-10　捕捉交点（2）

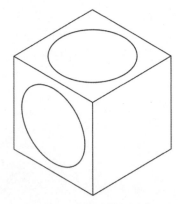

图 14-11　绘制轴测圆（2）

3. 绘制右等轴测圆

（1）按 F5 功能键切换轴测面为"<等轴测平面 右视>"，输入"EL"，按 Enter 键激活"椭圆"命令；输入"I"，按 Enter 键激活"等轴测圆"选项。

（2）由右等轴测面的两条边的中点引出矢量线，捕捉矢量线的交点，确定圆心，如图 14-12 所示。

（3）输入"40"，按 Enter 键，绘制半径为 40 的等轴测圆，如图 14-13 所示。

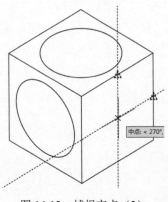

图 14-12　捕捉交点（3）

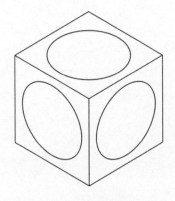

图 14-13　绘制轴测圆（3）

练一练

绘制半径为 50 的 6 个轴测圆，如图 14-14 所示

操作提示：

（1）使用"直线"命令绘制边长为 100 的上等轴测面和右等轴测面，并使两个轴测面呈 90°
相交，如图 14-15 所示。

（2）以轴测面各边的中点为圆心，绘制 6 个半径为 50 的轴测圆，最后将轴测面删除。

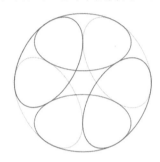
图 14-14　绘制轴测圆（4）

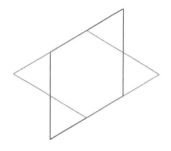
图 14-15　90°相交的轴测面

14.1.4　书写等轴测文本

在轴测图中书写文本与在二维绘图空间书写文本大不相同，除了需要设置文字样式之外，在
输入文本时还要根据轴测面设置文字的旋转角度。

输入"ST"，打开"文字样式"对话框，新建名为"左等文本""右等文本"和"上等文本"
3 种文字样式，并设置 3 种文本的"字体"均为"仿宋"，其中"左等文本"的"倾斜角度"为
-30，"右等文本"和"上等文本"的"倾斜角度"均为 30，如图 14-16 所示。

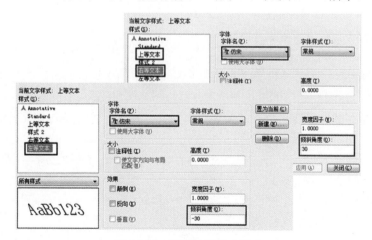
图 14-16　设置轴测文本样式

下面在立方体的不同轴测面内书写文本，其效果如图 14-17 所示。

实例——书写轴测文本

1. 书写上等轴测文本

（1）在"文字样式"对话框中将"上等文本"文字样式设置为当前样式，按 F5 键，将当前绘图平面切换为"<等轴测平面 俯视>"。

（2）输入"TEXT"，按 Enter 键激活"单行文字"命令，捕捉立方体上表面圆的圆心，输入"8"，按 Enter 键设置文字高度。

（3）输入"-30"，按 Enter 键设置文字旋转角度，然后输入"上等轴测文本"字样。

（4）按两次 Enter 键退出单行文字样式，结果如图 14-18 所示。

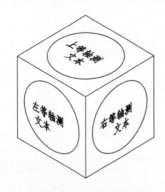
图 14-17　书写轴测文本

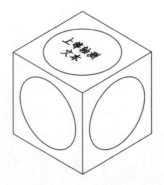
图 14-18　书写上等轴测文本

2. 书写左等轴测文本

（1）在"文字样式"对话框中将"左等文本"文字样式设置为当前样式，按 F5 键，将当前绘图平面切换为"<等轴测平面 左视>"。

（2）输入"TEXT"，按 Enter 键激活"单行文字"命令，捕捉立方体左表面圆的圆心，输入"8"，按 Enter 键设置文字高度。

（3）输入"-30"，按 Enter 键设置文字旋转角度，然后输入"左等轴测文本"字样。

（4）按两次 Enter 键退出单行文字样式，结果如图 14-19 所示。

3. 书写右等轴测文本

（1）在"文字样式"对话框中将"右等文本"文字样式设置为当前样式，按 F5 键，将当前绘图平面切换为"<等轴测平面 右视>"。

（2）输入"TEXT"，按 Enter 键激活"单行文字"命令，捕捉立方体右表面圆的圆心，输入"8"，按 Enter 键设置文字高度。

（3）输入"30"，按 Enter 键设置文字旋转角度，然后输入"左等轴测文本"字样。

（4）按两次 Enter 键退出单行文字样式，结果如图 14-17 所示。

📋 **小贴士：**

在设置轴测文本样式时，设置文字样式的"倾斜角度"是关键， 一定要根据不同轴测面设置不同的文字角度，这样才能在不同面输入正确的文本。

练一练

继续上一节"练一练"的操作，在不同轴测圆内书写文本，如图 14-20 所示。

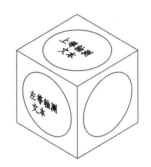

图 14-19　书写左等轴测文本

图 14-20　书写轴测文本

操作提示：

新建 3 个文字样式，使用"单行文字"工具分别在各轴测面书写文本。

14.1.5　标注等轴测直线尺寸

在轴测图中标注尺寸与一般的尺寸标注不同，首先需要设置标注样式，然后使用"对齐"命令进行标注尺寸，最后还需要对标注的尺寸进行编辑，使其能与轴测面平行。

输入"D"，按 Enter 键打开"标注样式"对话框，新建名为"轴测标注"的标注样式，设置"比例"为 90，其他所有设置默认即可，然后将其设置为当前标注样式，如图 14-21 所示。

下面继续为轴测立方体标注尺寸，效果如图 14-22 所示。

图 14-21　新建标注样式

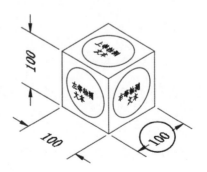

图 14-22　标注轴测立方体尺寸

实例——标注轴测图尺寸

（1）激活"标注"按钮，分别单击立方体的 3 条边，标注 3 个尺寸，如图 14-23 所示。

（2）单击"标注"工具栏上的"编辑标注"按钮，输入"O"，按 Enter 键激活"倾斜"选项，选择左边水平尺寸，如图 14-24 所示。

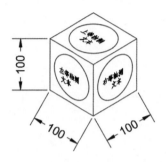

图 14-23　标注的尺寸

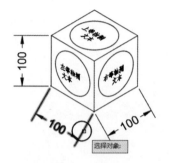

图 14-24　选择尺寸

小贴士：

> "标注"按钮是 AutoCAD 2020 新增的一个多用途标注工具，它可以标注任意尺寸，激活该工具，只需单击要标注的对象，即可对其进行标注，应用非常方便。

（3）按 Enter 键确认，输入倾斜角度"30"，按 Enter 键确认，结果如图 14-25 所示。

（4）使用相同的方法分别编辑其他 2 个尺寸，其旋转角度均为-30°，结果如图 14-26 所示。

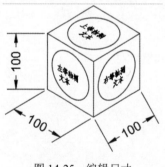

图 14-25　编辑尺寸

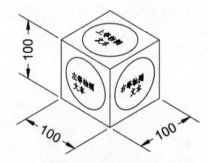

图 14-26　编辑结果

（5）在没有任何命令发出的情况下选择左边和右上方的尺寸，使其夹点显示，在"样式"工具栏上的"文字样式控制"下拉列表中选择文字样式为"上等文本"，按 Esc 键取消夹点显示，结果如图 14-27 所示。

（6）继续夹点显示右下的尺寸标注，为其选择"左等文本"文字样式，取消夹点显示，结果如图 14-28 所示。

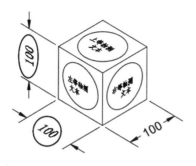

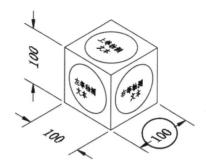

图 14-27　编辑尺寸文字（1）　　　　　图 14-28　编辑尺寸文字（2）

14.1.6　标注轴测圆直径尺寸

在轴测图中标注圆的直径尺寸时，可以使用引线来标注。需要注意的是，要事先设置引线样式。

下面继续标注轴测圆的直径尺寸。

实例——标注轴测圆的直径尺寸

（1）使用快捷键"LE"激活"引线"命令，输入"S"，按 Enter 键打开"引线注释"对话框，分别设置"注释"选项卡和"引线和箭头"选项卡的参数，如图 14-29 所示。

（2）单击 ▨▨▨确定▨▨▨ 按钮关闭对话框，然后在右等轴测平面内的圆上单击，拾取第 1 个引线点，引导光标到适当的位置，单击指定第二个引线点。

（3）水平引导光标，在合适的位置单击拾取第 3 点，如图 14-30 所示。

图 14-29　设置引线参数

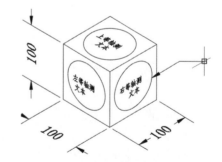

图 14-30　标注引线

（4）按两次 Enter 键打开文字格式编辑器，设置文字样式为"标准"，并设置文字高度和字体，如图 14-31 所示。

（5）在文本框中输入"3-%%C80"，单击"关闭"按钮，标注结果如图 14-32 所示。

图 14-31　设置文字样式、字高和字体

练一练

继续上一节"练一练"的操作，标注 6 个轴测圆的直径尺寸，如图 14-33 所示。

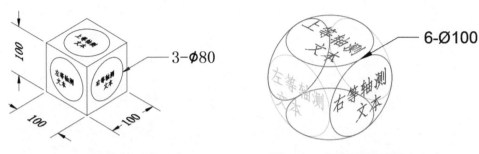

图 14-32　标注轴测圆的直径尺寸（1）　　　　图 14-33　标注轴测圆的直径尺寸（2）

操作提示：

（1）激活"引线"命令，设置引线并在轴测圆上绘制引线。

（2）在文字格式编辑器中设置文字样式、字体、字高并标注轴测圆的直径尺寸。

14.2　三维视图的基本操作

掌握三维视图的基本操作是使用 AutoCAD 进行三维建模的基础，本节将学习相关知识。

14.2.1　切换视图与查看三维模型

AutoCAD 共有 6 个平面视图和 4 个正交视图。6 个平面视图分别是"俯视""仰视""左视""右视""前视"和"后视"；4 个正交视图分别是"西南等轴测""西北等轴测""东南等轴测"和"东北等轴测"视图。系统默认下，视图为"俯视"，用于绘制二维平面图。在进行三维操作时，需要将视图切换到正交视图，在正交视图中创建并查看三维模型，本节就来学习切换视图与查看三维模型的相关知识。

实例——切换视图与查看三维模型

1. 切换视图

（1）执行菜单栏中的"工具"/"工作空间"/"三维基础"命令，将工作空间切换到"三维基础"，进入"视图"选项卡，在"命名视图"选项的视图列表中显示相关视图，如图 14-34 所示。

（2）在该列表中选择一种正交视图，例如，选择"西南等轴测"视图，视图进入正交视图，此时显示三维坐标系，同时也显示三维光标，如图 14-35 所示。

图 14-34　切换视图

图 14-35　三维坐标系与光标

小贴士：

用户也可以打开"视图"工具栏，单击相关工具按钮，以切换视图，如图 14-36 所示。

图 14-36　"视图"工具栏

2. 查看三维模型

（1）打开"素材"/"体积查询示例. dwg"素材文件，这是两个三维模型，打开"动态观察"工具栏，激活"受约束的动态观察"按钮，拖曳鼠标手动调整观察点，以查看模型，如图 14-37 所示。

（2）激活"自由动态观察"按钮，绘图区会出现圆形辅助框架，拖曳鼠标手动调整观察点，以观察模型，如图 14-38 所示。

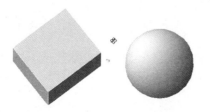

图 14-37　受约束查看三维模型

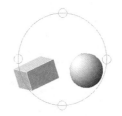

图 14-38　自由查看三维模型

（3）激活"连续动态观察"按钮，沿观察方向拖曳鼠标，此时会连续旋转视图，以便观察模型，单击鼠标即可停止旋转，如图 14-39 所示。

（4）单击或拖曳视图右上方的"导航立方体"，查看三维模型，如图 14-40 所示。

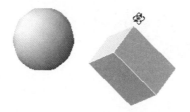

图 14-39　动态查看三维模型

图 14-40　导航立方体

小贴士：

查看三维模型的方法很多，在此不再一一讲解，读者可以自己尝试使用其他方法来查看三维模型。

14.2.2　创建视口与设置视觉样式

视口其实就是我们所说的绘图区，它用于绘制图形、显示图形的区域。默认设置下，AutoCAD只呈现一个视口，用户可以根据需要创建新的视口或分割视口，然后在不同视口显示模型的不同视觉样式，本节继续学习相关知识。

实例——创建视口与设置视觉样式

1. 创建视口

（1）进入"可视化"选项卡，在"模型视口"选项中单击"视口配置"按钮，在弹出的下拉列表中选择相关选项以分割视口，例如，选择"三个：右"选项，即可将视口分为3个视口，如图 14-41 所示。

（2）执行"视图"／"视口"／"新建视口"命令，打开"视口"对话框，选择一种视口并确认，即可分割视口，如图 14-42 所示。

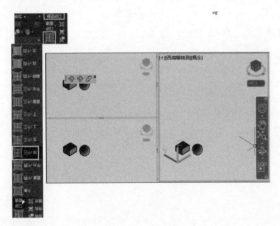

图 14-41　分割视口

图 14-42　"视口"对话框

小贴士：

打开"视口"工具栏，单击"显示视口对话框"按钮，也可以打开"视口"对话框，如图 14-43 所示。

图 14-43　"视口"工具栏

2. 设置模型的视觉样式

（1）进入"可视化"选项卡，在"视觉样式"选项中单击并打开视觉样式列表，以显示模型的不同视觉样式，如图 14-44 所示。

（2）选择一种视觉样式，此时模型将以该样式显示，例如，选择"勾画"样式，此时模型效果如图 14-45 所示。

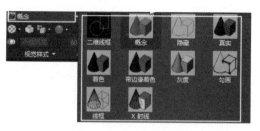

图 14-44　视觉样式

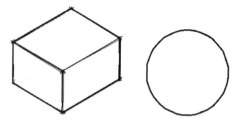

图 14-45　模型显示效果

小贴士：

在视图左上方单击"视觉样式控件"按钮，打开视觉样式列表，或者打开"视觉样式"工具栏，选择一种视觉样式，如图 14-46 所示。

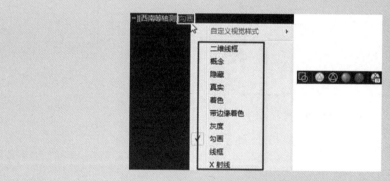

图 14-46　选择视觉样式

14.2.3　定义 UCS 坐标系

AutoCAD 系统默认下的坐标系是世界坐标系，简称 WCS，它有 3 个绘图平面，由于世界坐标系是固定的，其应用有一定的局限性。为此，AutoCAD 为用户提供了用户坐标系，简称 UCS，UCS 坐标系也叫"用户坐标系"，此坐标系弥补了世界坐标系（WCS）的不足，是用户创建三维模型必不可少的好帮手。

继续上一节的操作，定义如图 14-47 所示的 UCS 坐标系。

实例——定义 UCS 坐标系

（1）设置"端点"捕捉模式，输入"UCS"，捕捉立方体的右上端点，定位坐标系的原点，如图 14-48 所示。

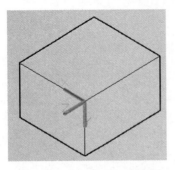

图 14-47　定义的 UCS 坐标系

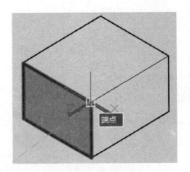

图 14-48　捕捉端点

（2）继续捕捉立方体左上端点，定义 X 轴，捕捉右下端点，定义 Y 轴，完成 UCS 坐标系的定义，如图 14-49 所示。

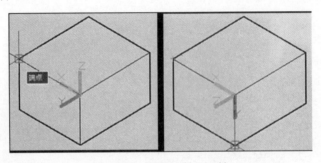

图 14-49　定义 X 轴、Y 轴

 疑问解答

疑问：定义 UCS 坐标系对绘图有什么帮助？

解答：要解答这个问题，首先要讲解 AutoCAD 绘图平面的问题。在 AutoCAD 中始终是以 XY 平面作为绘图平面的，系统默认设置下使用的是世界坐标系，即 WCS，如图 14-50 所示。

在世界坐标系下，只能在立方体的上表面绘制一个圆柱体，如图 14-51 所示。

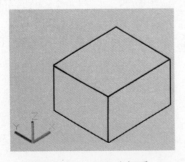

图 14-50　WCS 坐标系

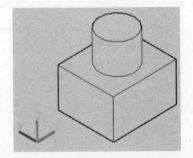

图 14-51　在立方体上表面绘制圆柱体

如果需要在立方体的左表面或右表面绘制一个圆柱体，使用世界坐标系显然是不可能的。这时就需要以立方体的左表面或右表面作为绘图平面来定义用户坐标系，然后才能在这两个平面上创建圆柱体，如图 14-52 所示。

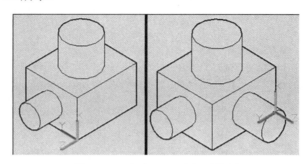

图 14-52　定义 UCS 坐标系绘图

小贴士：

定义 UCS 坐标系时是以三点方式来定义的：首先定义坐标系的原点，然后定义 X 轴，再定义 Y 轴。另外，也可以通过旋转定义，方法是：输入 "UCS"，按 Enter 键；输入 "X" 或 "Y"，按 Enter 键，再输入旋转角度并确认。一般坐标系的某一个轴是以正负 90° 角为旋转基准角度，如图 14-52 所示。例如，将立方体右表面上的坐标系沿 Y 轴旋转 90°，定义立方体的上表面为绘图平面，其操作过程为：输入 "UCS"，按 Enter 键；输入 "Y"，按 Enter 键；输入"90"，按 Enter 键，结果如图 14-53 所示。

练一练

继续上一节的操作，定义如图 14-54 所示的 UCS 坐标系。

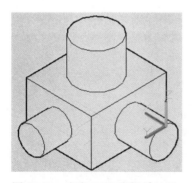

图 14-53　定义 UCS 坐标系（2）

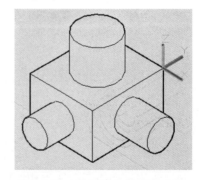

图 14-54　定义 UCS 坐标系（3）

操作提示：

（1）输入 "UCS"，捕捉立方体右上端点，定位原点。

（2）向右下引导光标，拾取一点，定义 X 轴；向右上引导光标，拾取一点，定义 Y 轴，完成 UCS 坐标系的定义。

14.2.4　保存、调用 UCS 坐标系与恢复 WCS 坐标系

定义的 UCS 坐标系可以保存在当前文件中，方便以后继续调用，另外，可以将当前坐标系恢复为 WCS 坐标系。

继续上一节的操作，保存图 14-54 中定义的 UCS 坐标系。

实例——保存与调用 UCS 坐标系

1. 保存 UCS 坐标系

（1）输入"UCS"，按 Enter 键确认，然后输入"S"，按 Enter 键激活"保存"命令。

（2）输入"UCS"的名称为"UCS1"，按 Enter 键确认，完成保存。

2. 调用保存的 UCS1 坐标系

（1）执行"工具"/"命名 UCS"命令，打开 UCS 对话框，选择要调用的"UCS1"坐标系，如图 14-55 所示。

（2）单击 置为当前(C) 按钮，将该坐标系置为当前，关闭该对话框。

图 14-55　UCS 对话框

小贴士：

要想将当前坐标系恢复为 WCS（世界）坐标系，操作过程为：输入"UCS"，按 Enter 键，再输入"W"，按 Enter 键，即可将坐标系恢复为 WCS（世界）坐标系。

14.3　创建三维模型

AutoCAD 有 3 种类型的三维模型，分别是实体模型、曲面模型和网格模型。

1. 实体模型

实体模型是实实在在的物体，实体模型不仅包含面边信息，而且还具备实物的一切特性，这种模型不仅可以进行着色和渲染，同时还可以对其进行打孔、切槽、倒角等布尔运算，另外也可以检测和分析实体内部的质心、体积和惯性矩等。

2. 曲面模型

曲面的概念比较抽象，用户可以将其理解为实体的面，此种面模型不仅能着色渲染等，还可以对其进行修剪、延伸、圆角、偏移等编辑操作，但是不能进行打孔、开槽等，例如，"面域"其实就是一个曲面模型。

3. 网格模型

网格模型是由一系列规则的格子线围绕而成的网状表面,然后由网状表面的集合来定义三维物体。网格模型仅含有面边信息,能着色和渲染,但是不能表达真实实物的属性。

3 种类型的三维模型如图 14-56 所示。

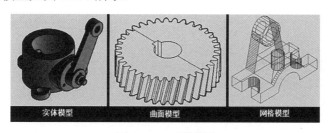

图 14-56　三维模型

14.3.1　创建三维实体模型

在 AutoCAD 中,三维视图模型包括长方体、球体、圆柱体、圆环等常见的一些几何体模型,这类模型的创建非常简单,本节将学习创建三维实体模型的相关方法。

实例——创建三维实体模型

1. 创建 10×10×10 的长方体

(1) 输入 "BOX",按 Enter 键激活 "长方体" 命令,在绘图区单击,输入 "@10,10",按 Enter 键绘制长方体的底面。

(2) 继续输入 "10",按 Enter 键确定高度,绘制如图 14-57 所示的模型。

2. 创建底边半径为 "10"、高度为 10 的圆柱体

(1) 输入 "CYL",按 Enter 键激活 "圆柱体" 命令,在绘图区单击,确定底面圆心,输入 "10",按 Enter 键绘制底面圆。

(2) 继续输入 "10",按 Enter 键确定高度,绘制如图 14-58 所示的模型。

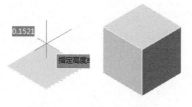

图 14-57　绘制长方体

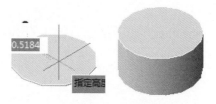

图 14-58　绘制圆柱体

3. 创建底面半径为 10、高度为 10 的圆锥体

(1) 输入 "CONE",按 Enter 键激活 "圆锥体" 命令,在绘图区单击,确定底面圆心,输入 "10",按 Enter 键绘制底面圆。

(2) 继续输入 "10",按 Enter 键确定高度,绘制如图 14-59 所示的模型。

4. 创建底面半径为 10、高度为 10 的棱锥体

（1）输入 "PYR"，按 Enter 键激活 "棱锥体" 命令，在绘图区单击，确定底面圆心，输入 "10"，按 Enter 键绘制底面圆。

（2）继续输入 "10"，按 Enter 键确定高度，绘制如图 14-60 所示的模型。

图 14-59　创建圆锥体

图 14-60　创建棱锥体

5. 创建半径为 10 的球体与底面为 10×10、高度为 10 的楔体

（1）输入 "SPH"，按 Enter 键激活 "球体" 命令，在绘图区单击，确定圆心，输入 "10"，按 Enter 键确认，结果如图 14-61 所示。

（2）输入 "WE"，按 Enter 键激活 "楔体" 命令，在绘图区单击，输入 "@10,10"，按 Enter 键确认，继续输入 "10"，按 Enter 键确定高度，绘制如图 14-62 所示的模型。

图 14-61　绘制球体

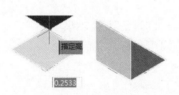

图 14-62　绘制楔体

小贴士：

除了使用快捷键激活三维模型外，在 "绘图" / "建模" 子菜单下有相关的菜单命令；打开 "建模" 工具栏，单击相关按钮也可以激活相关命令；在 "默认" 选项卡的 "创建" 选项中单击相关按钮，也可以激活相关命令。

练一练

三维模型的创建比较简单，下面读者可自己尝试创建半径为 100、圆管半径为 15 的圆环以及任意尺寸的多段体，如图 14-63 所示。

图 14-63　创建圆环与多段体

操作提示：

（1）激活"圆环"命令，指定圆心并输入半径与圆管半径，绘制圆环。

（2）激活"多段体"命令，设置相关参数，绘制多段体。

📋 **小贴士：**

多段体的绘制方法类似于多段线的绘制，既可以绘制直线型多段体，也可以绘制圆弧形多段体，区别在于多段体有厚度和高度设置。

14.3.2　拉伸创建曲面模型

曲面模型其实是由二维图形转换而来，有些曲面模型只需一个二维截面即可创建，有些曲面模型则需要截面和路径，类似于 3ds Max 中的"放样"建模。

拉伸是指将二维截面进行延伸，生成曲面模型或实体模型。绘制半径为 10 的圆，将该圆拉伸，创建高度为 10 的圆柱形曲面模型。

实例——拉伸创建曲面模型

（1）绘制半径为 10 的圆，输入"EXT"，按 Enter 键激活"拉伸"命令；输入"MO"，按 Enter 键激活"模式"选项；输入"SU"，按 Enter 键激活"曲面"选项。

（2）单击圆，输入"10"，按 Enter 键确认，结果如图 14-64 所示。

📋 **小贴士：**

系统默认下，拉伸时会创建三维实体模型，输入"MO"，激活"模式"选项，可选择拉伸模式。另外，进入拉伸模式后，在命令行选择拉伸的方法，有"方向""倾斜角"以及"路径"，其拉伸结果如图 14-65 所示。

另外，拉伸时，对于闭合的二维图形，既可以将其拉伸为三维实体模型，也可以将其拉伸为曲面模型，而对于非闭合的二维图形，将智能拉伸为曲面模型。

图 14-64　拉伸曲面模型　　　　　图 14-65　方向拉伸与倾斜拉伸

练一练

创建半径为 10 的圆，将其分别拉伸为高度为 10 的实体模型和曲面模型，如图 14-66 所示。

图 14-66　拉伸创建实体和曲面模型

操作提示：

（1）激活"拉伸"命令，选择"实体"模式，将圆拉伸为高度为 10 的实体模型。

（2）激活"拉伸"命令，选择"曲面"模式，将圆拉伸为高度为 10 的曲面模型。

14.3.3　旋转创建曲面模型

旋转是指将二维截面沿某一轴旋转，生成曲面模型或实体模型，旋转拉伸时需要旋转轴。绘制 10×5 的矩形，将矩形分解，并将一条边向左偏移 5 个绘图单位，如图 14-67 所示。以偏移的直线作为旋转轴，将矩形旋转 270°，创建三维曲面模型。

（1）输入"REV"，按 Enter 键激活"旋转"命令，单击选择矩形的 4 条边，按 Enter 键确认。

（2）分别捕捉直线的两个端点，输入"270"，按 Enter 键确认，结果如图 14-68 所示。

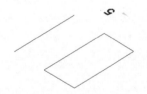　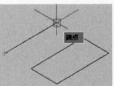

图 14-67　绘制截面与旋转轴　　　　　图 14-68　旋转创建曲面模型

练一练

绘制边长为 10 的等边三角形，以三角形的一条边为旋转轴，将其旋转 270°，创建旋转曲面模型，如图 14-69 所示。

操作提示：

（1）激活"旋转"命令，设置模式并选择三角形对象。

（2）以三角形的一条边为旋转轴，设置角度为 270° 并进行旋转。

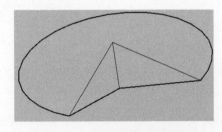

图 14-69　创建旋转曲面模型

14.3.4　扫掠创建曲面模型

　　扫掠创建三维模型时需要截面和路径，截面与路径不能共面。所谓"共面"，是指截面与路径不在一个平面上。下面通过一个简单实例操作，学习通过扫掠创建曲面模型的方法。

实例——扫掠创建曲面模型

　　（1）输入"HELI"，激活"螺旋线"命令，绘制一条螺旋线，然后输入"UCS"，按 Enter 键激活"UCS"命令，输入"X"，按 Enter 键激活 X 轴，输入"90"，按 Enter 键设置旋转角度，定义用户坐标系。

　　（2）输入"C"，按 Enter 键激活"圆"命令，以螺旋线的端点为圆心，绘制一个圆。

　　（3）输入"SW"，按 Enter 键激活"扫掠"命令，单击圆，按 Enter 键确认，再单击螺旋线进行扫掠，如图 14-70 所示。

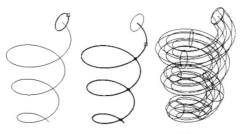

图 14-70　扫掠创建曲面模型

✏ **小贴士：**

扫掠创建曲面模型时，在命令行选择相关选项，可以设置比例、扭曲以及对齐等，如图 14-71 所示。

> ▼ SWEEP 选择扫掠路径或 [对齐(A) 基点(B) 比例(S) 扭曲(T)]：

图 14-71　命令行选项

练一练

绘制一段样条曲线和一个矩形，扫掠创建曲面模型，如图 14-72 所示。

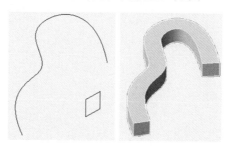

图 14-72　扫掠创建曲面模型

操作提示：

（1）在世界坐标系内绘制样条曲线，在用户定义坐标系绘制矩形。

（2）以样条线为扫掠路径，以矩形为扫掠截面，创建扫掠曲面模型。

14.3.5　放样创建曲面模型

放样创建三维模型时至少需要两个截面，另外也可以沿路径放样，下面通过一个简单的实例操作，来学习放样创建曲面模型的方法。

实例——放样创建曲面模型

（1）恢复到世界坐标系，绘制圆和矩形，并使两个图形之间保持一定的高度。

（2）输入"LOFT"，按 Enter 键激活"放样"命令，分别单击圆和矩形进行放样，然后按两次 Enter 键结束操作，结果如图 14-73 所示。

练一练

放样创建由圆、多边形和矩形作为截面的曲面模型，如图 14-74 所示。

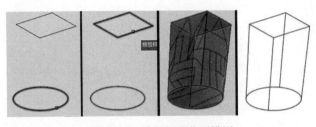

图 14-73　放样创建曲面模型　　　　图 14-74　放样创建曲面模型

操作提示：

（1）在世界坐标系内绘制圆、多边形和矩形，并使这三个对象之间保持一定的高度。

（2）激活"放样"命令，分别单击各图形进行放样。

14.3.6　创建网格模型

网格模型包括两部分，一部分为标准网格模型，这类网格模型不仅创建方法类似于标准实体模型，而且其外观也与标准实体模型相似，在此不做讲解，大家可以参照标准实体模型的创建方法自己尝试创建。本节我们主要讲解另一种网格模型，这类网格模型也是通过二维图形转换而来，它包括"边界曲面""直纹曲面"以及"平移曲面"。本节就来学习这三种类型的网格模型的创建方法。

实例——创建网格模型

1. 边界曲面

在 4 条彼此相连的边或曲线之间创建网格，下面通过一个简单的实例学习通过边界曲面创建网格模型的方法。

（1）使用直线绘制四边形，输入"EDG"，按 Enter 键激活"边界网格"命令。

（2）依次分别单击图形的 4 条边，创建一个边界曲面的网格模型，如图 14-75 所示。

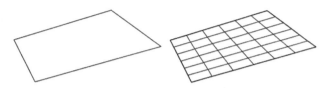

图 14-75　创建边界曲面的网格模型

小贴士：

通过"边界曲面"创建网格模型的操作比较简单，需要注意的是，必须是 4 条彼此相连的边，同时，在创建时一定要按照顺序单击这 4 条边。

2. 直纹曲面

在两条直线或曲线之间创建表示曲面的网格，下面通过一个简单的实例学习通过直纹曲面创建网格模型的方法。

（1）使用圆弧命令绘制两个圆弧，并使这两个圆弧保持一定的高度。

（2）输入"RUL"，按 Enter 键激活"直纹网格"命令，分别单击 2 个圆弧，创建直纹曲面网格模型，如图 14-76 所示。

3. 平移曲面

从沿直线路径扫掠的直线或曲线创建曲面网格，下面通过一个简单的实例学习平移曲面创建网格模型的方法。

（1）使用"多段线"命令绘制圆弧多段线，使用"直线"绘制垂直于多段线的直线。

（2）输入"TAB"，按 Enter 键激活"平移网格"命令，单击圆弧多段线，在直线下方单击，创建平移曲面网格模型，如图 14-77 所示。

图 14-76　创建直纹曲面的网格模型

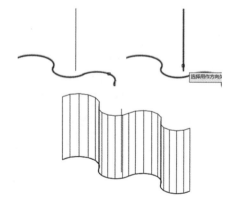

图 14-77　创建平移曲面的网格模型

📋 **小贴士：**

在创建"平移曲面"的网格模型时，在直线路径的下端单击，模型向上创建，在直线路径的上端单击，模型向下创建。

练一练

自己尝试创建边界网格、直纹网格和平移网格 3 个模型，如图 14-78 所示。

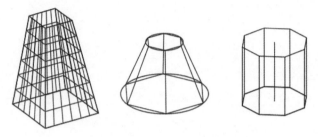

图 14-78　创建网格模型

操作提示：

（1）使用直线绘制彼此相连的基本图形，使用"边界曲面"命令创建边界网格。

（2）绘制两个保持一定高度的圆，使用"直纹曲面"命令创建直纹网格。

（3）绘制多边形，并绘制与多边形面垂直的直线，使用"平移曲面"命令创建平移网格。

14.4　综合练习——创建传动轴零件三维实体模型

在 AutoCAD 建筑制图中，有时需要根据零件二维视图绘制零件三维实体模型，以表达零件的三维效果。打开"素材"/"传动轴零件图.dwg"文件，这是一个传动轴的二维图形，如图 14-79 所示。

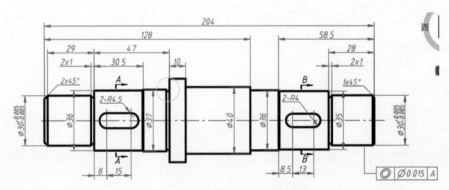

图 14-79　传动轴零件图

本节我们就以该二维图作为依据，通过旋转方式创建传动轴的三维实体模型。

1. 编辑轮廓线为多段线

（1）在图层控制列表中将"尺寸线"层关闭，将"其他层"设置为当前图层，然后删除下方图形对象，结果如图 14-80 所示。

图 14-80　删除下方图形后的效果

（2）输入"TR"，按 Enter 键激活"修剪"命令，修剪掉多余图线，只保留传动轴的轮廓线，结果如图 14-81 所示。

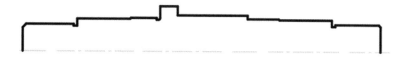

图 14-81　修剪效果

（3）执行"修改"/"对象"/"多段线"命令，输入"M"，按 Enter 键激活"多个"选项，以窗交方式选择除中心线之外的所有轮廓线，按 2 次 Enter 键确认。

（4）输入"J"，按 Enter 键激活"合并"命令，按 3 次 Enter 键确认并结束操作，这样就完成了轮廓线的编辑。

 小贴士：

旋转创建模型时，旋转对象必须是多段线，而传动轴轮廓线并非多段线，因此需要将轮廓线编辑为多段线。

2. 旋转创建三维实体模型

（1）输入"REV"激活"旋转"命令，输入"MO"，按 Enter 键激活"模式"选项；输入"SO"，按 Enter 键激活"实体"选项，单击轮廓线并按 Enter 键确认。

（2）分别捕捉轮廓线的两个端点，按 Enter 键确认，完成三维实体模型的创建，结果如图 14-82 所示。

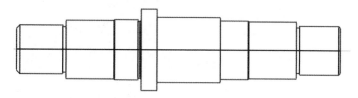

图 14-82　创建三维实体模型

（3）切换视图到西南等轴测视图，并设置视觉样式为"真实"，效果如图 14-83 所示。

图 14-83　传动轴实体模型

（4）将该图形另存为"综合练习——旋转创建传动轴实体模型.dwg"文件。

14.5　职场实战——绘制壳体零件轴测图

在 AutoCAD 机械制图中，轴测图是快速表达零件三维效果常用的一种表现手法。打开"素材"/"壳体零件图.dwg"素材文件，这是壳体零件的二视图，如图 14-84 所示。

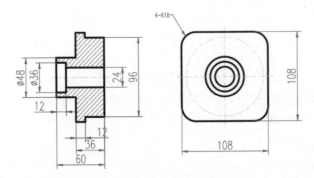

图 14-84　壳体零件二视图

本节我们就以该二视图绘制该零件图的轴测图与轴测剖视图，如图 14-85 所示。

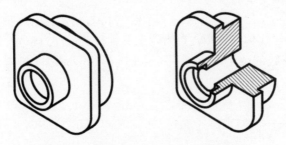

图 14-85　壳体零件轴测图与轴测剖视图

14.5.1　绘制壳体零件轴测图

本节首先设置绘图环境，绘制辅助线与轴测图外部轮廓线。

1. 设置绘图环境并绘制辅助线

（1）在图层控制列表中将"点划线"层设置为当前图层，设置"端点""圆心"和"交点"捕捉共鞨，按 F8 键启用"正交"功能。

（2）单击状态栏上的"等轴测图"按钮 进入等轴测绘图模式，按 F5 功能键，将当前轴测平面切换为"<等轴测平面 俯视>"，然后使用画线命令，绘制如图 14-86 所示的定位辅助线。

（3）输入"CO"，按 Enter 键激活"复制"命令，选择水平辅助线，按 Enter 键，捕捉辅助线的交点，输入"@60<30"，按两次 Enter 键确认，结果如图 14-87 所示。

图 14-86　绘制辅助线

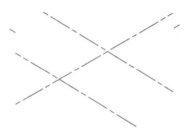

图 14-87　复制水平辅助线

（4）按 F5 功能键，将当前轴测面切换为"<等轴测平面 左视>"，配合交点捕捉和正交功能，绘制如图 14-88 所示的两条垂直辅助线。

2. 绘制外部轮廓圆

（1）在图层控制列表中将"轮廓线"设置为当前图层，输入"EL"按 Enter 键激活"椭圆"命令，输入"I"，按 Enter 键激活"轴测圆"选项，捕捉左边交点作为圆心，输入"24"，按 Enter 键确认，绘制轴测圆，结果如图 14-89 所示。

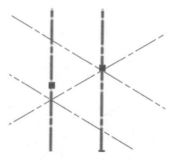

图 14-88　绘制垂直辅助线

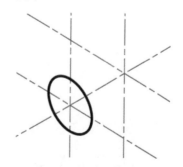

图 14-89　绘制轴测圆（1）

（2）按 Enter 键重复执行"椭圆"命令，输入"I"，按 Enter 键激活"等轴测圆"选项，捕捉刚绘制的轴测圆圆心；输入"18"，按 Enter 键确认，绘制另一个轴测圆，结果如图 14-90 所示。

（3）输入"CO"，按 Enter 键激活"复制"命令，选择半径为 18 的轴测圆，捕捉圆心，输入"@12<30"，按两次 Enter 键进行复制并结束操作，结果如图 14-91 所示。

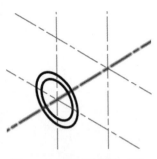

图 14-90　绘制轴测圆（2）

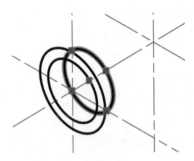

图 14-91　复制轴测圆（1）

（4）继续使用相同的方法，将半径为 24 的轴测圆沿水平方向复制 24 个绘图单位，结果如图 14-92 所示。

（5）重复执行"椭圆"命令，配合交点捕捉功能，以右辅助线的角点为圆心，绘制半径为 48 的轴测圆，如图 14-93 所示。

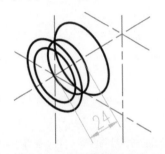

图 14-92　复制轴测圆（2）

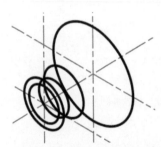

图 14-93　绘制轴测圆（3）

（6）输入"CO"，按 Enter 键激活"复制"命令，选择绘制的半径为 48 的轴测圆，捕捉圆心，输入"@-36<30"，按两次 Enter 键进行复制并结束操作，结果如图 14-94 所示。

（7）输入"L"，按 Enter 键激活"直线"命令，在旁边位置绘制 108×108 的矩形，如图 14-95 所示。

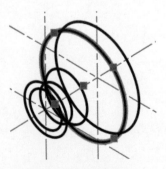

图 14-94　复制轴测圆（3）

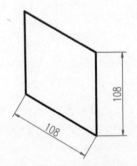

图 14-95　绘制矩形

（8）输入"M"，按 Enter 键激活"移动"命令，以矩形 4 条边中点连线的交点为基点，以半径为 24 的轴测圆的圆心为目标点，对矩形进行位移，结果如图 14-96 所示。

（9）输入"F"，按 Enter 键激活"圆角"命令，设置圆角半径为 18，对矩形的 4 个角进行圆角处理，结果如图 14-97 所示。

（10）输入"CO"，按 Enter 键激活"复制"命令，选择矩形，捕捉半径为 24 的轴测圆的圆心，输入"@12<30"，按两次 Enter 键进行复制并结束操作，结果如图 14-98 所示。

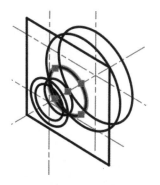
图 14-96 移动矩形

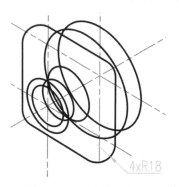
图 14-97 圆角处理矩形

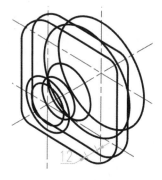
图 14-98 复制矩形

3. 绘制切线并修剪图形

（1）设置"切点"捕捉，将其他捕捉功能暂时取消。

（2）输入"XL"，按 Enter 键激活"构造线"命令，绘制轴测圆与圆角矩形的切线，如图 14-99 所示。

（3）输入"CO"，按 Enter 键激活"复制"命令，选择轴测图的所有图线，捕捉任意一点，将其复制到其他位置，以备后用。

（4）输入"TR"，按 Enter 键激活"修剪"命令，对图形进行修剪，并删除被遮挡的其他图线，完成壳体零件轴测图的绘制，结果如图 14-100 所示。

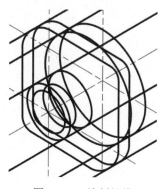
图 14-99 绘制切线

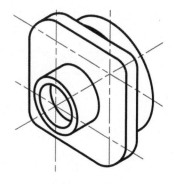
图 14-100 修剪后的图形

14.5.2 绘制壳体零件轴测剖视图

轴测图可智能表现零件外部特征，而零件内部特征需要通过剖视图来表现，本节我们将绘制壳体零件的轴测剖视图。

1. 绘图轴测图内部轮廓线

（1）输入"J"激活"合并"命令，对复制的轴测图中的轴测圆进行合并，结果如图 14-101 所示。

（2）输入"EL"按 Enter 键激活"椭圆"命令；输入"I"，按 Enter 键激活"轴测圆"选项，捕捉左边半径为 18 的轴测圆的圆心，然后输入"12"，按 Enter 键确认，绘制轴测圆，结果如图 14-102 所示。

（3）输入"CO"，按 Enter 键激活"复制"命令，捕捉刚绘制的轴测图的圆心作为基点，捕捉右侧辅助线的交点作为目标点进行复制，结果如图 14-103 所示。

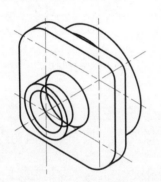
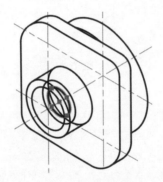
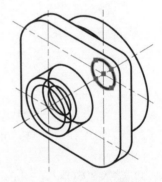

图 14-101　合并轴测圆的效果　　　图 14-102　绘制轴测圆（4）　　　图 14-103　复制轴测圆（4）

2. 绘制剖面线

（1）按 F5 键切换轴测面为"<等轴测 右视>"，在图层控制列表中将"剖面线"层设置为当前图层，输入"PL"激活"多段线"命令，由左边辅助线的交点向上引出矢量线，输入"18"，按 Enter 键。

（2）继续向上引导光标，捕捉矢量线与半径为 24 的圆的交点，向右引导光标，输入"24"，按 Enter 键；向上引导光标，捕捉矢量线与矩形水平的交点；向右引导光标，输入"12"，按 Enter 键；向下引导光标，输入"6"，按 Enter 键；向右引导光标，输入"24"，按 Enter 键；向下引导光标，输入"36"，按 Enter 键；向左引导光标，输入"48"，按 Enter 键；向上引导光标，输入"6"，按 Enter 键，捕捉多段线的端点，结果如图 14-104 所示。

（3）按 F5 键切换轴测面为"<等轴测 俯视>"，输入"PL"激活"多段线"命令，由左边辅助线的交点向右下引出矢量线，输入"18"，按 Enter 键；继续向右下引导光标，捕捉矢量线与半径为 24 的圆的交点；向右引导光标，输入"24"，按 Enter 键；向右下引导光标，捕捉矢量线与矩形垂直的交点；向右引导光标，输入"12"，按 Enter 键；向左上引导光标，输入"6"，按 Enter

键；向右上引导光标，输入"24"，按 Enter 键；向左上引导光标，输入"36"，按 Enter 键；向左下引导光标，输入"48"，按 Enter 键；向右下引导光标，输入"6"，按 Enter 键，捕捉多段线的端点，结果如图 14-105 所示。

（4）输入"TR"，按 Enter 键激活"修剪"命令，以两条剖面线为修剪边，对轴测图的轮廓线进行修剪，并删除多余图线，结果如图 14-106 所示。

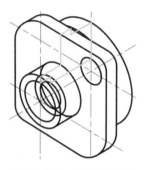
图 14-104　绘制剖面线

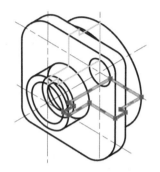
图 14-105　绘制另一条剖面线

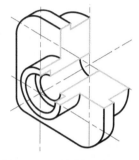
图 14-106　修剪后的剖视图

（5）选择剖面线，将其放入"轮廓线"层，输入"H"，按 Enter 键激活"图案填充"命令，选择"ANSI31"的图案，其他设置默认，对左剖面进行填充，如图 14-107 所示。

（6）使用相同的图案，设置"角度"为 90°，对另一个剖面进行填充，结果如图 14-108 所示。

（7）在"图层特效管理器"对话框中修改"剖面线"层的线型为默认线型，最终结果如图 14-109 所示。

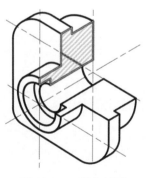
图 14-107　填充剖面

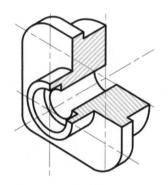
图 14-108　填充另一个剖面

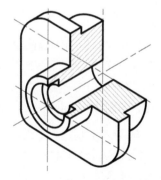
图 14-109　修改剖面线的线型

（8）使用"另存为"命令将该文件存储为"职场实战——绘制壳体零件轴测图.dwg"文件。

第 15 章　三维模型的操作与编辑

本章导读

在 AutoCAD 三维建模中，掌握三维模型的操作与编辑技能，是创建三维模型的基础，本章我们继续学习三维模型的操作与编辑知识。

本章主要内容如下：
- ➘ 三维模型的操作
- ➘ 三维模型的布尔运算
- ➘ 三维模型的精细编辑
- ➘ 综合练习——在传动轴三维模型上创建键槽
- ➘ 职场实战——绘制壳体零件三维模型

15.1　三维模型的操作

三维模型的操作包括三维移动、三维旋转、三维对齐、三维镜像，这些操作在很大程度上与在二维绘图空间对二维图形对象进行操作的方法相同，其操作非常简单，本节将学习三维模型的操作知识。

15.1.1　三维移动

三维模型的移动比较简单，与二维图形的移动相似，先拾取基点，再捕捉目标点即可移动，如果要精确移动，则需要输入 X、Y、Z 的坐标。

新建绘图文件，进入"三维建模"工作空间，在"西南等轴测"视图绘制底面半径为 10、高度为 5 的圆柱和底面半径为 10、高度为 5 的圆锥，将圆锥移动到圆柱体顶端。

实例——移动三维模型

（1）输入"3DM"，按 Enter 键激活"三维移动"命令，单击圆锥体，按 Enter 键确认，捕捉圆锥体的底面圆心作为基点。

（2）继续捕捉圆柱体的上顶面圆心作为目标点，结果圆锥体被移动到了圆柱体的顶面，如图 15-1 所示。

小贴士：

圆柱体有两个圆心，一个是上顶面圆心，另一个是下底面圆心，在移动时要根据具体需要选择不同的圆心作为基点，在"真实""概念"等视觉样式下，一般不太好选择底面圆心，这时可以设置视觉样式为"二维线框"模式，这样就比较容易选择底面圆心了。另外，使用二维移动工具也可以移动三维模型，其操作方法与三维移动工具的操作方法相同。

练一练

继续上面的操作，绘制半径为 10 的球体，以球体的圆心作为基点，以圆锥体的顶点作为目标点，将球体移动到圆锥体的顶点位置，如图 15-2 所示。

图 15-1　移动三维模型　　　　　图 15-2　移动球体到圆锥体顶点位置

操作提示：

输入"3DM"激活"三维移动"命令，捕捉球体的圆心作为基点，捕捉圆锥体的顶点作为目标点进行移动。

15.1.2　三维旋转

与二维旋转不同，三维旋转模型时，要确定一个旋转轴和一个基点，再输入旋转角度进行旋转，继续上一节的操作，将圆柱体沿 Y 轴旋转 90°。

实例——旋转三维模型

（1）输入"3DR"，按 Enter 键激活"三维旋转"命令，单击圆柱体，按 Enter 键确认，此时出现红、绿、蓝 3 种颜色的圆环，分别代表 X 轴、Y 轴和 Z 轴。

（2）捕捉圆柱体的上顶面圆心作为基点，移动光标到绿色圆环上并单击，绿色圆环呈现黄色，并出现旋转轴，输入"90"，按 Enter 键确认，旋转结果如图 15-3 所示。

图 15-3　旋转圆柱体

小贴士：

使用二维旋转工具旋转三维模型时，只能沿 Y 轴进行旋转。

练一练

继续上一节的操作，以圆柱体的上底面圆心为基点，将圆柱体沿 Z 轴旋转 90°，如图 15-4 所示。

操作提示：

输入"3DR"激活"三维旋转"命令，捕捉圆柱体的上顶面圆心作为基点，确定 Z 轴为旋转轴，将其旋转 90°。

图 15-4　沿 Z 轴旋转圆柱体

15.1.3　三维对齐

使用"三维对齐"命令可以通过定位源平面和目标平面的形式，将两个三维对象在三维操作空间中进行对齐。下面绘制两个 10×10×10 的立方体，将其在上顶面对齐。

实例——在上顶面对齐两个立方体

（1）输入"3AL"，按 Enter 键激活"三维对齐"命令，选择要对齐的立方体对象，按 Enter 键确认，依次捕捉要对齐的立方体下底面的 3 个端点作为基点，如图 15-5 所示。

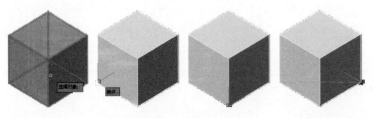

图 15-5　捕捉端点

（2）继续捕捉要对齐到的立方体的上顶面的 3 个端点作为对齐目标点，此时两个立方体对齐了，如图 15-6 所示。

图 15-6　捕捉目标点对齐对象

📋 **小贴士：**

三维对齐时，当选择要对齐的对象后，输入"C"，激活"复制"选项，即可将对象复制并对齐到另一个目标对象上。

练一练

继续上面的操作，将两个立方体在左右平面上对齐，如图 15-7 所示。

图 15-7　在侧面对齐立方体

操作提示：

（1）设置二维线框视觉样式，并调整视图以方便查看各角点。

（2）激活"3D 对齐"命令，分别捕捉要对齐的立方体面上的 3 个端点，继续捕捉被对齐的立方体面上相对应的 3 个端点进行对齐。

15.1.4　三维镜像

与二维镜像不同，三维镜像时需要选择镜像平面以及平面上的点，另外，镜像时可以删除也可以保留源对象。下面创建一个楔体对象，将该对象以 YZ 平面进行镜像。

实例——镜像楔体模型

（1）输入"3DMI"，按 Enter 键激活"三维镜像"命令，单击楔体对象，按 Enter 键确认。

（2）输入"YZ"，按 Enter 键指定镜像平面，捕捉楔体 YZ 平面边的中点，按 Enter 键确认进行镜像，如图 15-8 所示。

图 15-8　镜像楔体模型

 疑问解答

图 15-9　世界坐标系

疑问 1： 什么是平面？三维镜像时如何选择镜像平面？

解答 1： 平面是指在世界坐标系中由两个坐标系与坐标原点组成的平面，包括 XY 平面、YZ 平面以及 ZX 平面，如图 15-9 所示。

在三维镜像时，可以根据镜像方向选择一个平面作为镜像平面，也可以选择对象、三点、视图等作为镜像平面，如图 15-10 所示。

| MIRROR3D [对象(O) 最近的(L) Z 轴(Z) 视图(V) XY 平面(XY) YZ 平面(YZ) ZX 平面(ZX) 三点(3)] <三点>: |

图 15-10　镜像平面

这就相当于二维镜像中的镜像轴。当选择"对象"为镜像平面后，可以圆、圆弧或二维多段线作为镜像平面进行镜像，如果选择"三点"，则需要拾取平面上的 3 点作为镜像平面。

小贴士：

镜像时，命令行会提示是否删除源对象，如图 15-11 所示。

◄ MIRROR3D 是否删除源对象？[是(Y) 否(N)] <否>:

图 15-11　命令行提示

输入 Y，按 Enter 键确认，即可将源对象删除。

练一练

继续上面的操作，将楔体以 XY 平面进行镜像，并删除源对象，如图 15-12 所示。

操作提示：

（1）激活"三维镜像"命令，选择楔体并选择 XY 平面。

（2）拾取 XY 平面上的一点，输入 Y 并确认。

图 15-12　镜像楔体

小贴士：

除了以上所讲解的三维模型的基本操作之外，还可以对三维模型进行三维阵列，有"矩形"阵列和"环形"阵列两种，选择阵列方式后，根据命令行的提示，输入相关选项即可进行阵列，其操作要比二维阵列更简单，在此不再赘述，读者可以自己尝试操作。

15.1.5　剖切与抽壳

1. 剖切

可以将已有的三维模型进行剖切，剖切时可以删除不需要的部分，保留指定的部分，或者两部分模型都保留。下面通过一个简单的实例来学习相关知识。

实例——将球体剖切为半球

（1）创建半径为 20 的球体模型，输入"SL"，按 Enter 键激活"剖切"命令，单击球体，按 Enter 键确认。

（2）输入"ZX"，按 Enter 键确认，捕捉球体的圆心，按 Enter 键进行剖切。

（3）输入"M"，按 Enter 键激活"移动"命令，将剖切后的半球移走，结果如图 15-13 所示。

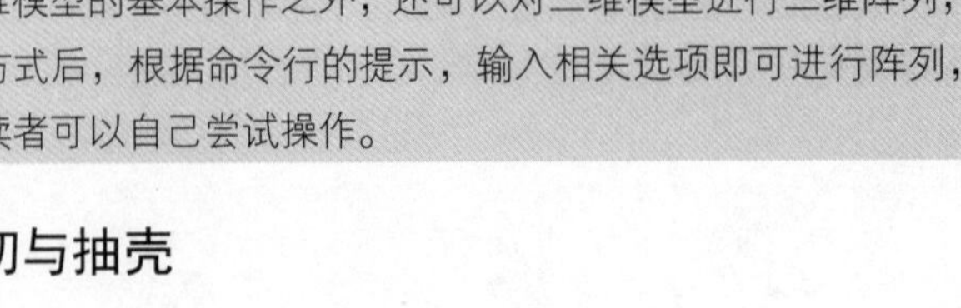

图 15-13　剖切

2．抽壳

抽壳是指将三维实体模型按照指定的厚度去除内部，以创建一个空心的薄壳体，或将实体的某些面删除，以形成薄壳体的开口。

实例——将球体抽壳为空心球

（1）创建半径为 20 的球体模型，单击"实体编辑"工具栏中的"抽壳"按钮 🔲，单击球体，按 Enter 键确认。

（2）输入"3"，按 3 次 Enter 键确认，结果球体被抽壳，设置视觉样式为"X 射线"并查看效果，如图 15-14 所示。

（3）输入"SL"激活"剖切"命令，将球体进行剖切，并删除另一半，最后设置视觉样式为"概念"，结果如图 15-15 所示。

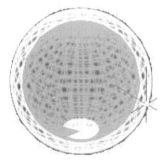

图 15-14　抽壳效果

图 15-15　剖切后的抽壳效果

📋 **小贴士：**

在剖切时，想要删除另一半，只要在保留的侧面上单击，则一半会被保留，而另一半会被删除。

练一练

创建 20×20×20 的立方体，将其抽壳为厚度为 3 的壳体，并对其进行剖切，如图 15-16 所示。

图 15-16　抽壳与剖切效果

操作提示：

（1）激活"抽壳"命令，将立方体抽壳为厚度为 3 的壳体。

（2）激活"剖切"命令，以 XY 平面为剖切平面进行剖切，并保留下半部分壳体。

15.2　三维模型的布尔运算

在 AutoCAD 中，三维模型的布尔运算主要是针对三维实体模型以及三维曲面模型而言的，而三维网格模型只是三维模型的一个表面，不具备三维模型的特征，因此不能进行三维布尔运算。

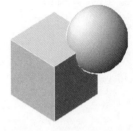

三维布尔运算包括"并集""差集"和"交集"3 种。创建球体和长方体，并使这两个三维实体模型相交，如图 15-17 所示。

本节将对这两个实体进行"并集""差集"和"交集"操作。

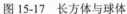
图 15-17　长方体与球体

15.2.1　并集

并集是指将两个或两个以上相交的三维实体、面域或曲面模型通过相加，以组合成一个新的实体、面域或曲面模型。

实例——将长方体与球体做并集运算

（1）输入"UNII"，按 Enter 键激活"并集"命令，单击选择长方体与球体。

（2）按 Enter 键确认，结果长方体与球体并集生成新的三维模型，如图 15-18 所示。

图 15-18　并集

疑问解答

疑问 2：不相交的多个对象能否"并集"？

解答 2：也可以将不相交的多个对象并集为一个对象，例如，绘制 4 个不相交的球体，输入"UNI"激活"并集"命令，分别选择 4 个球体，按 Enter 键确认，结果 4 个球体被并集为一个对象，如图 15-19 所示。

练一练

绘制相交的球体和圆柱体，将这两个模型做并集运算生成一个三维模型，如图 15-20 所示。

图 15-19　并集　　　　　　　　　　　图 15-20　并集结果

操作提示：

（1）激活"并集"命令，分别单击圆柱体和球体。

（2）按 Enter 键确认。

15.2.2　差集

与并集相反，差集是指从一个实体（或面域）中移去与其相交的实体（或面域），从而生成新的实体（或面域、曲面），为对象进行"差集"操作时，对象必须相交。

继续上一节"练一练"的操作，使用"差集"命令从球体中减去圆柱体。

实例——从球体中减去圆柱体

（1）输入"SUB"，按 Enter 键激活"差集"命令，单击选择球体，按 Enter 键确认。

（2）单击选择圆柱体，按 Enter 键确认，结果从球体中减去了圆柱体，结果如图 15-21 所示。

练一练

使用"差集"命令，从上一节的长方体中减去球体，结果如图 15-22 所示。

图 15-21　差集　　　　　　　　　　　图 15-22　差集结果

操作提示：

激活"差集"命令，选择长方体并确认，然后选择球体，再确认，完成差集的操作。

15.2.3　交集

与并集和差集都不同，交集是指将多个实体（或面域、曲面）的公有部分提取出来，形成一个新的实体（或面域、曲面），同时删除公共部分以外的部分，对象进行"并集"运算时必须相交。

继续上一节的操作，使用"交集"命令从长方体中提取与球体相交的公共部分。

实例——使用"交集"命令提取长方体和球体的公共部分

（1）输入"INT"，按 Enter 键激活"交集"命令，单击选择长方体和球体。

（2）按 Enter 键确认，使两个相交对象进行交集运算，结果如图 15-23 所示。

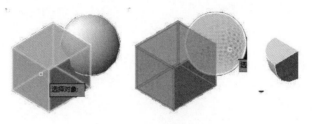

图 15-23　交集结果

 疑问解答

疑问 3：能否对多个对象进行"并集""差集"以及"交集"操作？

解答 3：可以对多个对象进行"并集""差集"以及"交集"操作。创建长方体，在长方体上创建 4 个球体，并使这些对象相交，如图 15-24 所示。

图 15-24　创建三维模型

输入"UNI"激活"并集"，分别单击 4 个球体，按 Enter 键确认，将 4 个球体并集。然后输入"SUB"，按 Enter 键激活"差集"命令，单击长方体，按 Enter 键确认，再单击并集后的球体，按 Enter 键确认，结果从长方体中减去了 4 个球体，结果如图 15-25 所示。

图 15-25　差集

按 Ctrl+Z 组合键撤销"差集"操作。输入"INT",按 Enter 键激活"交集"命令,单击选择长方体和并集后的 4 个球体,按 Enter 键确认,结果长方体和 4 个球体进行了交集运算,如图 15-26 所示。

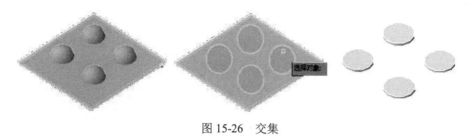

图 15-26　交集

15.3　三维模型的精细编辑

本节我们来学习三维模型的精细编辑。

15.3.1　倒角边与圆角边

"倒角边"与"圆角边"命令类似于二维绘图中的"倒角"和"圆角"命令,二者的区别在于,"倒角边"与"圆角边"命令用于对三维实体模型进行倒角边和圆角边,使其形成倒边和圆边效果,下面通过简单实例学习相关知识。

实例——倒角边和圆角边

1. 倒角边

(1)创建 10×10×10 的立方体三维实体模型。

(2)单击"实体编辑"工具栏中的"倒角边"按钮,输入"D",按 Enter 键激活"距离"选项,输入"3",按两次 Enter 键确定距离。

(3)单击立方体的一条边,按两次 Enter 键确认,倒角边效果如图 15-27 所示。

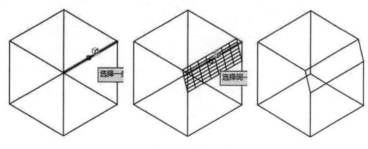

图 15-27　倒角边

📋 **小贴士：**

倒角边时，输入"L"激活"环形"选项，可以选择环形边进行倒角，如图 15-28 所示。

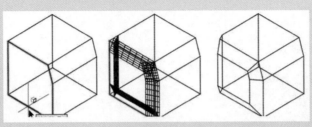

图 15-28　倒环形边

2. 圆角边

（1）单击"实体编辑"工具栏中的 "圆角边"按钮，输入"R"，按 Enter 键激活"半径"选项，输入"3"，按 Enter 键确定。

（2）单击立方体的一条边，按两次 Enter 键确认，圆角边效果如图 15-29 所示。

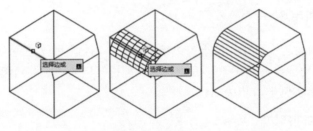

图 15-29　圆角边

练一练

创建半径为 10、高度为 5 的圆柱体，对圆柱体的一端执行倒角边操作，距离为 2，对圆柱体的另一端执行圆角边操作，半径为 2，如图 15-30 所示。

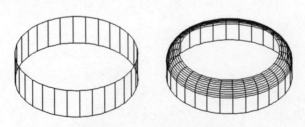

图 15-30　倒角边和圆角边

操作提示：

（1）激活"倒角边"命令，设置距离，对下端边进行倒角边处理。

（2）激活"圆角边"命令，设置半径，对上端边进行圆角边处理。

15.3.2 压印边与拉伸面

可以将圆、圆弧、直线、多段线、样条曲线或实体等对象压印到三维实体上，使其成为实体的一部分。另外，可以对实体的面进行拉伸，下面学习相关知识。

实例——压印边与拉伸面

1. 压印边

（1）继续上一节的操作，在立方体的面上绘制一个圆，输入"IMPR"激活"压印边"命令，分别单击立方体和圆。

（2）输入"Y"，按两次 Enter 键删除源对象并确认，完成操作，如图 15-31 所示。

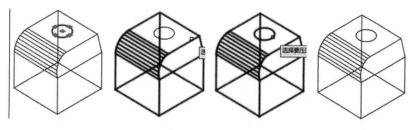
图 15-31　压印边

2. 拉伸面

（1）单击"实体编辑"工具栏中的"拉伸面"按钮，单击压印边形成的圆形面，按 Enter 键确认。

（2）输入"2"，按 4 次 Enter 键确认并完成操作，如图 15-32 所示。

练一练

在立方体右平面上绘制一个圆弧，压印边并拉伸面，拉伸高度为3，如图 15-33 所示。

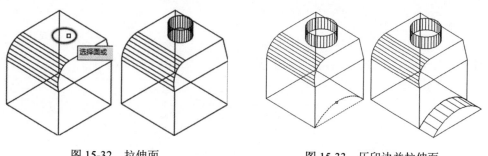
图 15-32　拉伸面　　　　图 15-33　压印边并拉伸面

操作提示：

（1）将 X 轴旋转 90°，在右平面上绘制圆弧，并压印边。

（2）激活"拉伸面"命令，对压印边形成的面进行拉伸。

369

15.3.3 修剪与修补曲面

可以对曲面进行修剪，类似于二维绘图中的修剪线段，也可以对曲面进行修补。例如，对一个圆柱曲面的顶面进行修补，类似于为其添加一个顶盖，下面学习相关知识。

实例——修剪与修补曲面

1. 修剪曲面

（1）在"曲面"选项卡下的"创建"选项中单击"平面曲面"按钮▨，绘制一个平面曲面模型，然后将 X 轴旋转 90°，再次绘制一个平面曲面模型，使两个模型相交，如图 15-34 所示。

（2）输入"SUR"，按 Enter 键激活"曲面修剪"命令，选择垂直曲面，按 Enter 键，单击水平曲面作为边界，单击垂直曲面作为要修剪的曲面。

（3）在垂直曲面上半部分单击，按 Enter 键确认，结果如图 15-34 所示。

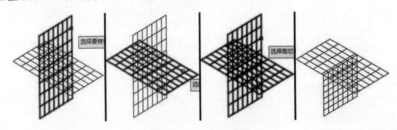

图 15-34　修剪曲面

（4）再次执行"曲面修剪"命令，对水平曲面进行修剪，结果如图 15-35 所示。

小贴士：

修剪曲面后，单击"取消曲面修剪"按钮▨，然后单击曲面，即可取消对曲面的修剪。

2. 修补曲面

（1）绘制一个圆，将其拉伸为曲面。

（2）输入"SURFP"，按 Enter 键激活"曲面修补"命令，单击圆柱曲面的边，按两次 Enter 键确认并结束操作，结果圆柱曲面的上表面被修补，如图 15-35 所示。

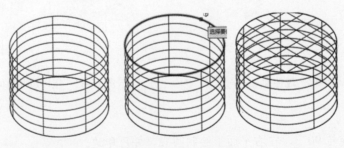

图 15-35　修补曲面

15.3.4 圆角与偏移曲面

可以对曲面进行圆角与偏移处理，下面继续学习相关知识。

实例——偏移与圆角曲面

1. 偏移曲面

（1）继续上一节的操作，按 Ctrl+Z 组合键取消对圆柱曲面的修补。

（2）输入"SURFO"，按 Enter 键激活"偏移曲面"命令，单击圆柱曲面，输入"2"，按 Enter 键结束操作，结果如图 15-36 所示。

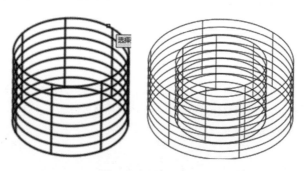

图 15-36   偏移曲面

📋 **小贴士：**

系统默认下，曲面向外偏移，如图 15-37 所示。输入"B"，按 Enter 键激活"两侧"选项，再输入"1"，按 Enter 键确认，则曲面向内外两侧偏移，效果如图 15-38 所示。

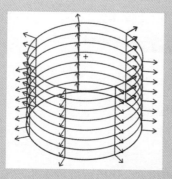
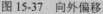

图 15-37   向外偏移

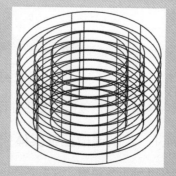

图 15-38   向内外两侧偏移

另外，在命令行选择其他选项，可以使曲面向内或向内外同时偏移，如图 15-39 所示。

▼ SURFOFFSET 指定偏移距离或 [翻转方向(F) 两侧(B) 实体(S) 连接(C) 表达式(E)] <2.0000>:

图 15-39   命令行提示

2. 圆角曲面

（1）继续 15.3.3 小节修剪曲面的操作，输入"SURFF"，按 Enter 键激活"圆角曲面"命令，单击水平曲面，然后再单击垂直曲面。

（2）输入"2"，按两次 Enter 键结束操作，结果如图 15-40 所示。

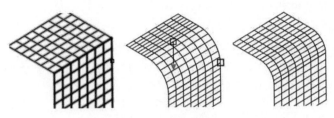

图 15-40　圆角曲面

📋 **小贴士：**

> "圆角曲面"与二维绘图中的"圆角"命令非常相似，在圆角时可以设置"修剪"或"不修剪"模式，具体操作请读者自己尝试，在此不再赘述。另外，还可以对曲面进行延伸过渡等其他编辑，这些编辑的操作都比较简单，读者可以自己尝试。

15.4　综合练习——在传动轴三维模型上创建键槽

打开"效果"/"第 14 章"/"综合练习——旋转创建传动轴实体模型.dwg"文件，这是我们上一章创建的一个传动轴的三维实体模型，如图 15-41 所示。

图 15-41　传动轴实体模型

本节我们为该模型创建键槽，对其进行编辑细化。

15.4.1　绘制键槽三维实体模型

要想创建传动轴上的键槽，首先必须创建键槽模型，然后再进行布尔运算，本节就来创建键槽的实体模型。

（1）选择创建的传动轴三维视图模型，右击，执行"粘贴板"/"复制"命令，将其复制，然后关闭该文件。

（2）打开"素材"/"传动轴零件图.dwg"素材文件，在视图中右击，执行"粘贴板"/"粘贴"命令，将三维模型粘贴到该二视图中。

　　下面首先计算键槽的尺寸。通过平面图可以看出，键槽分为两部分，一部分是两端的圆弧，另一部分是中间的长方体，通过平面图的尺寸标注我们知道，圆弧半径为 4.5，从而也知道了长方体的宽度为 9，长度为 15，如图 15-42 所示。

　　另外，从键槽的横截面图尺寸得知，键槽的深度为"圆柱直径 36-键槽底部到圆柱直径另一端的距离 32=4"，如图 15-43 所示。

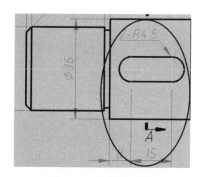 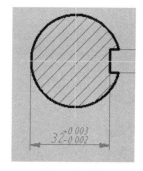

图 15-42　键槽平面图　　　　　　　　　图 15-43　键槽横截面图

　　下面制作键槽的三维模型，以便在传动轴上制作键槽。

　　（1）将视图切换到"西南等轴测"视图，并设置视觉样式为"概念"样式。

　　（2）输入"BOX"，按 Enter 键，在绘图区拾取一点，输入"@15,9,10"，按 Enter 键确认，绘制长度为 15、宽度为 9、高度为 10 的长方体。

小贴士：

键槽的深度为 4，因此长方体的高度可以是大于 4 的任意尺寸，在此我们绘制长方体的高度为 10。

　　（3）输入"CYL"，按 Enter 键激活"圆柱体"命令，配合"中点"捕捉功能，分别捕捉长方体两端宽度底边的中点为圆心，绘制两个半径为 4.5、高度为 10 的圆柱体，如图 15-44 所示。

　　（4）输入"UNI"激活"并集"命令，选择长方体和两个圆柱体，按 Enter 键将长方体与两个圆柱体做并集运算，如图 15-45 所示。

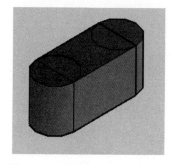 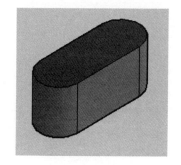

图 15-44　创建长方体和圆柱体　　　　　图 15-45　并集效果

（5）依照相同的方法，根据平面图计算出右侧键槽的尺寸为 13×8×10，并创建键槽的三维模型，如图 15-46 所示。

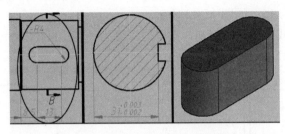

图 15-46　创建右侧键槽的三维模型

 小贴士：

可以将平面图中的键槽二维图线创建为边界，然后进行拉伸创建键槽的三维实体模型，这个方法会更简单，具体操作方法是：将"中心线"层隐藏，执行"绘图"/"边界"命令，在键槽平面图内拾取一点，即可创建一个边界，然后执行"拉伸"命令，即可创建键槽的三维实体模型。

（6）到此，两个键槽的模型创建完毕。

15.4.2　布尔运算创建键槽

这一节我们使用上一节创建的两个键槽模型对传动轴进行布尔运算，以制作键槽模型。要进行布尔运算，必须先知道键槽的位置。

先来看左边键槽在 X 轴的位置，根据平面图得知，左边键槽左端圆弧的圆心距离传动轴左端倒角圆心的距离是"倒角圆到阶梯轴的距离 29+阶梯轴到键槽圆弧圆心的距离 8=37"，如图 15-47 所示。

再来看键槽高度，根据键槽横截面图我们知道，键槽深度为"传动轴直径 36-键槽底部到传动轴圆柱底部的距离 32=4"，那么就说明键槽底部距离传动轴中心线（圆心）的距离是"传动轴半径 18-键槽深度 4=14"，如图 15-48 所示。

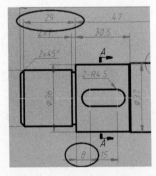 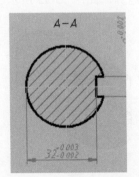

图 15-47　键槽水平距离　　　　图 15-48　键槽高度距离

下面根据计算出的键槽位置，将制作的键槽三维模型调整到相关位置，再进行布尔运算。

（1）输入"M"，按 Enter 键激活"移动"命令，捕捉圆角半径为 4.5 的键槽左边底面圆心作为基点，按住 Shift 键并右击，选择"自"功能，捕捉传动轴左面圆柱的圆心，如图 15-49 所示。

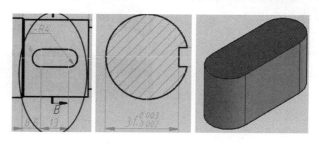

图 15-49　捕捉键槽圆心和传动轴圆心

（2）输入"@39,0,14"，按 Enter 键确认，将该键槽模型移动到传动轴上，如图 15-50 所示。

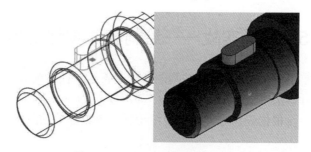

图 15-50　移动键槽模型的位置

（3）使用相同的方法，以另一个键槽模型右底面圆心作为基点，以传动轴右侧圆心为参照点，以坐标"@-37,0,13.5"为目标点，将另一个键槽模型也移动到传动轴另一端位置，如图 15-51 所示。

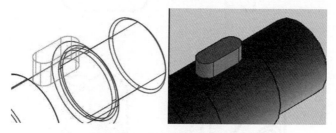

图 15-51　移动键槽模型的位置

（4）输入"UNI"激活"并集"命令，选择两个键槽模型，按 Enter 键进行并集运算，如图 15-52 所示。

（5）输入"SUB"激活"差集"命令，选择传动轴模型，按 Enter 键确认，再单击并集后的键槽模型，进行差集运算，制作传动轴上的键槽，如图 15-53 所示。

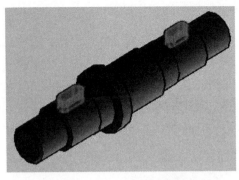

图 15-52　并集键槽模型

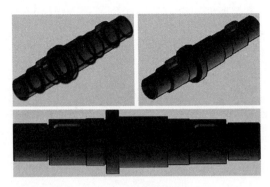

图 15-53　创建键槽

（6）这样，传动轴模型的键槽创建完成，将该图形另存为"综合练习——创建传动轴实体模型的键槽.dwg"文件。

15.5　职场实战——绘制壳体零件三维模型

在 AutoCAD 机械制图中，除了通过轴测图来快速表达零件三维效果之外，通常还需要制作零件的三维模型。打开"实例"/"第 14 章"/"职场实战——绘制壳体零件轴测图.dwg"素材文件，这是我们在上一章根据壳体零件的二视图绘制的该零件的轴测图，如图 15-54 所示。

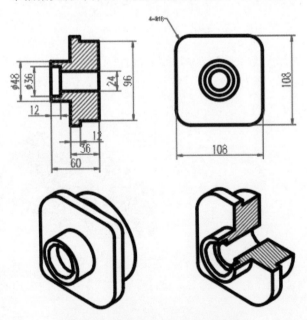

图 15-54　壳体零件二视图与轴测图

本节我们再来根据该零件二视图绘制该零件图的三维模型与三维剖视图，如图 15-55 所示。

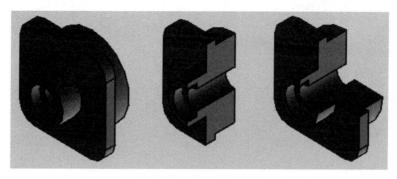

图 15-55　壳体零件二视图、轴测图与三维模型

15.5.1　绘制壳体零件三维模型

本节根据二视图的尺寸标注来绘制壳体零件外观三维模型。

（1）进入三维建模绘图空间，将视图切换到"西南等轴测"视图，并设置"概念"视觉样式。

（2）定义用户坐标系。输入"UCS"，按 Enter 键，将 Y 轴旋转-90°，定义用户坐标系，如图 15-56 所示。

（3）输入"BOX"，按 Enter 键激活"长方体"命令，在绘图区拾取一点，输入"@108,108,12"，按 Enter 键确认，绘制一个长方体，如图 15-57 所示。

图 15-56　定义用户坐标系

图 15-57　绘制长方体

（4）输入"CYL"，按 Enter 键激活"圆柱体"命令，捕捉长方体左表面各边中线的交点，输入"24"，按 Enter 键确定半径，向左下引导光标，输入"24"，按 Enter 键确定高度，绘制圆柱体，如图 15-58 所示。

（5）设置"二维线框"视觉样式，再次执行"圆柱体"命令，以长方体右平面各边中线的交点为圆心，绘制半径为 48、高度为 24 的圆柱体，如图 15-59 所示。

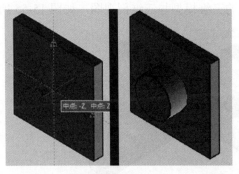

图 15-58　创建圆柱体

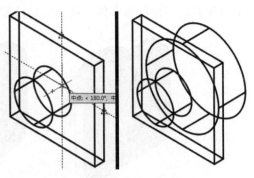

图 15-59　绘制另一个圆柱体

📋 小贴士：

> 在三维模型创建中，在"概念"视觉样式下无法看到模型的另一面，也就不方便绘图，这时可以设置二维
> 线框视觉样式，方便画图。

（6）输入"FILLE"，按 Enter 键激活"圆角边"命令，输入"R"，按 Enter 键激活"半径"
选项，输入"18"，按 Enter 键确认，然后分别单击长方体各边，对其进行圆角处理，结果
如图 15-60 所示。

（7）输入"UNI"，按 Enter 键激活"并集"命令，选择创建的这 3 个模型，将其并
集，然后设置"概念"视觉样式，模型效果如图 15-61 所示。

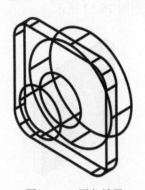

图 15-60　圆角效果

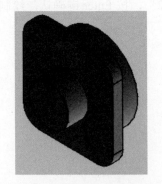

图 15-61　"概念"视觉样式

15.5.2　创建零件内部结构

本节继续创建壳体零件内部结构模型，其内部模型的创建比较简单，只需要对平面图中的内
部结构线进行旋转，创建内部结构的三维模型，再进行布尔运算即可。

（1）输入"CO"，按 Enter 键激活"复制"命令，选择平面图中的线段，将其复制到其他地
方，并使用夹点编辑功能对第 2 条水平线进行夹点编辑，如图 15-62 所示。

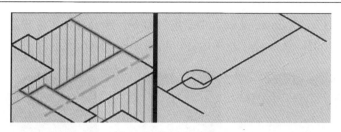

图 15-62　复制图线并夹点编辑

（2）输入"UCS"，按 Enter 键，输入"W"，按 Enter 键，将坐标系恢复为世界坐标系，然后执行"绘图"/"边界"命令，在图形内拾取一点，按 Enter 键确认，创建一条边界，如图 15-63 所示。

小贴士：

该图形不是闭合多段线，不能创建三维模型，因此需要将其转换为边界，这样才能创建三维模型。

（3）输入"REV"，按 Enter 键激活"旋转"命令，捕捉中心线的两个端点作为旋转轴的两个端点，按 Enter 键确认，创建壳体内部实体模型，如图 15-64 所示。

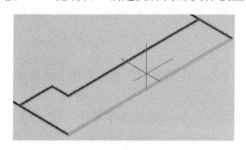

图 15-63　创建边界

图 15-64　创建三维模型

（4）输入"M"，按 Enter 键激活"移动"命令，捕捉内部实体模型的左侧圆心作为基点，捕捉壳体模型左侧圆心作为目标点，将其移动到壳体模型上，如图 15-65 所示。

图 15-65　位移内部模型

（5）输入"SUB"，按 Enter 键激活"差集"命令，选择壳体零件模型，按 Enter 键，再选择内部模型，按 Enter 键确认，进行差集运算，结果如图 15-66 所示。

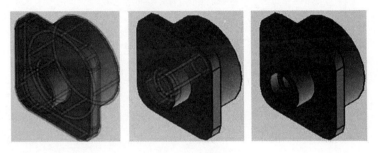

图 15-66　差集运算

（6）这样，壳体零件三维模型创建完毕。

15.5.3　创建壳体零件三维剖视图

尽管三维实体模型可以很好地体现零件的三维外观效果，但不能体现零件内部结构，本节我们就创建零件的三维剖视图，以体现零件内部结构。剖视图有两种创建方法：一种是剖切三维模型，另一种是差集布尔运算。

1. 剖切三维模型

（1）输入"CO"，按 Enter 键激活"复制"命令，将创建好的壳体零件三维模型复制两个以备用。

（2）输入"SL"，按 Enter 键激活"剖切"命令，单击壳体零件，按 Enter 键，输入"ZX"，再按 Enter 键，捕捉圆心，捕捉左侧的中点，按 Enter 键确认，剖切结果如图 15-67 所示。

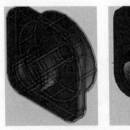

图 15-67　剖切壳体三维模型

2. 差集布尔运算

（1）输入"BOX"，按 Enter 键激活"长方体"命令，以壳体零件左侧圆心为基点，绘制长度大于 60、宽度和高度均大于 54 的长方体，如图 15-68 所示。

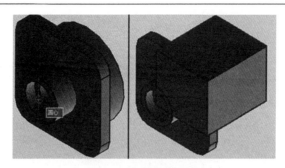

图 15-68　创建长方体

壳体零件的长度为 60，最大宽度和最大高度为 108，因此，以壳体零件的中心圆心为基点绘制长方体，长方体的长、宽、高均应大于这些参数，这样创建的长方体才能与壳体零件进行差集运算，以创建壳体零件的剖视图。

（2）输入"SUB"，按 Enter 键激活"差集"命令，选择壳体零件，按 Enter 键确认，再单击场景中的长方体，进行差集运算，结果如图 15-69 所示。

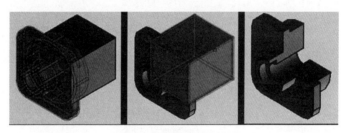

图 15-69　差集布尔运算

（3）至此，壳体零件三维实体模型、实体剖视图绘制完毕，效果如图 15-70 所示。

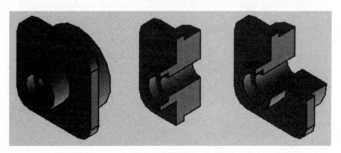

图 15-70　壳体零件三维实体模型和实体剖视图

（4）执行"另存为"命令，将该文件存储为"职场实战——绘制壳体零件三维模型和三维剖视图.dwg"文件。

第 16 章　图形的打印与输出

本章导读

打印输出是 AutoCAD 绘图的最后环节，也是非常关键的环节，本章我们将学习图形的打印输出知识。

本章主要内容如下：
- ❯ 打印设置
- ❯ 打印图形

16.1　打　印　设　置

在打印之前，首先要了解打印环境并进行相关的设置。例如，添加绘图仪，设置打印尺寸、样式、页面等。

16.1.1　了解打印环境与打印方式

在 AutoCAD 绘图区的下方有 3 个绘图空间控制按钮，分别是"模型""布局 1""布局 2"，这 3 个按钮用于切换绘图空间，如图 16-1 所示。
- ❯ 模型：系统默认的绘图空间，也是用户绘图的唯一空间，用户的所有绘图工作都是在该空间进行的。
- ❯ 布局 1、布局 2：布局空间，图形的打印空间。当用户在模型空间绘制好图形后，单击"布局 1"或"布局 2"按钮切换到该空间，如图 16-2 所示。

图 16-1　绘图空间控制按钮

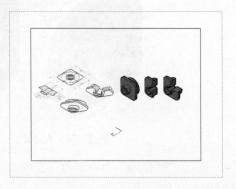

图 16-2　布局空间

在该空间，用户可以对图形进行快速打印、精确打印以及多视口打印。

16.1.2 添加绘图仪

绘图仪其实就是打印机，用户首先需要向计算机中添加打印机，这是设置打印环境的第一步。下面以添加名为"光栅文件格式"的绘图仪为例，学习添加绘图仪的方法。

实例——添加"光栅文件格式"绘图仪

（1）执行"文件"/"绘图仪管理器"命令，打开添加绘图仪窗口，如图16-3所示。

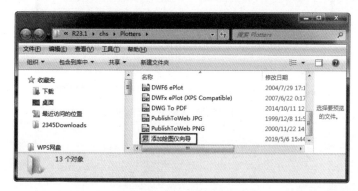

图16-3 添加绘图仪窗口

（2）双击"添加绘图仪向导"图标，打开"添加绘图仪-简介"对话框，如图16-4所示。

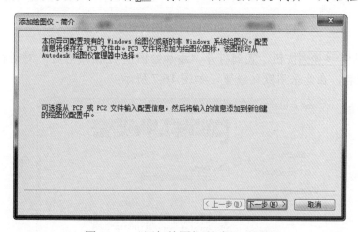

图16-4 "添加绘图仪-简介"对话框

（3）单击 下一步(N)> 按钮，进入"添加绘图仪-开始"对话框，选择"我的电脑"选项，如图16-5所示。

（4）单击 下一步(N)> 按钮，打开"添加绘图仪-绘图仪型号"对话框，在该对话框中设置绘图仪的型号及其生产商，如图16-6所示。

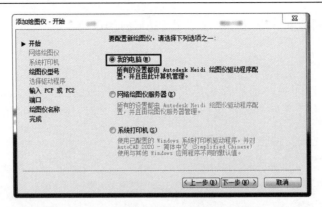

图 16-5 "添加绘图仪-开始"对话框

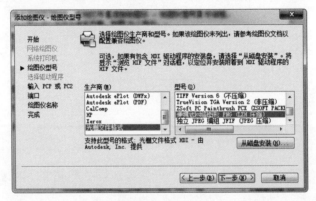

图 16-6 "添加绘图仪-绘图仪型号"对话框

（5）继续单击 下一步(N) 按钮，直到打开"添加绘图仪-绘图仪名称"对话框，该对话框用于为添加的绘图仪命名，在此采用默认设置，如图 16-7 所示。

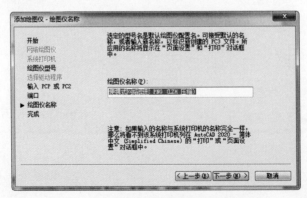

图 16-7 "添加绘图仪-绘图仪名称"对话框

（6）单击 下一步(N) 按钮，打开"添加绘图仪-完成"对话框，如图 16-8 所示。

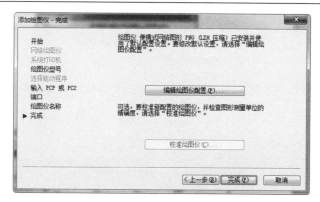

图 16-8　"添加绘图仪-完成"对话框

（7）单击 [完成(F)] 按钮，添加的绘图仪会自动出现在添加绘图仪窗口，如图 16-9 所示。

图 16-9　添加的绘图仪

16.1.3　设置打印尺寸

设置打印尺寸是保证正确打印图形的关键，尽管不同型号的绘图仪都有适合该绘图仪规格的图纸尺寸，但有时这些图纸尺寸与打印图形很难匹配，这时需要重新定义图纸尺寸，下面将学习设置打印尺寸的知识。

实例——设置打印尺寸

（1）在添加绘图仪窗口双击刚添加的"便携式网络图形 PNG（LZH 压缩）"绘图仪，打开"绘图仪配置编辑器-便携式网络图形 PNG(LZH 压缩)"对话框，展开"设备和文档设置"选项卡，单击"自定义图纸尺寸"选项，打开"自定义图纸尺寸"选项组，如图 16-10 所示。

（2）单击 [添加(A)...] 按钮，打开"自定义图纸尺寸-开始"对话框，选中"创建新图纸"单选按钮，如图 16-11

图 16-10　"自定义图纸尺寸"选项组

所示。

（3）单击 下一步(N) > 按钮，打开"自定义图纸尺寸-介质边界"对话框，分别设置图纸的"宽度""高度"以及"单位"，如图 16-12 所示。

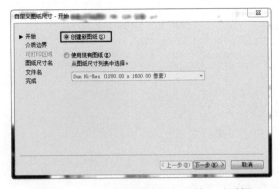

图 16-11　"自定义图纸尺寸-开始"对话框

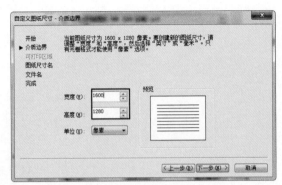

图 16-12　设置图纸尺寸

（4）依次单击 下一步(N) > 按钮，直至打开"自定义图纸尺寸-完成"对话框，完成图纸尺寸的自定义过程，如图 16-13 所示。

（5）单击 完成(F) 按钮，新定义的图纸尺寸将自动出现在"自定义图纸尺寸"选项组中，如图 16-14 所示。

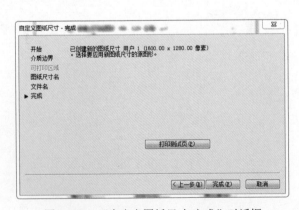

图 16-13　"自定义图纸尺寸-完成"对话框

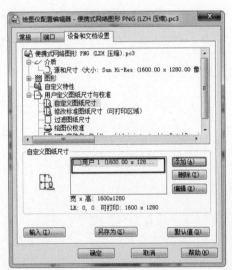

图 16-14　定义的图纸尺寸

（6）单击 另存为(S)... 按钮，将该图纸尺寸保存，如果用户仅在当前使用一次，单击 确定 按钮即可。

16.1.4 添加样式表

使用"打印样式管理器"命令可以创建和管理打印样式表。样式表其实就是一组打印样式的集合，而打印样式则用于控制图形的打印效果，修改打印图形的外观，下面添加名为"stb01"的颜色相关打印样式表。

实例——添加打印样式表

（1）执行"文件"/"打印样式管理器"命令，打开一个窗口，双击窗口中的"添加打印样式表向导"图标，打开"添加打印样式表"对话框，如图16-15所示。

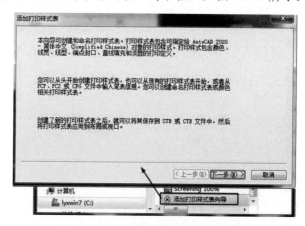

图16-15 "添加打印样式表"对话框

（2）单击下一步(N)按钮，在打开的"添加打印样式表-开始"对话框中选择"创建新打印样式表"单选按钮，如图16-16所示。

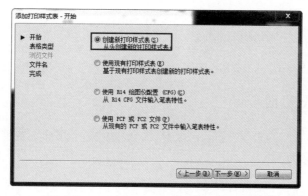

图16-16 "添加打印样式表-开始"对话框

（3）单击下一步(N)按钮，在打开的"添加打印样式表-选择打印样式表"对话框中选择"颜色相关打印样式表"单选按钮，如图16-17所示。

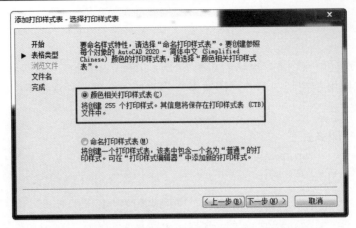

图 16-17 选择"颜色相关打印样式表"单选按钮

（4）单击 下一步(N) > 按钮，在打开的"添加打印样式表-文件名"对话框中将打印样式表命名为"stb01"，如图 16-18 所示。

（5）单击 下一步(N) > 按钮，打开"添加打印样式表-完成"对话框，单击 完成 按钮，即可添加设置的打印样式表，新建的打印样式表文件图标将显示在添加打印样式窗口中，如图 16-19 所示。

图 16-18 为样式表命名

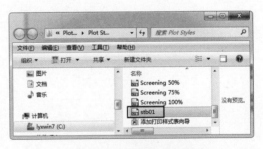

图 16-19 添加的打印样式

16.1.5 设置页面

打印页面参数也是打印的重要设置，页面参数一般是通过"页面设置管理器"命令来设置的，下面将学习页面的设置。

实例——设置页面

（1）执行"文件"/"页面设置管理器"命令，打开"页面设置管理器"对话框，单击 新建(N)... 按钮，在打开的"新建页面设置"对话框中为新页面命名，如图 16-20 所示。

图 16-20　设置页面名称

（2）单击 确定(0) 按钮，打开"页面设置-模型"对话框，在此对话框内可以进行打印设备的配置、图纸尺寸的匹配、打印区域的选择以及打印比例的调整等操作，如图 16-21 所示。

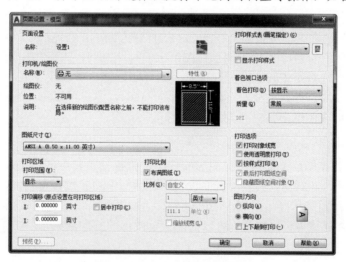

图 16-21　"页面设置"对话框

"页面设置-模型"对话框中各选项说明如下。

❯ 选择打印设备

在"打印机/绘图仪"选项组中配置绘图仪设备。单击"名称"下拉列表，从中可以选择 Windows 系统打印机或 AutoCAD 内部打印机（.Pc3 文件）作为输出设备。

❯ 配置图纸幅面

在"图纸尺寸"下拉列表中配置图纸幅面。展开"图纸尺寸"下拉列表，其中包含了选定打印设备可用的标准图纸尺寸。当选择了某种幅面的图纸时，该列表右上角则出现所选图纸及实际打印范围的预览图像，将光标移到预览区中，光标位置处会显示精确的图纸尺寸以及图纸的可打印区域的尺寸。

➥ 指定打印区域

在"打印区域"选项组中设置需要输出的图形范围。展开"打印范围"下拉列表框，其中包含 4 种打印区域的设置方式，具体有"显示""窗口""范围"和"图形界限"等。

➥ 设置打印比例

在"打印比例"选项组中设置图形的打印比例，其中，"布满图纸"复选项仅能适用于模型空间中的打印，当勾选该选项后，AutoCAD 将缩放自动调整图形，与打印区域和选定的图纸等相匹配，使图形取得最佳位置和比例。

➥ "着色视口选项"选项组

在"着色视口选项"选项组中，可以将需要打印的三维模型设置为着色、线框或以渲染图的方式进行输出。

➥ 调整打印方向

在"图形方向"选项组中调整图形在图纸上的打印方向。在右侧的图纸图标中，图标代表图纸的放置方向，图标中的字母 A 代表图形在图纸上的打印方向，共有"纵向""横向"两种方式。

在"打印偏移"选项组中设置图形在图纸上的打印位置。默认设置下，AutoCAD 从图纸左下角打印图形。打印原点处在图纸左下角，坐标是（0,0），用户可以在此选项组中重新设定新的打印原点，这样图形在图纸上将沿 X 轴和 Y 轴移动。

➥ 预览与打印图形

当打印环境设置完毕后，即可进行图形的打印，执行菜单栏中的"文件"/"打印"命令，打开"打印"对话框，此对话框具备"页面设置"对话框中的参数设置功能，不仅可以按照已设置好的打印页面进行预览和打印图形，还可以在对话框中重新设置、修改图形的页面参数。

设置完成后，单击 预览(P)... 按钮，可以提前预览图形的打印结果，单击 确定 按钮，即可对当前的页面设置进行打印。

16.2 打 印 图 形

打印时有"快速打印""精确打印""多视口打印"3 种方式，本节我们通过具体案例，学习打印图形的 3 种方式。

16.2.1 快速打印

快速打印是在模型空间打印的，这种打印一般不需要太多的设置，即可快速打印输出图形。

打开 "实例" / "第 15 章" / "职场实战——绘制壳体零件三维模型和三维剖视图.dwg"图形文件，下面在模型空间内快速打印该机械零件二视图。

实例——快速打印壳体零件二视图

1. 配置绘图仪

（1）将视图切换到"俯视图"绘图空间，执行"文件" / "绘图仪管理器"命令，双击"DWF6 ePlot"图标打开"绘图仪配置编辑器-DWF6 ePlot.pc3"对话框，进入"设备和文档设置"选项卡，选择"修改标准图纸尺寸（可打印区域）"选项，在"修改标准图纸尺寸"组合框内选择"ISO A3（420×297）"的图纸尺寸，如图 16-22 所示。

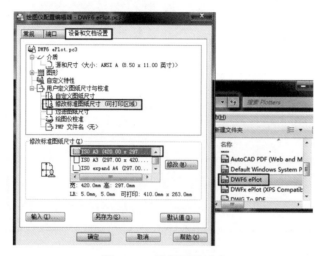

图 16-22　选择图纸尺寸

（2）单击 修改(M)... 按钮，在打开的"自定义图纸尺寸-可打印区域"对话框中设置参数，如图 16-23 所示。

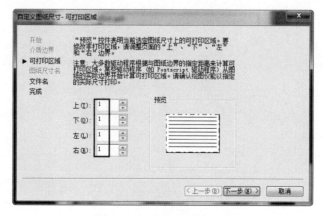

图 16-23　自定义图纸尺寸

（3）连续单击 下一步(N) > 按钮，直到打开"自定义图纸尺寸-完成"对话框，单击 完成 按钮，系统返回"绘图仪配置编辑器- DWF6 ePlot. pc3"对话框，单击 另存为(S)... 按钮，将当前配置进行命名并保存。

（4）返回"绘图仪配置编辑器- DWF6 ePlot. pc3"对话框，单击 确定 按钮，结束命令。

2. 设置打印页面

（1）执行"文件"/"页面设置管理器"命令，在打开的对话框中单击 新建(N)... 按钮，新建命名为"模型打印"的打印样式并进入"页面设置-模型"对话框，在该对话框中配置打印设备，设置图纸尺寸、打印偏移、打印比例和图形方向等参数，如图 16-24 所示。

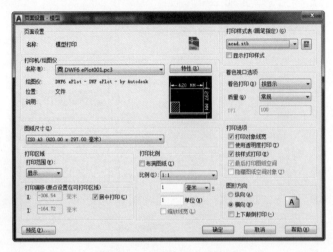

图 16-24　设置打印页面参数

（2）单击"打印范围"下拉列表框，选择"窗口"选项，返回绘图区，拖曳鼠标以包围壳体零件二视图以确定打印区域，如图 16-25 所示。

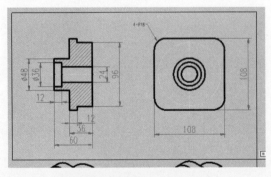

图 16-25　确定打印区域

（3）系统自动返回"页面设置-模型"对话框，单击 确定 按钮返回"页面设置管理器"对话框，将刚创建的新页面置为当前，然后关闭该对话框。

（4）执行"文件"/"打印预览"命令，在弹出的对话框中单击"继续打印单张图纸"选项，再次回到"页面设置-模型"对话框，单击 预览(P)... 按钮对图形进行打印预览，如图 16-26 所示。

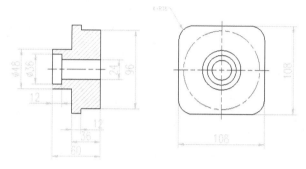

图 16-26　打印预览

（5）单击右键，选择"打印"选项，此时系统打开"浏览打印文件"对话框，设置打印文件的保存路径及文件名，单击 保存... 按钮，系统弹出"打印作业进度"对话框，等此对话框关闭后，打印过程即可结束。

（6）执行"另存为"命令，将图形命名并保存。

16.2.2　精确打印建筑平面图

精确打印图形需要在布局空间来完成。打开"实例"/"第 13 章"/"综合练习——标注三居室平面布置图房间功能与面积.dwg"图形文件，这是在前面章节中绘制并标注了房间功能与面积的一幅建筑平面图，本节就来精确打印该平面图。

（1）单击绘图区下方的" 布局2 "标签，进入"布局 2"空间，单击选择系统自动产生的视口，并按 Delete 键将其删除，如图 16-27 所示。

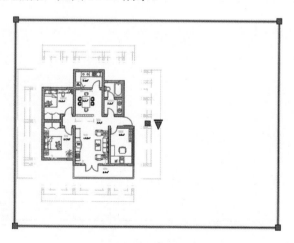

图 16-27　选择系统自动产生的视口

393

（2）执行"文件"/"页面设置管理器"命令，在打开的"页面设置管理器"对话框中单击 新建(N)... 按钮，新建名为"精确打印"的页面，单击 确定 按钮打开"页面设置-模型"对话框，配置打印设备，设置图纸尺寸、打印偏移、打印比例和图形方向等参数，如图 16-28 所示。

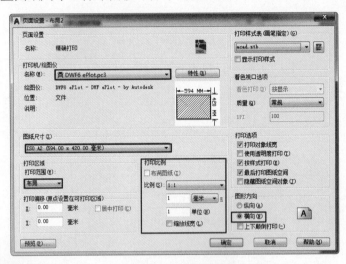

图 16-28　设置页面

（3）单击 确定 按钮返回"页面设置管理器"对话框，将刚创建的新页面置为当前。

（4）执行"插入块"命令，选择"图块"目录下的"A2-H. dwg"内部块，输入"X"，按 Enter 键确认，输入其比例为"58241/59400"，按 Enter 键。

（5）继续输入"Y"，按 Enter 键确认，输入其比例为"38441/42000"，按 Enter 键，在布局空间左下角拾取一点，插入图框，如图 16-29 所示。

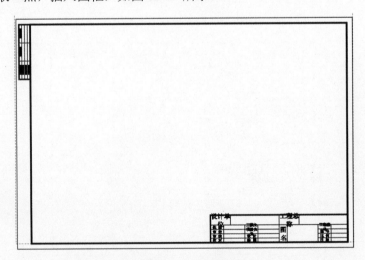

图 16-29　插入图框

（6）执行"视图"/"视口"/"多边形视口"命令，分别捕捉图框内边框的角点，创建多边形视口，将平面图从模型空间添加到布局空间，如图16-30所示。

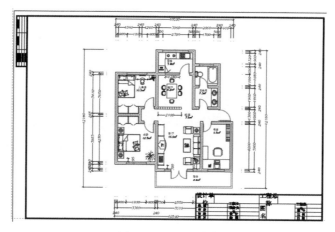

图16-30 添加模型

📋 小贴士：

添加模型前最好将平面图中的文字颜色以及图块颜色等修改为深色，这样在打印时就能看清这些图块以及文字了。

（7）单击状态栏上的 图纸 按钮激活刚创建的视口，打开"视口"工具栏，调整比例为1:50，然后使用"实时平移"工具调整图形的出图位置，如图16-31所示。

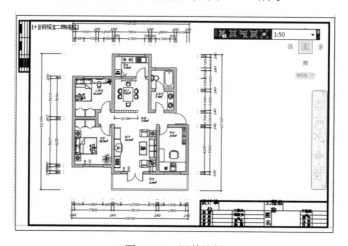

图16-31 调整比例

（8）单击 模型 按钮返回图纸空间，设置"文本层"为当前层，设置"仿宋体"为当前文字样式，并使用"窗口缩放"工具将图框放大显示。

（9）使用快捷键"T"激活"多行文字"命令，设置字高为 6，对正方式为"正中"，为标题栏填充图名和比例，如图 16-32 所示。

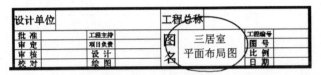

图 16-32　输入图名

（10）使用"全部缩放"工具调整图形的位置，使其全部显示，执行"打印"命令，在打开的"打印-布局 1"对话框中单击"预览"按钮，预览打印效果，如图 16-33 所示。

（11）右击并执行"打印"命令，开始打印输出，最后执行"另存为"命令，将图形命名并保存。

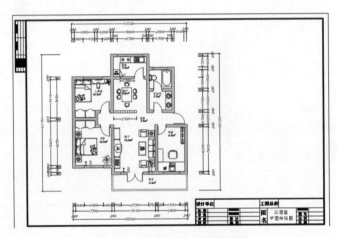

图 16-33　打印预览

16.2.3　多视口打印机械零件三维模型

打开"实例"/"第 15 章"/"职场实战——绘制壳体零件三维模型和三维剖视图.dwg"图形文件，这是我们在前面章节中绘制的壳体零件的三维模型，本节采用多视口打印该零件图。

实例——多视口打印壳体零件图

（1）单击 **布局1** 标签，进入布局空间，删除系统自动产生的矩形视口。

（2）执行"文件"/"页面设置管理器"命令，单击 新建(N)... 按钮，新建名为"多视口打印"的页面，单击 确定 按钮，打开"页面设置-布局 1"对话框，设置打印机名称、图纸尺寸、打印比例和图形方向等页面参数，如图 16-34 所示。

（3）单击 确定 按钮返回"页面设置管理器"对话框，将创建的新页面置为当前，执行"插入块"命令，选择"图块"目录下的"A4.dwg"内部块，输入"X"，按 Enter 键确认，输

入其比例为 "28541/29700"，按 Enter 键。

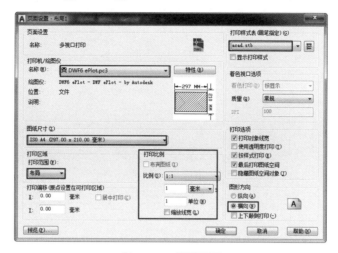

图 16-34　设置页面

（4）继续输入 "Y"，按 Enter 键确认，输入其比例为 "17441/21000"，按 Enter 键，在布局空间左下角拾取一点插入图框，如图 16-35 所示。

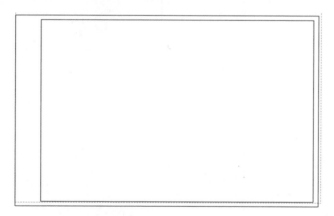

图 16-35　插入图框

（5）执行 "视图" / "视图" / "视口" / "新建视口" 命令，在打开的 "视口" 对话框中选择 "四个：相等" 选项，单击　确定　按钮，返回绘图区，根据命令行的提示，捕捉内框的两个对角点，将内框区域分割为 4 个视口，结果如图 16-36 所示。

（6）单击状态栏中的 图纸 按钮，进入浮动式的模型空间，分别激活每个视口，调整每个视口内的视图及着色方式，结果如图 16-37 所示。

（7）返回图纸空间，执行 "文件" / "打印预览" 命令，对图形进行打印预览，如图 16-38 所示。

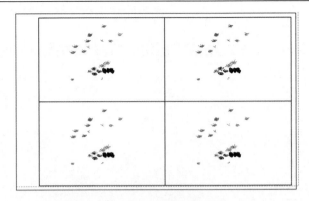

图 16-36　创建视口

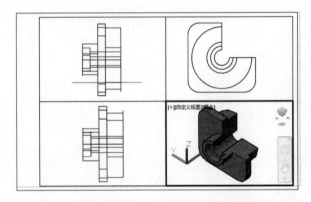

图 16-37　调整视口

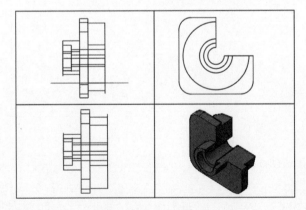

图 16-38　打印预览

（8）右击并选择"打印"选项，在打开的"浏览打印文件"对话框中设置打印文件的保存路径及文件名，单击 保存... 按钮，将其保存，即可打印图形。

（9）执行"另存为"命令，将图形命名并保存。

第 17 章 职场实战

本章导读

AutoCAD 2020 因其强大的绘图功能，成为建筑工程人员以及机械制图人员最为青睐的辅助设计软件。这一章我们就来使用 AutoCAD 2020 绘制建筑工程图以及机械零件图，来学习该软件在实际工程制图中的使用方法。

本章主要内容如下：

➥ 绘制建筑工程图
➥ 绘制机械零件图

17.1 绘制建筑工程图

本节我们将绘制某楼盘建筑工程图，如图 17-1 所示。

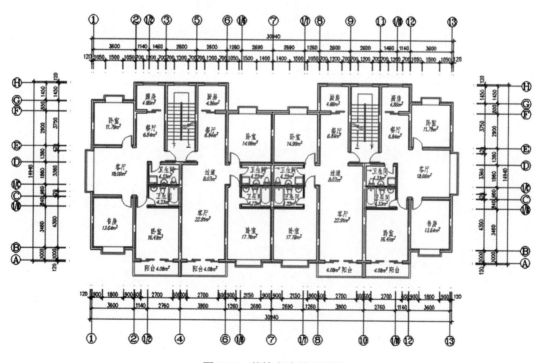

图 17-1 某楼盘建筑工程图

17.1.1 绘制墙体定位线

墙体定位线是建筑墙体的依据，本节我们首先绘制建筑墙体定位线。

1. 绘制与纵横定位轴线

（1）执行"新建"命令，以"样板"／"建筑样板.dwt"作为基础样板，新建绘图文件。

（2）在图层控制列表中将"轴线层"设置为当前图层，使用快捷键"LT"激活"线型"命令，在打开的"线型管理器"对话框中调整线型比例为1，如图 17-2 所示。

（3）使用快捷键"REC"激活"矩形"命令，绘制长为 15350、宽为 16020 的矩形作为基准线，然后使用快捷键"X"激活"分解"命令，将矩形分解为 4 条独立的线段。

（4）使用快捷键"O"激活"偏移"命令，根据图尺寸将矩形的左垂直线向右进行偏移，结果如图 17-3 所示。

（5）继续将最下方的水平线向上偏移 1320，然后以偏移出的辅助线作为偏移对象，继续依次向上偏移 1000、3460、840、960、1860、1380、2900 和 850，结果如图 17-4 所示。

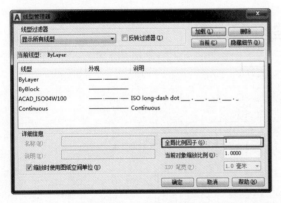

图 17-2　调整线型比例

图 17-3　偏移垂直线

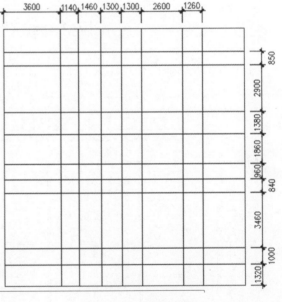

图 17-4　偏移辅助线

2. 编辑纵向轴线和横向轴线

（1）使用快捷键"E"激活"删除"命令，删除矩形下侧的水平边，然后使用快捷键"TR"激活"修剪"命令，根据图示效果，以第 2 条垂直线作为修剪边，对其他水平线进行修剪，结果如图 17-5 所示。

（2）继续以第 3 条垂直线作为修剪边，对其他水平线进行修剪，结果如图 17-6 所示。

（3）重复执行"修剪"命令，以相应的垂直轴线作为剪切边界，对其他水平轴线进行修剪，修剪结果如图 17-7 所示。

（4）继续以修剪后的水平轴线作为边界，使用"修剪"命令对垂直轴线进行修剪，结果如图 17-8 所示。

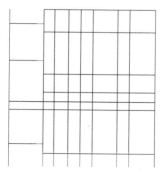

图 17-5　修剪图线（1）

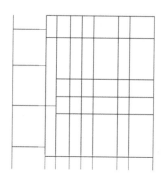

图 17-6　修剪图线（2）

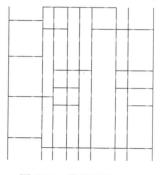

图 17-7　修剪图线（3）

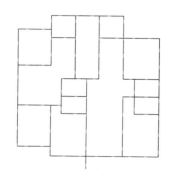

图 17-8　修剪图线（4）

3. 创建门窗洞

（1）使用快捷键"O"激活"偏移"命令，将最左侧的垂直轴线向右偏移 1050 和 2550 个单位。

（2）使用快捷键"TR"激活"修剪"命令，以刚偏移的两条垂直轴线作为剪切边，修剪位于两条辅助轴线之间的最上侧水平轴线，最后将偏移出的辅助轴线删除，结果如图 17-9 所示。

（3）使用快捷键"BR"激活"打断"命令，选择最上侧水平轴线，输入"F"，按 Enter 键，按住 Shift 键并右击，选择"自"功能，捕捉最上侧水平线的左端点，输入"@700,0"，按 Enter 键，再输入"@1200,0"，按 Enter 键，结果如图 17-10 所示。

（4）在无命令执行的前提下夹点显示第 3 条水平线，并单击右侧的夹点，向左移动光标，输入"1600"，并按 Enter 键，然后取消轴线的夹点显示，结果如图 17-11 所示。

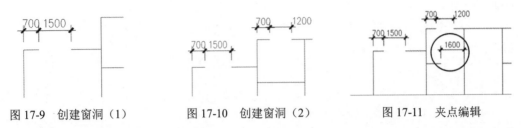

图 17-9　创建窗洞（1）　　　图 17-10　创建窗洞（2）　　　图 17-11　夹点编辑

（5）综合以上 3 种开洞方法，根据图示尺寸，创建其他位置处的门洞和窗洞，最终结果如图 17-12 所示。

4. 完善并存储单元轴线网

（1）使用快捷键"MI"激活"镜像"命令，以最右侧的垂直线作为镜像轴，将除最右侧的垂直线外的其他图线进行镜像，结果如图 17-13 所示。

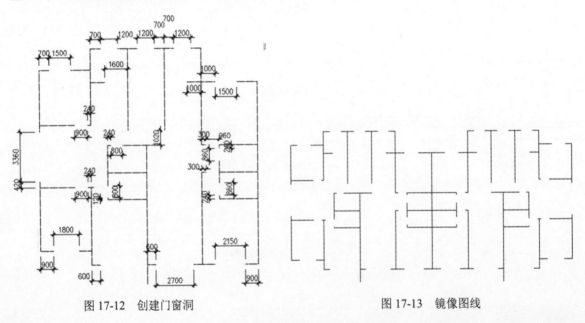

图 17-12　创建门窗洞　　　　　　　　　　　图 17-13　镜像图线

（2）使用快捷键"LT"打开"线型管理器"对话框，修改线型比例为 100，关闭"线型管理器"对话框，最后执行"另存为"命令，将该图形命名并保存为"绘制建筑平面图楼纵横轴线.dwg"文件。

17.1.2　创建墙线

本节将绘制主次墙线。

1. 绘制墙线

（1）打开"效果"/"第 17 章"/"绘制建筑平面图纵横轴线网.dwg"文件，在图层控列表中将"墙线层"设置为当前图层。

（2）使用快捷键"LT"激活"线型"命令，暂时将线型比例设置为1。

（3）执行"绘图"/"多线"命令，输入"J"，按 Enter 键，输入"Z"，按 Enter 键，输入"S"，按 Enter 键，输入"240"，按 Enter 键。

（4）捕捉左上角轴线的端点作为起点，依次捕捉其他点，绘制第 1 条墙线，如图 17-14 所示。

（5）重复执行"多线"命令，配合捕捉功能分别绘制其他位置的墙线，结果如图 17-15 所示。

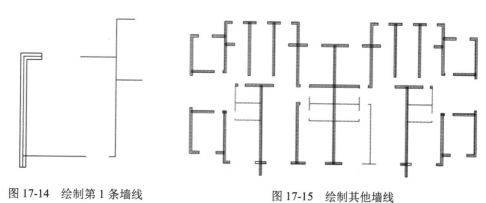

图 17-14　绘制第 1 条墙线　　　　　　　图 17-15　绘制其他墙线

（6）重复执行"多线"命令，设置多线样式、对正方式不变，将多线比例修改为 120，绘制卫生间次墙线，结果如图 17-16 所示。

2. 编辑墙线

（1）在图层控制列表中关闭"轴线层"，双击任意墙线，打开"多线编辑工具"对话框，单击"T 型合并"按钮 返回绘图区，单击水平墙线，再单击垂直墙线，对两条垂直相交的多线进行合并，结果如图 17-17 所示。

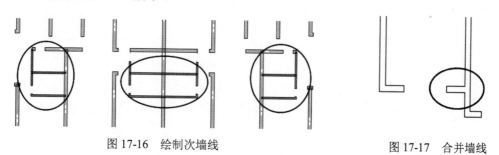

图 17-16　绘制次墙线　　　　　　　　　图 17-17　合并墙线

（2）使用相同的方法继续对垂直相交的其他墙线进行合并，结果如图 17-18 所示。

（3）按两次 Enter 键打开"多线编辑"对话框，激活"十字合并"按钮 ，对垂直相交的多线进行合并，结果如图 17-19 所示。

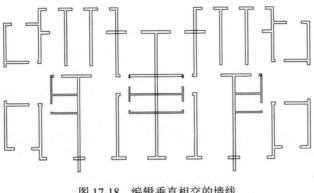

图 17-18 编辑垂直相交的墙线

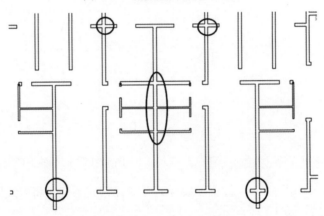

图 17-19 合并垂直相交的墙线

（4）按两次 Enter 键打开"多线编辑"对话框，激活"焦点结合"按钮，对角点结合多线进行合并，结果如图 17-20 所示。

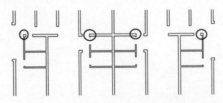

图 17-20 编辑焦点结合的墙线

（5）墙线编辑完毕，执行"另存为"命令，将图形命名并保存为"绘制建筑平面图主次墙线. dwg"。

17.1.3 绘制窗与阳台线

本节继续绘制建筑平面图的窗与阳台线。

（1）打开上一节保存的"绘制建筑平面图主次墙线.dwg"文件，在图层控制列表中将"门窗层"设为当前图层。

（2）执行"格式"/"多线样式"命令，将"窗线样式"设为当前样式，然后使用快捷键"ML"激活"多线"命令，输入"S"，按 Enter 键，输入"240"，按 Enter 键，捕捉窗洞各位置的端点，绘制窗线，结果如图 17-21 所示。

图 17-21 绘制平面窗

（3）使用快捷键"PL"激活"多段线"命令，捕捉左上角窗洞线的上端点，输入"@0,240"，按 Enter 键，水平引导光标，输入"1500"，按 Enter 键，向下引导光标，输入"240"，按 Enter 键，确认绘制凸窗，结果如图 17-22 所示。

（4）按 Enter 键重复执行命令，捕捉窗洞下方端点，绘制凸窗线，结果如图 17-23 所示。

图 17-22 绘制凸窗   图 17-23 绘制凸窗阳台线

（5）使用快捷键"O"激活"偏移"命令，将刚绘制的凸窗线向上偏移 50 和 120 个绘图单位，如图 17-24 所示。

（6）使用快捷键"CO"激活"复制"命令，将刚绘制的凸窗线复制到另一边窗洞位置，结果如图 17-25 所示。

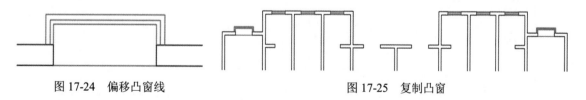

图 17-24 偏移凸窗线   图 17-25 复制凸窗

（7）综合使用"多段线"和"偏移"等命令，绘制平面图其他位置的凸窗和下方阳台线，结果如图 17-26 所示。

（8）执行"另存为"命令，将图形命名并保存为"绘制建筑平面图窗与阳台.dwg"文件。

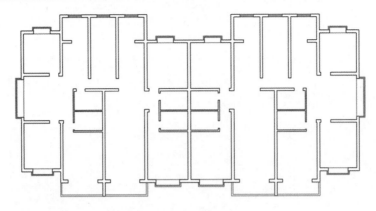

图 17-26　绘制其他凸窗

17.1.4　绘制建筑构件

本节继续制作平面图中的建筑构件，这些构件其实都是我们事先制作好的，并已将其保存为图块文件，在此只需要插入平面图中即可。

1. 插入单开门

（1）继续上一节的操作，在图层控制列表中将"图块层"设置为当前图层。

（2）使用快捷键"I"激活"插入"命令，选择"图块"/"单开门.dwg"文件，采用默认参数，将其插入平面图左上角门洞位置，如图 17-27 所示。

（3）重复执行"插入块"命令，设置块的旋转角度为-90°，继续插入单开门图例，如图 17-28 所示。

（4）继续执行"插入块"命令，设置 Y 向比例为-1，再次插入此单开门图形，插入点为图 17-29 所示的交点。

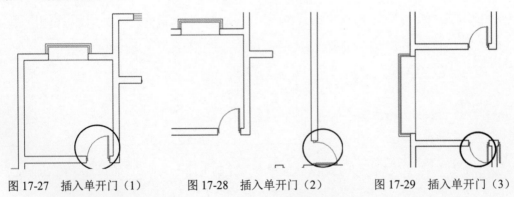

图 17-27　插入单开门（1）　　　　图 17-28　插入单开门（2）　　　　图 17-29　插入单开门（3）

（5）重复执行"插入块"命令，设置统一比例为-800/900，再次插入单开门图形，如图 17-30 所示。

（6）继续插入单开门，其统一比例为 65/90，旋转角度为-90°，插入结果如图 17-31 所示。

（7）继续插入单开门，其统一比例为-1，旋转角度为-90°，插入结果如图17-32所示。

图17-30　插入单开门（4）　　　图17-31　插入单开门（5）　　　图17-32　插入单开门（6）

（8）继续插入单开门，其比例为"-1、1、1"，旋转角度为90°，插入结果如图17-33所示。

（9）继续插入单开门，其统一比例为-1，旋转角度为0°，插入结果如图17-34所示。

（10）继续插入单开门，其统一比例为65/90，旋转角度为-90°，插入结果如图17-35所示。

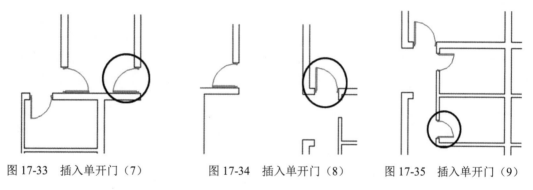

图17-33　插入单开门（7）　　　图17-34　插入单开门（8）　　　图17-35　插入单开门（9）

（11）继续执行"插入块"命令，采用系统的默认设置，在左下方阳台门位置插入"图块"/"四扇推拉门.dwg"文件，结果如图17-36所示。

（12）重复在左上方阳台门位置插入"图块"/"双扇推拉门.dwg"图块文件，如图17-37所示。

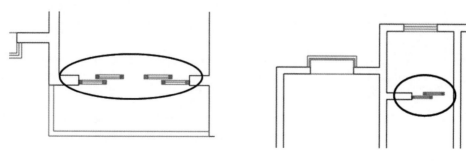

图17-36　插入单开门（10）　　　　　图17-37　插入双扇推拉门

2. 插入卫生设施

（1）继续执行"插入块"命令，将"图块"/"洗衣机.dwg"文件插入平面图中，结果如图 17-38 所示。

（2）继续选择"洗手池 01.dwg"图块文件，将其插入卫生间中的合适位置，如图 17-39 所示。

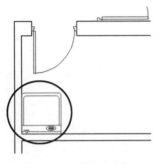

图 17-38　插入洗衣机

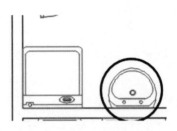

图 17-39　插入洗手池

（3）继续插入"便器二、淋浴器和浴缸"等图形文件，结果如图 17-40 所示。

（4）将"楼梯层"设置为当前图层，将"图块"/"楼梯.dwg"图块文件插入楼梯间，然后使用快捷键"CO"激活"复制"命令，将左侧卫生间洁具全部复制到右侧卫生间，结果如图 17-41 所示。

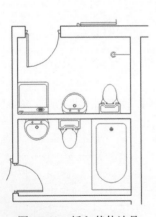

图 17-40　插入其他洁具

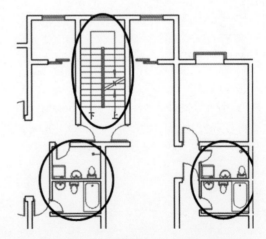

图 17-41　插入楼梯并复制卫生间洁具

（5）使用快捷键"MI"激活"镜像"命令，选择平面图左侧插入的单开门、推拉门以及所有其他构件，以中间墙线的中线为镜像轴，将其镜像到右边位置，结果如图 17-42 所示。

（6）执行"另存为"命令，将图形命名并保存为"绘制建筑平面图建筑构件.dwg"文件。

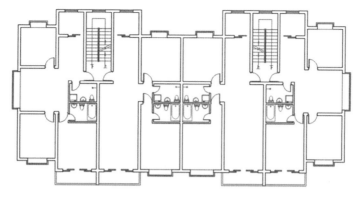

图 17-42　镜像其他构件

17.1.5　标注建筑平面图房间功能与面积

本节将标注建筑平面图房间功能与面积。

1. 标注房间功能

（1）继续上一节的操作，在图层控制列表中将"文本层"设置为当前图层。

（2）在"文字样式控制"列表中选择"仿宋体"，使用快捷键"TEXT"激活"单行文字"命令，在左上角房间内拾取起点，指定高度为"400"，按两次 Enter 键，输入"卧室"，按两次 Enter 键结束操作，如图 17-43 所示。

（3）使用快捷键"CO"激活"复制"命令，将输入的文字复制到左边其他房间，结果如图 17-44 所示。

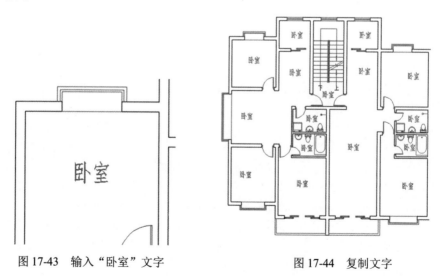

图 17-43　输入"卧室"文字　　　　　　图 17-44　复制文字

（4）双击卧室右上角房间内的文字进入编辑状态，修改其文字内容为"厨房"，按 Enter 键确认。

（5）继续选择其他房间内的文字，根据房间功能标注其名称，结果如图 17-45 所示。

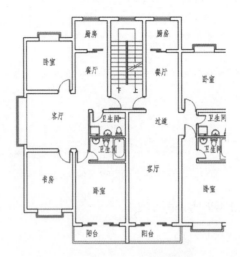

图 17-45　修改其他房间的文字

（6）使用快捷键"MI"激活"镜像"命令，以平面图中间墙线的中心线为镜像轴，将左侧房间内的文字镜像到右侧房间内，效果如图 17-46 所示。

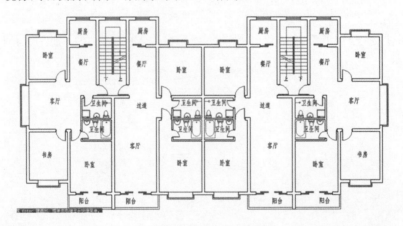

图 17-46　镜像房间功能文字

2. 标注房间面积

（1）新建一个名为"面积层"的新图层，并将此图层设置为当前图层。

（2）执行"工具"/"查询"/"面积"命令，捕捉左上角房间 4 个内角点，然后按 Enter 键确认，查询该房间的面积。

（3）依照相同的方法，分别查询其他房间的面积。

（4）使用快捷键"ST"激活"文字样式"命令，设置一种名为"面积"的文字样式，并将其设置为当前样式，如图 17-47 所示。

图 17-47　设置文字样式

（5）使用快捷键"MTEXT"激活"多行文字"命令，在左上角房间文字下侧拾取两点，打开文字格式编辑器，设置对正方式为"正中"，然后输入"11.79m2^"，如图 17-48 所示。

（6）选择"2^"字样，单击编辑器工具栏中的"堆叠"按钮 ，然后确认，结果如图 17-49 所示。

（7）使用快捷键"CO"激活"复制"命令，将输入的房间面积内容复制到左边其他房间，然后双击其他房间内的房间面积文字进入编辑状态，根据测量的结果，修改其他房间的面积，结果如图 17-50 所示。

图 17-48　输入文字

图 17-49　堆叠文字

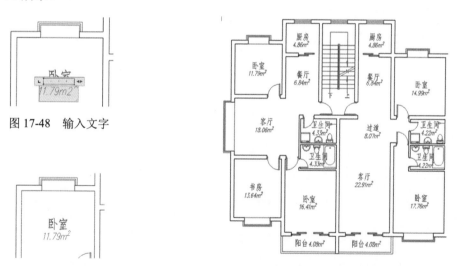

图 17-50　修改文字面积

（8）使用快捷键"MI"激活"镜像"命令，以平面图中间墙线的中心线为镜像轴，将左侧房间内的面积镜像到右侧房间内，效果如图 17-51 所示。

（9）执行"另存为"命令，对图形命名并保存为"标注建筑平面图房间功能与面积.dwg"文件。

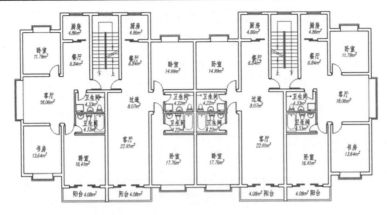

图 17-51 镜像房间面积

17.1.6 标注建筑平面图尺寸

1. 标注连续尺寸

（1）继续上一节的操作，在图层控制列表中打开"轴线层"，冻结"面积层""图块层"和"文本层"，然后将"尺寸层"作为当前层。

（2）使用快捷键"XL"激活"构造线"命令，配合端点捕捉功能，在平面图外侧绘制 4 条构造线作为尺寸定位辅助线，如图 17-52 所示。

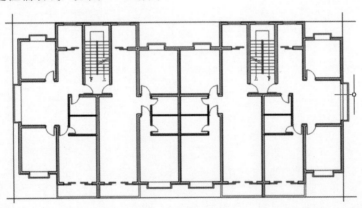

图 17-52 绘制构造线

（3）使用快捷键"XL"激活"偏移"命令，将 4 条构造线向外侧偏移 800 个绘图单位，并将源构造线删除。

（4）使用快捷键"D"激活"标注样式"命令，在打开的对话框中修改当前尺寸样式的比例为 100。

（5）使用快捷键"DIM"激活"线性"命令，由左侧轴线下端点向下引出矢量线，捕捉矢量线与辅助线的交点作为线性标注的第一点，继续以左侧窗线的下端点向下引出矢量线，捕捉矢量线与辅助线的交点，如图 17-53 所示。

（6）向下引导光标，输入"1000"并按 Enter 键，标注第 1 个尺寸，如图 17-54 所示。

图 17-53 捕捉交点　　　　　　图 17-54 标注第 1 个尺寸

（7）执行"标注"/"连续"命令，以该尺寸作为参照，捕捉各轴线的端点，标注连续尺寸，结果如图 17-55 所示。

2. 标注轴线尺寸

（1）在图层控制列表中暂时关闭"墙线层"，执行"标注"/"快速标注"命令，选择由左向右的 7 条垂直轴线，如图 17-56 所示。

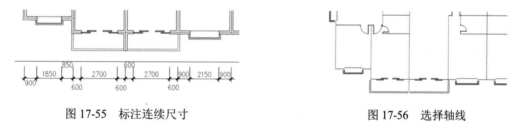

图 17-55 标注连续尺寸　　　　　　图 17-56 选择轴线

（2）按 Enter 键，然后向下引导光标，在线性尺寸下方适当位置单击，确定尺寸线的位置，结果如图 17-57 所示。

（3）在无任何命令执行的前提下选择刚标注的轴线尺寸，使其呈现夹点显示，然后通过夹点编辑，将尺寸线向下移动到辅助线上，结果如图 17-58 所示。

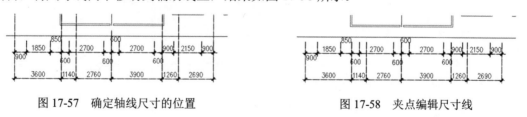

图 17-57 确定轴线尺寸的位置　　　　　　图 17-58 夹点编辑尺寸线

3. 完善与存储尺寸

（1）使用快捷键"MI"激活"镜像"命令，选择所有的尺寸，以中间最右侧尺寸线为镜像轴，对尺寸进行镜像，结果如图 17-59 所示。

（2）打开被关闭的"墙线层"，激活"线性"命令，标注平面图的总尺寸及墙体的半宽尺寸，完成平面图底部尺寸的标注，如图 17-60 所示。

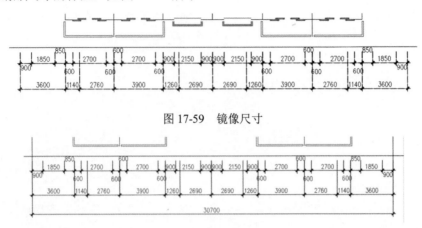

图 17-59　镜像尺寸

图 17-60　标注平面图底部尺寸

（3）参照上述操作步骤，分别标注平面图其他三侧的细部尺寸、轴线尺寸和总尺寸，标注结果如图 17-61 所示。

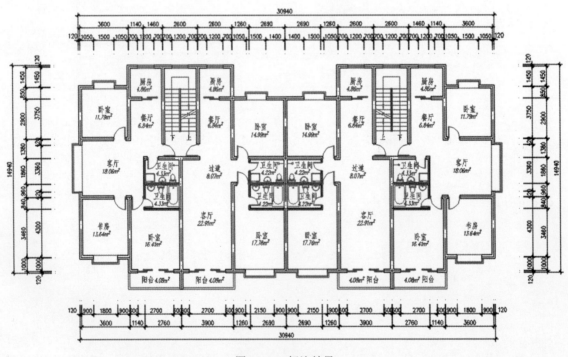

图 17-61　标注结果

（4）执行"另存为"命令，将图形命名并存储为"标注建筑平面图施工尺寸.dwg"文件。

17.1.7 标注建筑平面图墙体序号

本节将标注建筑平面图中的墙体序号。

1. 创建墙体序号指示线

（1）继续上一节的操作，在图层控制下拉列表中将"其他层"设置为当前图层，启用"对象捕捉"功能，并设置"端点""象限点"和"圆心"捕捉模式。

（2）在无命令执行的前提下选择平面图的一个轴线尺寸，使其夹点显示，如图 17-62 所示。

（3）使用 Ctrl+1 组合键打开"特性"对话框，修改"尺寸界线超出尺寸线"的长度为"21"，此时尺寸界线被延长，如图 17-63 所示。

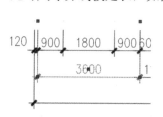

图 17-62　夹点显示轴线尺寸

图 17-63　修改尺寸界线的长度

（4）关闭"特性"对话框，并取消夹点显示，使用快捷键"MA"激活"特性匹配"命令，选择被延长的轴线尺寸作为源对象，将其尺寸界线特性匹配给其他轴线尺寸，如图 17-64 所示。

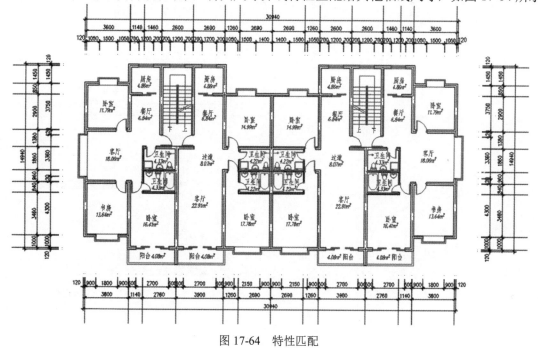

图 17-64　特性匹配

2. 为轴线编号

（1）在图层控制下拉列表中冻结"面积层""图块层"和"文本层"，并设置"其他层"为当前图层。

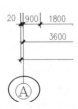

（2）使用快捷键"I"激活"插入块"命令，选择"图块"/"轴标号.dwg"图块文件，设置"比例"为"100"，将其插入第一道纵向轴线上，如图 17-65 所示。

图 17-65 插入轴标号

（3）使用快捷键"CO"激活"复制"命令，将轴线标号复制到其他轴线上，结果如图 17-66 所示。

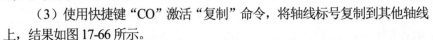

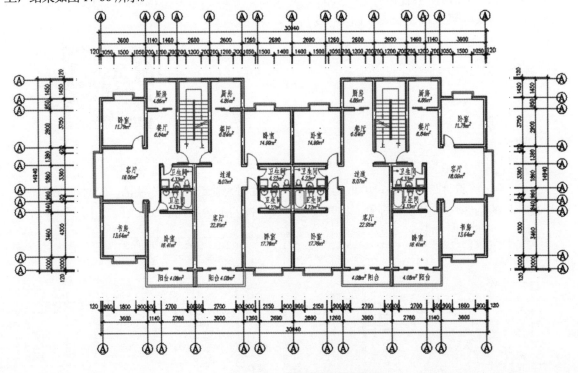

图 17-66 复制轴标号

（4）双击左下角的轴标号，打开"增强属性编辑器"对话框，在"属性"选项卡中修改其"值"为"1"，如图 17-67 所示。

（5）单击 应用(A) 按钮，再单击对话框右上角的"选择块"按钮 ✛，返回绘图区，分别选择其他位置的轴线编号进行修改，结果如图 17-68 所示。

图 17-67 修改属性值

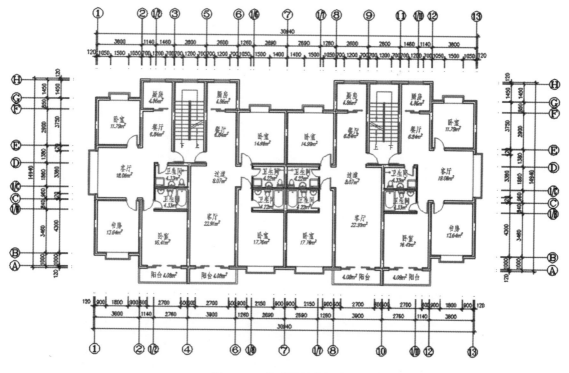

图 17-68　修改属性值的应用

3. 完善轴线序号

（1）选择编号为双位数字的轴标号，进入"文字选项"选项卡，修改属性文本的"宽度因子"为"0.8"，如图 17-69 所示。

图 17-69　修改宽度因子

（2）依此方法分别修改其他属性值为双数的"宽度因子"，完成轴标号的标注，结果如图 17-70 所示。

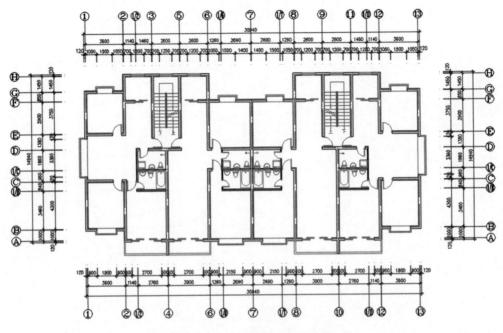

图 17-70　修改宽度因子的应用

（3）使用快捷键"M"激活"移动"命令，配合象限点捕捉、端点捕捉或交点捕捉等功能，将轴标号进行外移，然后打开被冻结的"图块层" "文本层"和"面积层"，结果如图 17-71 所示。

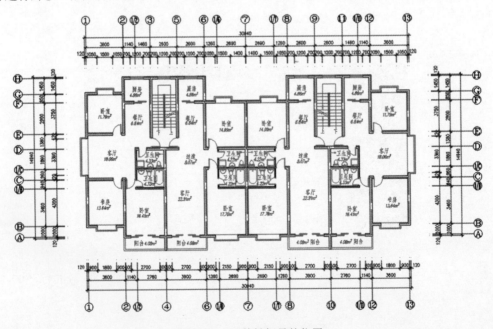

图 17-71　调整轴标号的位置

（4）执行"另存为"命令，将图形命名并保存为"标注建筑平面图墙体序号.dwg"文件。

17.2 绘制机械零件图

在机械制图中，半轴壳零件属于壳体零件，这类零件的结构较为复杂，通常需要3个视图来表达其内外结构。本节我们就来绘制该半轴壳零件，结构如图17-72所示。

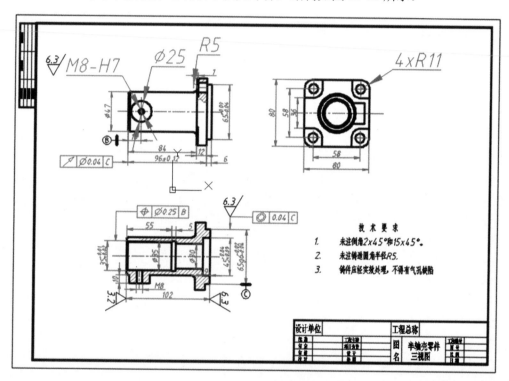

图17-72 半轴壳零件图

17.2.1 绘制左视图

本节首先绘制半轴壳零件左视图，其左视图比较简单。

1. 设置绘图环境

（1）执行"新建"命令，以"样板"/"机械样板.dwt"文件作为基础样板，新建空白文件。

（2）使用快捷键"LT"打开"线型管理器"对话框，设置"线型比例"为"0.8"，然后确认并关闭该对话框。

（3）启用捕捉与追踪功能，然后在图层控制下拉列表中将"轮廓线"设置为当前图层。

2. 绘制左视图主体结构

（1）使用快捷键"REC"激活"矩形"命令，绘制"圆角"为 11、80×80 的矩形，如图 17-73 所示。

（2）在图层控制下拉列表中将"中心线"设置为当前图层，使用快捷键"XL"激活"构造线"命令，配合中点捕捉功能绘制两条构造线，如图 17-74 所示。

（3）将"轮廓线"设置为当前图层，使用快捷键"C"激活"圆"命令，以构造线交点为圆心，绘制直径为 33 的轮廓圆，如图 17-75 所示。

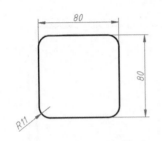

图 17-73　绘制圆角矩形

图 17-74　绘制构造线

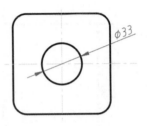

图 17-75　绘制圆

（4）重复执行"圆"命令，配合圆心捕捉功能绘制半径为 15、18、21 和 23 的同心圆，如图 17-76 所示。

（5）使用快捷键"BR"激活"打断"命令，配合最近点捕捉功能，对半径为 18 的圆进行打断，然后在无命令执行的前提下单击打断后的圆弧，将其放在"细实线"图层上，结果如图 17-77 所示。

3. 绘制其他结构

（1）使用快捷键"XL"激活"构造线"命令，输入"O"，按 Enter 键激活"偏移"选项，设置偏移距离为"18"，分别将水平和垂直构造线对称偏移 18 个绘图单位，结果如图 17-78 所示。

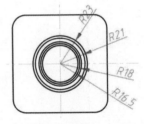

图 17-76　绘制同心圆（1）

（2）使用快捷键"C"激活"圆"命令，配合圆心捕捉功能绘制 4 组半径分别为 5.5 和 11 的同心圆，如图 17-79 所示。

图 17-77　打断图线

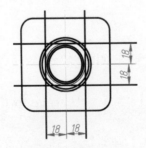

图 17-78　偏移中心线

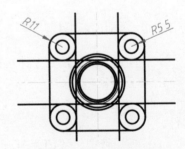

图 17-79　绘制同心圆（2）

（3）使用快捷键"TR"激活"修剪"命令，以 4 条构造线作为边界，对 4 组同心圆进行修剪，如图 17-80 所示。

（4）重复执行"修剪"命令，以修剪后的 4 条圆弧和圆角矩形作为边界，对构造线进行修剪，将其转化为图形轮廓线。

（5）使用快捷键"L"激活"直线"命令，配合捕捉与追踪功能，在"中心线"图层绘制圆的中心线，然后使用快捷键"XL"激活"构造线"命令，在"轮廓线"图层将水平中心线对称偏移 12.5，将垂直中心线向右偏移 34，以创建 3 条构造线，如图 17-81 所示。

（6）使用快捷键"TR"激活"修剪"命令，对图形进行修剪，结果如图 17-82 所示。

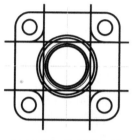  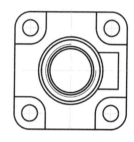

图 17-80　修剪同心圆　　　　图 17-81　偏移创建构造线　　　　图 17-82　修剪图线

（7）这样，半轴壳零件左视图绘制完毕，执行"另存为"命令，将图形命名并存储为"绘制半轴壳零件左视图.dwg"文件。

17.2.2　绘制主视图

本节将绘制半轴壳零件主视图，主视图的绘制也比较简单，在绘制时可以依照左视图，根据视图间的对正关系进行绘制。

1. 绘制主视图外部结构

（1）继续上一节的操作。使用快捷键"LA"激活"图层"命令，将"轮廓线"设置为当前图层。

（2）使用快捷键"XL"激活"构造线"命令，在左视图左边位置绘制 4 条垂直构造线，以定位主视图，如图 17-83 所示。

（3）重复执行"构造线"命令，根据视图间的对正关系，配合"对象捕捉"功能，通过左视图的特征点绘制其他水平构造线，如图 17-84 所示。

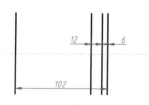 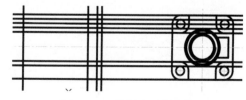

图 17-83　绘制垂直构造线　　　　　　图 17-84　绘制水平构造线

（4）重复执行"构造线"命令，将水平中心线对称偏移 32.5 个绘图单位，以创建两条水平构造线，如图 17-85 所示。

（5）使用快捷键"TR"激活"修剪"命令，对各构造线进行修剪，编辑出主视图轮廓，结果如图 17-86 所示。

图 17-85　偏移创建水平构造线

图 17-86　修剪图线

2. 绘制其他部位结构

（1）使用快捷键"XL"激活"构造线"命令，将左侧的轮廓线向右偏移 16，将第 2 条垂直轮廓线向右偏移 1，将水平中心线对称偏移 18，创建垂直和水平构造线，如图 17-87 所示。

（2）使用快捷键"TR"激活"修剪"命令，继续对主视图和垂直构造线进行修剪，结果如图 17-88 所示。

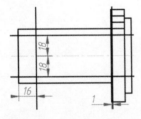

图 17-87　偏移创建构造线

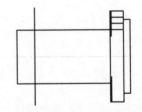

图 17-88　修剪图线

（3）将左边第 2 条垂直线和第 4 条水平线放入"中心线"图层，然后使用快捷键"C"激活"圆"命令，以中心线的交点为圆心，绘制半径为 3、4 和 12.5 的同心圆，如图 17-89 所示。

（4）使用快捷键"BR"激活"打断"命令，对半径为 4 的圆进行打断，并将其放到"细实线"图层上。

3. 绘制倒角与圆角结构

（1）使用快捷键"CHA"激活"倒角"命令，设置倒角长度为 2，倒角角度为 45°，对主视图左边进行倒角，结果如图 17-90 所示。

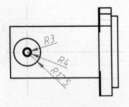

图 17-89　绘制同心圆

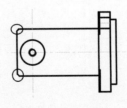

图 17-90　倒角

（2）使用快捷键"L"激活"直线"命令，绘制倒角位置的垂直轮廓线，然后使用快捷键"F"激活"圆角"命令，设置圆角半径为 5，以"不修剪"模式对主视图外轮廓进行圆角编辑，结果如图 17-91 所示。

（3）使用快捷键"TR"激活"修剪"命令，以圆角后产生的两条圆弧作为边界，对两条水平轮廓线进行修剪，结果如图 17-92 所示。

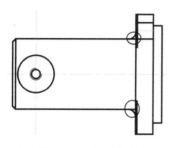

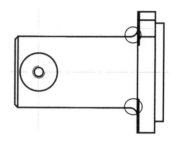

图 17-91　圆角处理　　　　　　　　　图 17-92　修剪结果

4．绘制剖面线

（1）使用快捷键"SPL"激活"样条曲线"命令，配合最近点捕捉功能，在"波浪线"图层上绘制界线，如图 17-93 所示。

（2）将"剖面线"设置为当前图层，使用快捷键"H"激活"图案填充"命令，选择"ANSI31"的图案填充主视图剖面区域，结果如图 17-94 所示。

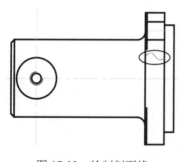

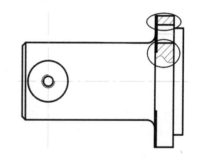

图 17-93　绘制剖面线　　　　　　　　图 17-94　填充剖面

（3）这样，零件主视图绘制完毕，执行"另存为"命令，将图形命名并存储为"绘制半轴壳零件主视图.dwg"文件。

17.2.3　绘制俯视图

本节将绘制半轴壳零件的俯视图，俯视图主要体现零件内部的结构特征。

1．绘制俯视图主体结构

（1）继续上一节的操作，使用快捷键"LA"激活"图层"命令，将"轮廓线"设置为当前图层。

（2）使用快捷键"XL"激活"构造线"命令，根据视图间的对正关系，配合"对象捕捉"功能绘制垂直构造线，如图 17-95 所示。

（3）重复"构造线"命令，将最左侧垂直轮廓线向右偏移 55 和 60，将最右侧垂直轮廓线向左偏移 9，创建垂直构造线，如图 17-96 所示。

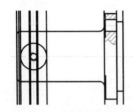
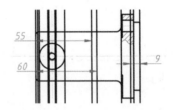

图 17-95　偏移垂直轮廓线（1）　　　　图 17-96　偏移垂直轮廓线（2）

（4）在主视图下方合适的位置绘制水平构造线，并将其放入中心线层，然后对水平中心线对称偏移 15、16.5、17.5、22.5、23.5、32.5 和 40，创建水平构造线。接着使用快捷键"TR"激活"修剪"命令，对各构造线进行修剪，以编辑俯视图轮廓，结果如图 17-97 所示。

（5）在无命令执行的前提下夹点显示图 17-98 所示的轮廓线，将其放在"细实线"图层中，将俯视中的水平构造线放在"中心线"图层。

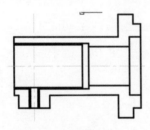
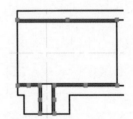

图 17-97　修剪图线　　　　图 17-98　调整图线的图层

2. 绘制圆角与倒角结构

（1）使用快捷键"F"激活"圆角"命令，对俯视图外轮廓进行圆角编辑，设置半径为"5"，结果如图 17-99 所示。

（2）使用快捷键"CHA"激活"倒角"命令，对俯视图外轮廓进行倒角编辑，设置倒角距离为"2"，倒角结果如图 17-100 所示。

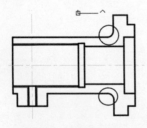
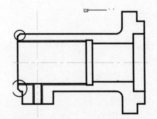

图 17-99　圆角处理　　　　图 17-100　倒角处理

（3）继续使用"倒角"和"修剪"命令，对俯视图左侧内孔进行倒角处理，设置倒角半径为"1"，结果如图 17-101 所示。

3. 绘制剖面线和中心线

（1）将"剖面线"设置为当前层。使用快捷键"H"激活"图案填充"命令，采用默认设置对俯视图进行填充，结果如图 17-102 所示。

（2）使用"修剪"命令对三视图中的构造线进行修剪，将其转换为图形中心线，然后使用"拉长"命令，将三视图中的中心线两端拉长 5 个单位，完成半轴壳零件三视图的绘制，结果如图 17-103 所示。

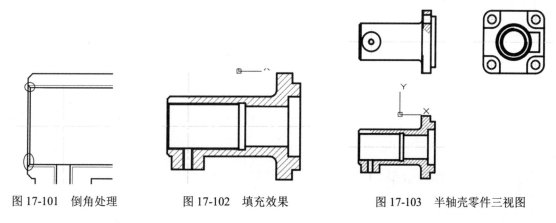

图 17-101　倒角处理　　　　　图 17-102　填充效果　　　　　图 17-103　半轴壳零件三视图

（3）执行"另存为"命令，将图形命名并存储为"绘制半轴壳零件俯视图.dwg"文件。

17.2.4　标注尺寸

本节将标注零件图的尺寸。

1. 设置当前标注样式与图层

（1）继续上一节的操作，在图层控制下拉列表中将"标注线"设置为当前图层，按 F3 功能键打开状态栏上的"对象捕捉"功能。

（2）使用快捷键"D"激活"标注样式"命令，将"机械样式"设置为当前标注样式，同时修改标注比例为 1.4。

2. 标注直线型尺寸和半径尺寸

（1）使用快捷键"DIM"激活"线性"命令，配合端点捕捉功能标注零件图直线尺寸，结果如图 17-104 所示。

（2）使用快捷键"D"激活"标注样式"命令，将"角度标注"设置为当前标注样式，同时修改标注比例为 1.4。

（3）单击"标注"/"半径"命令，标注左视图中的半径尺寸，然后执行"标注"/"直径"命令，标注零件主视图中的直径尺寸，结果如图 17-105 所示。

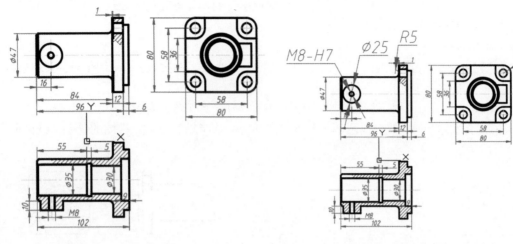

图 17-104　标注直线尺寸　　　　　　图 17-105　标注半径和直径尺寸

　　（4）这样，零件图尺寸标注完毕，执行"另存为"命令，将图形命名并存储为"标注半轴壳零件图尺寸.dwg"文件。

17.2.5　标注公差

　　本节将标注零件图的公差。

　　1. 标注尺寸公差

　　（1）继续上一节的操作，继续执行"线性"命令，捕捉主视图右侧两个端点，输入"M"，按 Enter 键打开"文字格式"编辑器，将光标移至标注文字后，为其添加直径前缀和尺寸公差后缀，如图 17-106 所示。

　　（2）选择"+0.09^-0.04"公差后缀，单击"堆叠"按钮 ▙ 进行堆叠，然后确认，结果如图 17-107 所示。

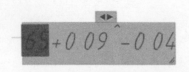

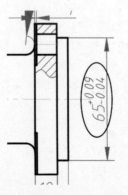

图 17-106　添加后缀　　　　　　　图 17-107　标注尺寸公差

（3）使用相同的方法继续标注左视图下侧的尺寸公差，结果如图 17-108 所示。

（4）创建主视图中值为 96 的尺寸，进入编辑状态，定位光标到数字后，为其添加正负符号，并输入误差为 0.12，如图 17-109 所示。

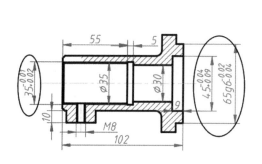

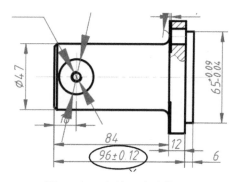

图 17-108　标注尺寸公差（1）　　　　图 17-109　标注尺寸公差（2）

2. 标注形位公差

（1）使用快捷键"LE"激活"快速引线"命令，设置引线注释类型为"公差"，设置的其他参数如图 17-110 所示。

（2）单击 确定 按钮返回绘图区，在俯视图右侧尺寸上拾取一点，移动光标到合适的位置，拾取其他两点，打开"形位公差"对话框，在"符号"颜色块上单击，打开"特征符号"对话框，选择直径特征符号，并设置公差值，如图 17-111 所示。

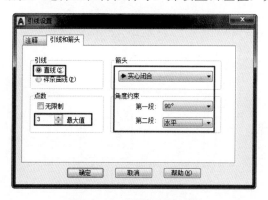

图 17-110　设置引线参数　　　　　图 17-111　设置公差

（3）确认关闭"形位公差"对话框，标注结果如图 17-112 所示。

（4）使用相同的方法，标注其他形位公差，结果如图 17-113 所示。

（5）这样，公差标注完毕，执行"另存为"命令，将图形命名并存储为"标注半轴壳零件尺寸公差与形位公差.dwg"文件。

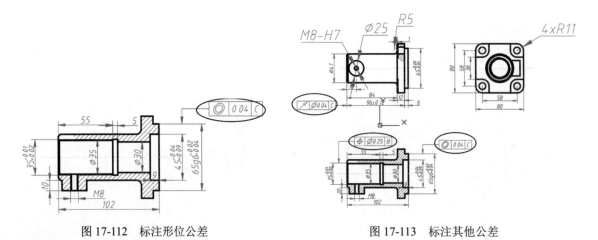

图 17-112　标注形位公差　　　　　　　图 17-113　标注其他公差

17.2.6　标注粗糙度、基面代号与技术要求

本节继续标注半轴壳零件表面粗糙度、基面代号、技术要求等内容。

1. 标注主视图粗糙度

（1）继续上一节的操作，在图层控制下拉列表中将"细实线"设置为当前层。

（2）使用快捷键"I"激活"插入块"命令，插入"图块"／"粗糙度.dwg"的属性块，其比例为 1.5，插入结果如图 17-114 所示。

（3）综合应用"镜像""复制""旋转"等命令，将粗糙度符号复制到其他位置，并双击进入其编辑模式，修改属性值，结果如图 17-115 所示。

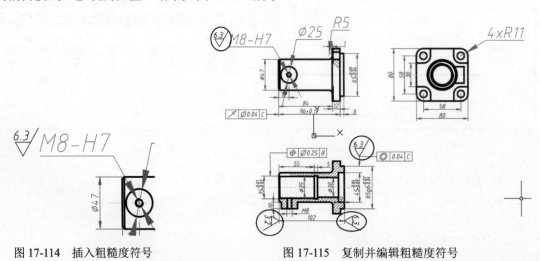

图 17-114　插入粗糙度符号　　　　　图 17-115　复制并编辑粗糙度符号

2. 标注零件图技术要求

（1）使用快捷键"ST"激活"文字样式"命令，将"字母与文字"设置为当前文字样式。

（2）使用快捷键"T"激活"多行文字"命令，在三视图右下角位置标志技术要求标题，设置字体高度为"10"，标注结果如图 17-116 所示。

3. 标注基面代号并配置图框

（1）使用快捷键"I"激活"插入块"命令，插入"图块"／"基面代号.dwg"文件，设置壁垒为"1.5"，角度为"90°"，插入结果如图 17-117 所示。

技 术 要 求

1. 未注倒角2x45°和15x45°。

2. 未注铸造圆角半径R5.

3. 铸件应经实效处理，不得有气孔缺陷

图 17-116　标注技术要求

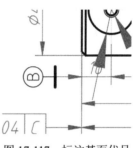

图 17-117　标注基面代号

（2）双击基面代号，打开"增强属性编辑器"对话框，修改"旋转"角度为"0"，如图 17-118 所示。

（3）重复执行"插入块"命令，在俯视图右下角位置插入基面代号并进行修改，结果如图 17-119 所示。

图 17-118　修改基面代号旋转角度

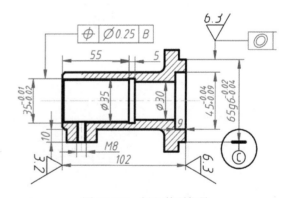

图 17-119　插入基面代号

（4）继续使用"插入块"命令，以默认参数插入"图块"／"A2-H.dwg"文件，并适当调整图框位置，结果如图 17-120 所示。

（5）执行"多行文字"命令，为标题栏填充图名，设置字体样式为"仿宋"，高度为"7"，最终结果如图 17-121 所示。

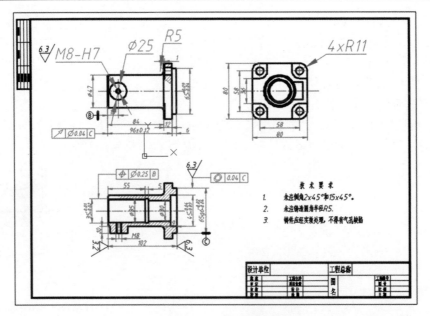

图 17-120　插入图框

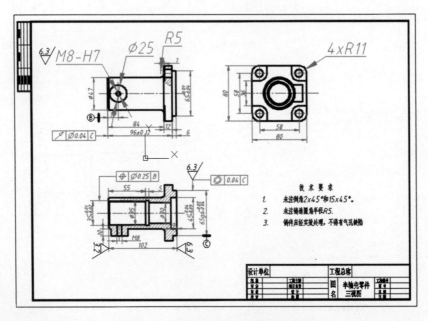

图 17-121　半轴壳零件三视图最终效果

（6）执行"另存为"命令，将图形命名并存储为"标注半轴壳零件粗糙度与技术要求.dwg"
文件。

附录

命令快捷键

（续表）

命 令	快捷键	功 能
设计中心	ADC	设计中心资源管理器
对齐	AL	用于对齐图形对象
圆弧	A	用于绘制圆弧
面积	AA	计算对象及指定区域的面积和周长
阵列	AR	将对象矩形阵列或环形阵列
定义属性	ATT	以对话框的形式创建属性定义
创建块	B	创建内部图块,以供当前图形文件使用
边界	BO	以对话框的形式创建面域或多段线
打断	BR	删除图形一部分或把图形打断为两部分
倒角	CHA	给图形对象的边进行倒角
特性	CH	特性管理窗口
圆	C	用于绘制圆
颜色	COL	定义图形对象的颜色
复制	CO、CP	用于复制图形对象
编辑文字	ED	用于编辑文本对象和属性定义
对齐标注	DAL	用于创建对齐标注
角度标注	DAN	用于创建角度标注
基线标注	DBA	从上一或选定标注基线处创建基线标注
圆心标注	DCE	创建圆和圆弧的圆心标记或中心线
连续标注	DCO	从基准标注的第二尺寸界线处创建标注
直径标注	DDI	用于创建圆或圆弧的直径标注
编辑标注	DED	用于编辑尺寸标注
线性标注	Dli	用于创建线性尺寸标注
坐标标注	DOR	创建坐标点标注
半径标注	Dra	创建圆和圆弧的半径标注

命 令	快捷键	功 能
标注样式	D	创建或修改标注样式
距离	DI	用于测量两点之间的距离和角度
定数等分	DIV	按照指定的等分数目等分对象
圆环	DO	绘制填充圆或圆环
绘图顺序	DR	修改图像和其他对象的显示顺序
草图设置	DS	用于设置或修改状态栏上的辅助绘图功能
鸟瞰视图	AV	打开"鸟瞰视图"窗口
椭圆	EL	创建椭圆或椭圆弧
删除	E	用于删除图形对象
分解	X	将组合对象分解为独立对象
输出	EXP	以其他文件格式保存对象
延伸	EX	用于根据指定的边界延伸或修剪对象
拉伸	EXT	用于拉伸或放样二维对象以创建三维模型
圆角	F	用于为两对象进行圆角
编组	G	用于为对象进行编组,以创建选择集
图案填充	H	以对话框的形式为封闭区域填充图案
编辑图案填充	HE	修改现有的图案填充对象
消隐	HI	用于对三维模型进行消隐显示
导入	IMP	向AutoCAD输入多种文件格式
插入	I	用于插入已定义的图块或外部文件
交集	IN	用于创建相交两对象的公共部分
图层	LA	用于设置或管理图层及图层特性
拉长	LEN	用于拉长或缩短图形对象
直线	L	创建直线
线型	LT	用于创建、加载或设置线型
列表	LI、LS	显示选定对象的数据库信息
线型比例	LTS	用于设置或修改线型的比例

（续表）

命　令	快捷键	功　能
线宽	LW	用于设置线宽的类型、显示及单位
特性匹配	MA	把某一对象的特性复制给其他对象
定距等分	ME	按照指定的间距等分对象
镜像	MI	根据指定的镜像轴对图形进行对称复制
多线	ML	用于绘制多线
移动	M	将图形对象从原位置移动到所指定的位置
多行文字	T、MT	创建多行文字
偏移	O	按照指定的偏移间距对图形进行偏移复制
选项	OP	自定义 AutoCAD 设置
对象捕捉	OS	设置对象捕捉模式
实时平移	P	用于调整图形在当前视口内的显示位置
编辑多段线	PE	编辑多段线和三维多边形网格
多段线	PL	创建二维多段线
点	PO	创建点对象
正多边形	POL	用于绘制正多边形
特性	CH、PR	控制现有对象的特性
快速引线	LE	快速创建引线和引线注释
矩形	REC	绘制矩形
重画	R	刷新显示当前视口
全部重画	RA	刷新显示所有视口
重生成	RE	重新生成图形并刷新显示当前视口
全部重生成	REA	重新生成图形并刷新显示所有视口
面域	REG	创建面域
重命名	REN	对象重新命名
渲染	RR	创建具有真实感的着色渲染

（续表）

命　令	快捷键	功　能
旋转实体	REV	绕轴旋转二维对象以创建对象
旋转	RO	绕基点移动对象
比例	SC	在 X、Y 和 Z 方向等比例放大或缩小对象
切割	SEC	用剖切平面和对象的交集创建面域
剖切	SL	用平面剖切一组实体对象
捕捉	SN	用于设置捕捉模式
二维填充	SO	用于创建二维填充多边形
样条曲线	SPL	创建二次或三次（NURBS）样条曲线
编辑样条曲线	SPE	用于对样条曲线进行编辑
拉伸	S	用于移动或拉伸图形对象
样式	ST	用于设置或修改文字样式
差集	SU	用差集创建组合面域或实体对象
公差	TOL	创建形位公差标注
圆环	TOR	创建圆环形对象
修剪	TR	用其他对象定义的剪切边修剪对象
并集	UNI	用于创建并集对象
单位	UN	用于设置图形的单位及精度
视图	V	保存和恢复或修改视图
写块	W	创建外部块或将内部块转变为外部块
楔体	WE	用于创建三维楔体模型
外部参照	XA	用于向当前图形中附着外部参照
外部参照绑定	XB	将外部参照依赖符号绑定到图形中
构造线	XL	创建无限长的直线（即参照线）
分解	X	将组合对象分解为组建对象
外部参照管理	XR	控制图形中的外部参照
缩放	Z	放大或缩小当前视口对象的显示